KB233277

기하 수학의 세계

10대를 위한
기하 수학의 세계

박병하 지음

행성B

이 책은 10대 청소년들이 기하를 쉽게 접할 수 있게 쓴 책입니다. 기하는 도형을 놓고 생각하는 학문입니다. 그러면 도형이란 무엇일까요? 간단히 말하면 도형은 직선, 삼각형, 사각형, 원 같은 것들입니다. 기하란 그런 것들을 두고 곰곰이 생각하는 학문이에요.

도형을 두고 생각한다는 게 낯설 수 있습니다. 하지만 '원'의 중심은 어디에 있을까? 또 원이 아니라 '구'가 있다면 구의 중심은 어떻게 찾지? 이런 식으로 끝없이 생각하는 것이 바로 기하입니다. 그리고 기하는 우리 생활과 정말 밀접하게 연결돼 있어요.

인류는 기하를 꾸준히 연구하고 발전시켜 왔습니다. 기하 덕분에 거대한 피라미드를 세우고, 지구 전체의 지도를 만들고, 지구에 앉아서 태양까지의 거리를 잴 수 있게 되었죠. 도형의 각과 길이와 형태를 모르면 그런 건 전혀 할 수 없거든요! 덕분에 지금은 GPS의 도움을 받아 모르는 길을 찾고, 무선으로 소리와 영상을 보내고, 태양계의 바깥으로 우주선을 보내게 된 거랍니다. 머지않아 로봇이 일을 하고 완전 자율 주행차가 나온다면 그것도 기하가 힘을 보탠 덕분이겠지요.

기하는 참 오래된 학문이기도 해요. 아무리 적게 잡아도 3천 살은 되었습니다. 수학의 성경이라고 불리는 유클리드의 《원론》이 세상에 나온 지 2천3백 년은 족히 되었고, 그보다 훨씬 전부터 인류가 도형을 두고 생각한 증거가 꽤 많거든요. 사실 기하의 나이는 무한대죠. 가장 단순한 도형, 직선을 가지고 한번 생각해 볼까요. 직선은 언제 생겼을까요? 또 언제부터 인류는 '직선'이란 '개념'을 생각하게 되었을까요? 이렇게 생각하면 기하의 나이가 무한대라는 걸 바로 알아차릴 수 있습니다.

이토록 오래된 기하를 왜 지금 AI 시대에 알아야 할까요? 기하가 학문과 예술, 기술의 기초이기 때문입니다. 또 생각하는 능력을 키우는 데 매우 탁월하기 때문이죠. 날로 발전하는 시대에 과학의 근간이자 생각 체력인 기하학을 알게 되면, 좀 더 현명하게 AI를 다루고 오류를 바로잡을 수 있습니다. 내가 현명할수록 AI도 현명한 파트너가 될 수 있지요.

도형은 단순하고 명료해서 누구나 같은 도형을 두고 함께 생각할 수도 있습니다. 그러다 의견이 다르면 서로 생각을 교환할 수도 있죠. 생각한다, 서로 질문하고 답한다, 답을 비교하고 틀린 생각을 찾아낸다, 틀린 부분을 고쳐간다…. 이것이 기하의 알고리즘입니다. 이렇게 기하는 토론하는 능력, 서로의 생각을 나누는 힘도 길러줍니다.

이 책에는 3천 년의 시간 동안 기하를 생각하고 토론했던 안내자들이 등장해요. 기하에 새로운 패러다임을 불러온 중요한 사람들이지요. 기하를 탐구하며 그 중요한 사람들과 함께 생각할 수 있으면 참 좋겠다고 바라며 이 책을 썼습니다. 안내자들의 나이가 굉장히 많아서 시간 여행으로 그들을 찾아갔고, 토론의 방식으로 기하를 만나도록 했습니다.

과거와 현재, 미래 모두 기하는 무한대의 지혜를 품고 변함없이 인류를 현명하게 해줍니다. 지혜의 원천인 기하를 시간 여행에서 풍성히 만나길 바랍니다.

차례

환영

어느 날 산책을 마치고 돌아오니 편지가 와 있었다. 놀랍게도 히파티아 님이 보낸 편지였다. 위대한 여성 수학자 히파티아 님, 그분 말이다! 편지에는 한 달 뒤에 떠나는 기하 탐험대를 따라다니며 기록을 해달라는 부탁이 들어 있었다.

나는 수학을 탐구하는 수호자로 시간과 공간을 초월해 살고 있다. 이런 나에게 21세기 아이들의 기하 탐험을 고대의 수학자 히파티아 님이 기록하길 부탁한 것이다.

반 년 전, 10대 청소년들을 선발해 우주 여행을 하기로 했다는 소식을 들었다. 당시 아주 큰 행사였고 여러 번 시험을 치른다는 소식도 들었다. 세 명의 학생을 뽑았고, 8번의 기하 여행을 마친 후 마지막 시험을 통과해야 우주 여행 자격이 주어진다. 그때만 해도 나와는 상관없는 일이었다.

　'왜 기하 여행을 해야 하는지, 그건 제가 말씀드리지 않아도 선생님께서는 다 아시지요?'

　마치 히파티아 님이 앞에 있는 것 같아 "물론입니다."라고 답했다. 나는 정말 알고 있다.

　기하는 도형으로 생각하는 것이다. 원, 삼각형 같은 도형은 만물에 깃든 이상적 형태이며, 흠이 없는 논리를 펼치면서 사고하는 것이 기하다. 기하 공부를 하면 타인의 말에 담긴 허점을 볼 수 있으며 자신 또한 논리적으로 말하도록 도와준다. 이러한 이유로 미국 16대 대통령 링컨도 토론 실력을 기르기 위해 기하 공부를 했을 것이다.

　기하는 2천 년 전에 참인 것이 지금도 참이고 앞으로 2천 년 뒤에도 참일 사실을 가지고 이야기한다. 영원한 우주처럼 기하도 영원하다. 우주와 기하는 닮았다. 그러니 탐험대가 기하 여행을 하는 것은 잘 어울린다.

　기하 여행은 한 번에 1박 2일 정도이고 한번 다녀오면 2주간 쉬고 다시 떠난다. 한번 배운 것을 곱씹고 더 생각하고 상상하는 시간이 필요하기 때문에 2주라는 휴식기를 두었다. 기하 탐험대의 이름은 모나, 지호, 은우였으며 나의 역할은 기하 탐험대를 그림자처럼 따라다니며 기록하는 것이었다. 정말로 '그림자처럼'이다. 나는 여행 중 모든 것을 보고 들을 수 있지만 누구에게도 말을 건넬 수 없으며, 누구도 나를 볼 수 없다.

첫 번째 기하 여행은 직선, 각, 평행이다. 이후 삼각형과 원, 닮음과 넓이, 삼각비와 입체도형까지 여행하며 마지막에는 우주의 크기를 잰다. 여행마다 다른 사람을 만나며 시공간도 넘나든다. 다른 나라에 가는 것은 물론 시간도 거스른다. 이 시공간은 스페이스 머신이라 부르는 초현실 이동 물체로 자유롭게 이동한다.

복잡하고 위대한 여행인 만큼 그 과정을 꼼꼼히 기록해야 한다. 히파티아 님은 부디 여행을 함께해달라고 부탁하셨다. 동의하면 두루마리 편지의 끝에 있는 빨간 점을 3초 동안 눌러달라고 덧붙이셨다.

빨간 점을 꾸욱 눌렀다. 3초, 3분…. 어서 전달되라고 두 손 모아 기도했다. 놀랍게도 그 빨간 점이 맥박처럼 두근두근 뛰었다.

마침내 여행이 시작됐고 8번의 시간 여행을 무사히 마쳤다. 기하 탐험대의 기하 여행 기록이 지금 내 손에 있다. 그 기록이 책으로 완성하여 모나, 은우, 지호, 이솝(두 번째 여행에서 합류한다)에게 보여 줬다. 나의 존재를 모르고 있던 아이들은 처음에는 놀랐지만 자신들의 여행이 책으로 나오게 되었다고 좋아하며 고맙다고 했다.

이 책을 제1회 기하 탐험대와 미래의 기하 탐험대가 될 여러분에게 바친다.

∞ **기하 여행 전체 안내자**

히파티아(360년경~415년)

고대 알렉산드리아의 수학자이자 철학자이다. 천문학자이며 과학자이기도
하다.
유클리드의 《원론》, 디오판토스의 《산술》, 프톨레미의 《알마게스트》 등 수
학의 고전을 편집하고 해설을 붙였다.

각의 기하학

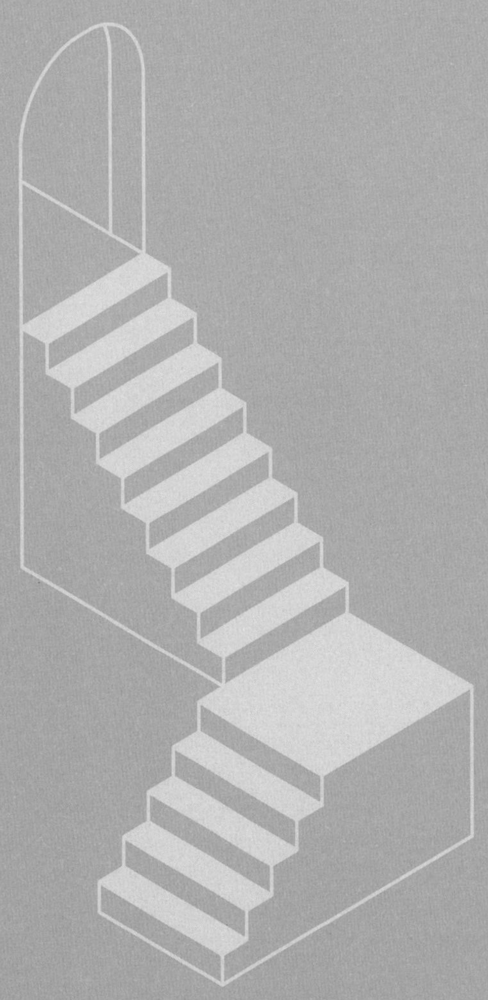

직선, 각, 직각, 맞꼭지각, 동위각, 엇각, 평행

∞ **각의 기하학 안내자**

니콜라이 로바쳅스키(1792년~1856년)

제정 러시아의 수학자. 인류가 평행선에 대해 완전히 새롭게 생각하도록
이끈 기하학의 혁명가. 평행과 휘어짐을 깊이 연구하여 로바쳅스키 기하학
이라는 학문을 창시했고 이를 통해 우주 연구의 기초를 세웠다.

스페이스 머신의 움직임이 멈췄다. 문이 열리자 모나에 이어 은우와 지호가 뒤따라 나왔다. 밖은 온통 눈 세상이었다. 너른 마당과 건물이 보이며 건물의 입구에 우뚝 서 있는 여러 기둥이 눈에 들어왔다.

"꽤 높네? 지붕까지 9미터는 넘겠어. 기둥은 12개고."

지호가 말했다. 모나가 세어 보니 정말 12개였다. 햇빛에 반사되어 눈이 부셨다. 자세히 보니 건물로 올라가는 계단에 누가 서 있었다.

"저 사람인가 봐."

그는 쪼그리고 앉아 마당만 뚫어지게 보고 있었다. 가까이서 보니 눈 덮인 마당에 직선이 몇 개 그어져 있었다. 은우가 눈밭에 그려진 선을 밟게 되었는데 그제서야 고개를 들었다.

"너희들 셋만 왔어? 히파티아 님은?"

우리만 왔다고 대답하며 모나가 히파티아 님의 편지를 전달했다. 그는 편지를 읽은 후 미소를 지으며 다가왔다.

"어서 와. 누가 은우, 모나, 지호지?"

셋은 각자 이름을 말했다. 그는 소리 나지 않게 두 손바닥을 맞댔다.

"반갑다. 나는 니콜라이 로바쳅스키야. 그냥 니콜이라고 불러. 여기는 러시아의 카잔이라는 도시야. 너희가 서 있는 곳은 카잔 대학 입구고. 러시아 황제의 명령으로 작년에 문을 열었어."

그러니까 여기는 1806년이다. 니콜은 대학에 들어온 지 1년 된 학생인데, 얼마 전 직접 만든 로켓을 한밤중에 발사해서 소란을 일으킨 벌로 당분간 수업에 들어갈 수 없다고 했다.

"그런 실험이 처음은 아니야. 나는 배운 걸 내 손으로 직접 해봐야 직성이 풀리지. 정말 조심해서 한다고 했는데 벌을 받게 되었네. 오히려 잘됐어. 생각할 게 좀 있었거든."

그게 무엇인지 묻자 니콜은 눈 쌓인 마당을 가리켰다.

"지금 너희가 밟고 있는 선, 바로 그것을 생각하고 있었어. 자, 이리 올라와 봐."

셋은 계단 위로 올라갔다. 눈밭에는 길게 뻗은 선 하나가 있었다. 그 선에서 떨어진 돌이 하나 있었는데 이 돌을 지나는 선도 있었다. 두 선은 반듯했고 주변에 찍힌 발자국은 어지러웠다.

"직선 2개로 무슨 생각을 해요?"

지호가 묻자 니콜이 대답했다.

"그래, 직선이야. 긋다 말았지만 저 두 직선이 오른쪽으로 계속 이어진다고 해 봐. 직선으로 반듯하게 계속 이어진다고 상상하는 것이지."

"실제로는 비뚤배뚤 그어지겠지만 상상 속에서는 그럴 수 있겠네요. 그래서요?"

은우가 니콜의 말을 자르며 말했다. 니콜이 끄덕였다.

"맞아. 그렇다면 이 돌을 지나는 직선이 아래에 있는 직선과 언젠가 만날까, 절대로 안 만날까? 우주 너머로 계속 뻗어 나간다면 말이야."

"만날 것 같은데요. 계속 긋다 보면 언젠가는 만나지 않을까요?"

"왜?" 니콜이 되물었다.

"계속 그으니까요. 아닌가? 영원히 안 만날 수도 있겠네."

지호가 해맑게 답했다. 은우가 불쑥 끼어들었다.

"만나면 어떻고 만나지 않으면 어때요? 그게 뭐가 중요해요?"

니콜은 갑자기 박수를 치며 두 손을 맞잡았다.

"아하! 오늘 무엇을 이야기할지 이제 알겠다. 점, 직선, 각, 평행 이런 것들에 대해 오늘 이야기해 보자."

직각, 예각, 둔각

계단형으로 된 교실로 들어왔다. 니콜은 기다리라고 하고는 교실 바깥으로 나갔다.

"점과 직선과 각이라니…. 다 배운 거잖아."

지호가 으스대며 덧붙였다.

"직각은 90도고 삼각형의 세 내각의 합은 180도지."

곧 니콜이 막대 몇 개를 들고 들어왔다. 막대는 얇고 가늘지만 직선으로 곧았다. 그중 하나를 들어 칠판에 놓았다. 칠판이 자석으로 되었는지 척 소리를 내며 붙었다.

"이걸 직선이라고 하자."

니콜이 말하자마자 은우가 반박했다.

"직선은 끝없는 것이잖아요. 그런 건 선분 아니에요?"

"너희는 끝없이 긴 것을 직선이라고 하고 직선의 일부를 선분이라고 하는 구나?"

니콜은 칠판에 붙은 막대를 가리키며 말을 이었다.

"사실 기하에서 선분은 폭이 없어. 그러니까 정확하게 말하면 이 막대는 선분일 수 없는 거지. 아무리 가늘어도 폭이 있으니까 말이야. 하지만 우리는 이것을 선분이라 하자고. 약속?"

모두 고개를 끄덕였다. 니콜은 막대 하나를 더 꺼내며 몇 초쯤 생각하더니 막대 두 개를 L자 모양으로 놓았다. 그러고는 두 막대를 따라 분필로 반듯하게 그렸다.

"두 선분이 한 점에서 만나게 놓은 거야."

"L(엘)이에요?"

"ㄴ(니은) 아니야?"

지호와 모나가 말했다.

"뭐, 뭐?"

니콜은 영문을 모르겠다는 표정이었다.

"니콜은 러시아 사람이잖아. 지금은 200년 전이라구."

은우가 툭 내뱉었다. 그제서야 니콜도 눈치를 챘다.

"러시아어에는 똑같은 글자가 없어. 그래도 이런 글자는 있지."

그러면서 L자 모양 옆에 선분 두 개를 이렇게 놓았다.

"ㄱ(기역)자가 뒤집어졌네?"라고 누가 말했다. 니콜은 '기역'이 이거냐고 물으며 글자를 만들었다.

칠판을 가만 바라보더니 "하나가 빠졌네?"하면서 한 글자를 추가했다. 칠판에 네 글자가 그려져 있었다.

"이렇게 반듯한 두 선이 한 점에서 만나면 각이 만들어져. 각의 크기,
즉 각도는 무수히 많지. 그 중 이렇게 곧바르게 선 것을 **직각**이라고 해.
가장 중요한 각도야. 한 선의 끝이 돌면서 각이 날카로워지면 이 각도를
예각이라 하고, 반대쪽으로 돌면서 각이 무뎌지면 이 각도를 **둔각**이라
고 해. 곧바르게 선 직각, 날카로운 예각, 무딘 둔각."

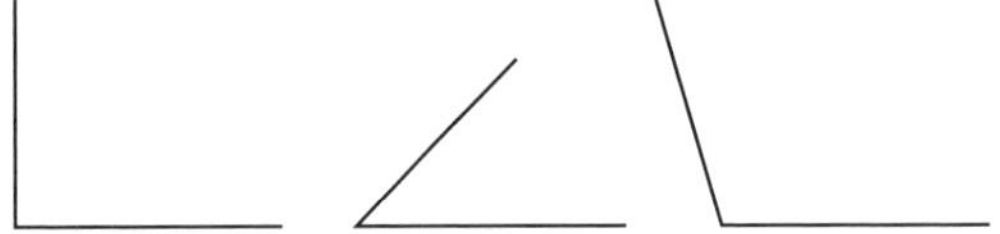

니콜은 신이 나서 말했지만 셋은 듣는 둥 마는 둥 했다.

"이미 다 아나 보구나. 음… 좋아. 자, 이건 어느 각도일까?"

그렇게 물으면서 두 막대를 ㅅ자 모양으로 놓
았다.

"직각이죠."

"저건 곧바르게 서지 않았는데? 뾰족해 보여."

지호와 모나의 말을 은우는 잠자코 듣기만 하다가 니콜에게 말했다.

"직각인지 알아보려면 아까 칠판의 직각 모양에 대보면 돼요."

은우가 답하자 니콜의 표정이 밝아졌다.

"이렇게 하자는 말이지, 은우?"

니콜은 L자 모양으로 놓인 두 선분을 옮기려고 들었지만 모양이 흐트러졌다. 은우가 짜증을 섞어 말했다.

"움직이지 않는 것에다 대면 되잖아요. 책을 대 봐요."

지호는 바로 책을 들어 ㅅ자 모양의 막대에 대 봤다. 딱 맞았다. 니콜은 박수를 쳤지만 어째 시원찮았다. 역시나 질문이 이어졌다.

"직각 모양의 사물을 사용한다는 생각이지? 그런 물건이 없으면? 직각인지 아닌지 알 수 없나?"

니콜은 아무 말 없이 ㅅ자 모양에서 선분 하나를 이어 그렸다.

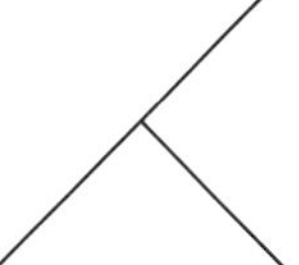

니콜은 은우, 모나, 지호를 차례대로 바라봤다.

"너희는 우주 여행을 선물 받은 아이들이야. 생각할 줄 아는 사람만이 그런 영광을 누릴 자격이 있다고 봐. 우리는 두 선분이 한 점에서 만날 때 직각인지 아는 방법을 생각하고 있어. 그런데…"

니콜의 말에 모나가 끼어들었다.

"말씀 중에 죄송해요. 뭐가 생각났는데 잊어버릴 것 같아서요."

니콜은 미소 지으며 모나를 응원하려는 듯 손을 들어 올렸다.

"느낌이 좋은데, 모나! 말해 보겠니?"

모나는 자신 있게 말했다.

"저렇게 서 있는 모양에서요. 양쪽으로 각이 같아요."

"나와서 설명해 주겠니?"

모나는 칠판 앞으로 나오다가 갑자기 질문을 했다.

"그전에요, 새로 그린 선분이 원래 선분과 직선으로 이어졌어요?"

"오호, 날카로운데? 일단 그렇다고 하자."

니콜의 답에 모나가 고개를 끄덕였다. 칠판에 있던 L자 모양에 선분을 대면서 말을 이었다.

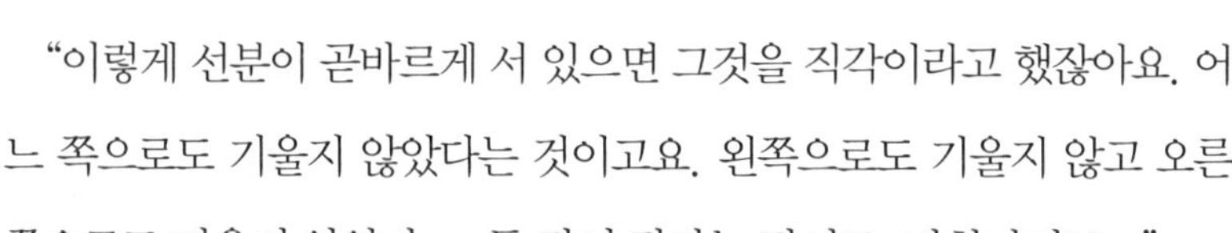

"이렇게 선분이 곧바르게 서 있으면 그것을 직각이라고 했잖아요. 어느 쪽으로도 기울지 않았다는 것이고요. 왼쪽으로도 기울지 않고 오른쪽으로도 기울지 않았다…. 두 각이 같다는 말이죠. 마찬가지로…"

모나의 말 중간에 지호가 "아하!"라고 하며 칠판 앞으로 나왔다.

"왼쪽도 직각이고 오른쪽도 직각이니까 양쪽 각이 같다, 그 말이구나!"

니콜도 지호의 말에 보탰다.

"아래에 있는 두 막대가 직선으로 있다고 가정했으니까… 좋았어. 내가 제대로 이해했는지 들어 줄래? 직각은 곧바르게 선 각의 크기다. 그래서 어느 쪽으로도 기울지 않았다. 즉, 한 직선 위에 다른 직선이 서서 두 각이 서로 이웃할 때 왼쪽 각과 오른쪽 각의 크기가 같으면 두 각도 모두 직각이다. 어때?"

셋은 동시에 고개를 끄덕였다. 니콜이 나지막한 목소리로 말했다.

"직각은 어느 쪽으로도 기울지 않은 각의 크기다. 그래서 건물도 직각으로 세우고 우리도 직각으로 서 있는다."

그러더니 한 마디 덧붙였다.

"직각은 특별하다. 그리고 중요하다."

맞꼭지각

이어서 니콜이 질문했다.

"이 두 막대가 직선으로 놓였다는 것을 어떻게 확인할 수 있을까?"

———

나는 반듯한 선분을 대 보면 된다고 말해주고 싶었지만 참았다. 또 내 말은 탐험대에게 들리지 않는다. 니콜은 각이라는 말을 써서 답을 하길 원하는 눈치였다. 1분쯤 흐르자 니콜은 말 없이 ㄴ자 모양에서 곧바르게 선 막대를 오른쪽으로 약간 기울였다. 다시 막대를 오른쪽으로 더 기울였다. 이를 반복하더니 혼잣말처럼 조용히 말했다.

“이렇게 기울면 기울수록 오른쪽 각은 점점 각도가 작아져. 그러다가 막대가 겹치면 각도가 0이 되는 거지. 반대로 왼쪽 각을 보면 점점 각도가 커져. 그러다가 막대가 겹치는 순간 각도는 180도가 돼.”

“왜 그걸 180도라고 해요?” 모나가 물었다.

“한 바퀴 완전히 도는 것을 360도라고 약속해서 그래. 자, 봐.”

니콜은 겹쳐진 막대를 다시 돌리며 왼쪽 각도가 점점 커졌다가 직각이 되고 더 커져서 직선이 되도록 겹쳐 놓았다.

“반 바퀴 돌았지? 여기서. 반 바퀴 더 돌면 360도가 되니까 반 바퀴 돈 지금 상태를 180도라고 부르는 거야.”

모나는 왜 한 바퀴를 360도로 약속하는지 묻고 싶었다. 니콜이 모나의 마음을 눈치챈 것 같았다.

“왜 하필 360도일까? 그건 쉽지 않은 질문이야. 먼 옛날에는 일 년을 360일로 봤던 적이 있어서 그랬다는 말이 있고 360은 나눗셈하기 쉬운 수라서 그렇다는 말도 있어. 얼마 전에 프랑스에서 한 바퀴를 400도로 하자고 했대. 프랑스에서는 반 바퀴가 200도고 직각은 100도겠지? 하지만 결국 다시 360도로 돌아왔어. 너희가 사는 곳에서 한바퀴를 360도로 정해 놓았지?”

셋은 *끄덕끄덕*했다.

"그러니까 우리도 직각을 90도라고 하자. 약속?"

직각은 특별하니까 그림에서는 이렇게 나타내기로 약속했다.

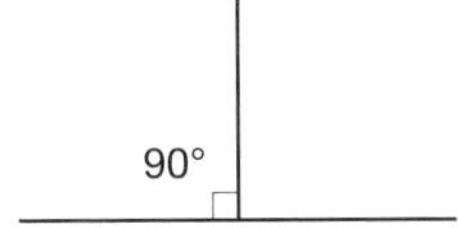

니콜은 오른쪽 각도를 줄이며 말을 이어 나갔다.

"직각의 반만큼 오른쪽으로 기울인다면 오른쪽 각도는 45도야. 90도에서 그 반인 45도가 빠졌으니까. 반대로 왼쪽 각은 90도에 45도가 더해지니까 135도고. 마찬가지로 오른쪽 각도가 30도면 왼쪽 각도는 150도가 돼. 이렇게 직선 위에서 어떤 각이 아무리 움직여도 붙어 있는 왼쪽과 오른쪽 두 각도의 합은 180도겠다, 그렇지?"

선분과 각을 표시하는 방법도 약속했다. 네 점을 A, B, C, D로 표시하고, 두 점을 직선으로 잇는 선분을 나타낼 때는 CA, AB 같은 식으로 쓰고, 각은 '각 CAB'라고 부르며

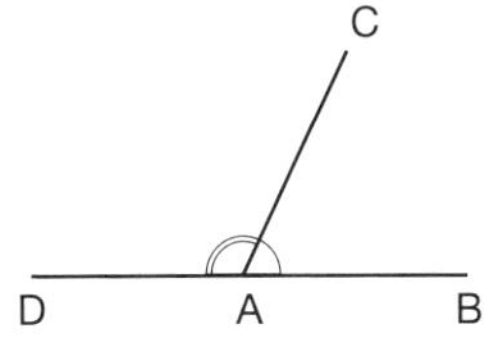

쓸 때는 간단히 ∠CAB라고 하자고 말이다. CA와 AB가 만나는 점 A를 가운데에 쓰기로 했다.

"질문 하나 해도 될까, 은우?"

니콜의 질문에 은우는 어깨를 으쓱했다. 니콜은 점 A에 막대를 이은 뒤, 막대 끝에 E를 썼다.

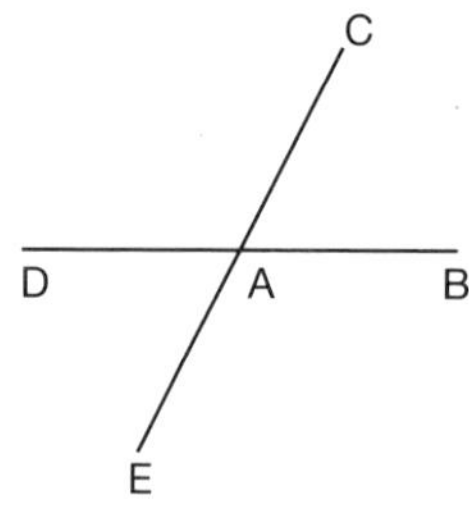

"EA도 여기 점 A에서 만나. 그럼 CA와 AE가 직선을 이룰까?"

너무 쉽다고 생각했는지 은우는 피식 웃으며 답했다.

"직선인 것 같은데요?"

니콜은 정색하며 말했다.

"왜 그렇게 생각하는데?"

"그래 보이잖아요. 반듯한데요?"

니콜은 막대 AE를 아주 조금 돌려 AF로 표시했다.

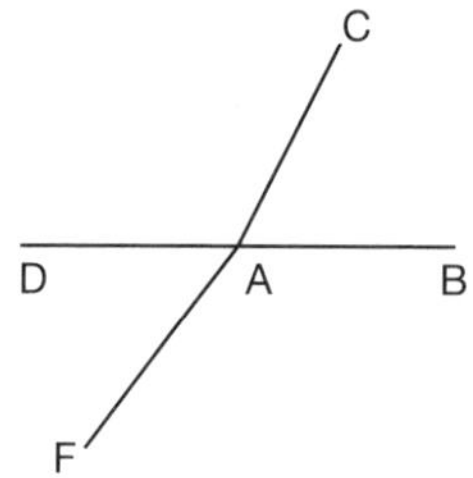

"아주 약간 막대를 회전시켰어. 그럼 지금은 직선이니, 아니니?"

"직선 같은데요?"

은우의 답이 끝나자마자 니콜은 반문했다.

"원래도 직선이고 회전해도 직선이라고?"

그제서야 은우는 자세를 고쳐 앉으며 생각한 후 말했다.

"두 막대가 180도를 이루는지 확인해야죠."

니콜은 원래 위치의 막대 AE를 추가하며 말했다.

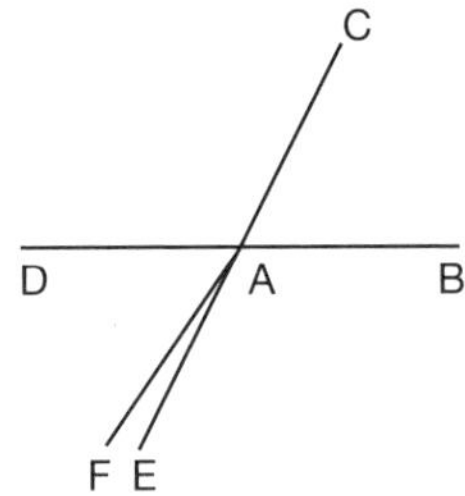

"그래. CE가 직각이 두 개인 각, 즉 180도라면 직선이야. 그렇다면 CA와 AF는 직선을 이룰 수 없겠지? 생각해 줘서 고맙다, 은우."

니콜은 AF 막대를 빼면서 계속했다.

"CA와 AE가 직선으로 이어졌다고 하자. 그러면 CE는 CA가 직선으로 연장된 거야. DB도 직선으로 놓였어. CE가 DB를 지나가니까 CE와 DB가 교차하는 거지. 교차하는 지점인 A를 점이라고 가정하는데, 그래서 A를 CE와 DB의 교점이라 해. 됐니?"

은우는 다 안다는 듯이 대답 대신 눈만 깜빡였다. 모나가 손을 들었다.

"그럼 선분의 끝은 점이고 선분과 선분이 교차하면 점이네요!"

"물론."

"그럼 선분은 점들이 모여 있는 거네요?"

"음… 모나가 좀 어려운 질문을 하려는 것 같은데?"

"아니요. 그게 다예요."

“내가 생각 중인 게 있는데 아직 결론을 내리진 못했어. 모나가 그걸 물을 줄 알았거든.”

“그게 뭔데요?”

“바로 이거야. 점은 길이도 넓이도 갖지 않는다. 그런데 그런 게 모여서 어떻게 선이 될 수 있지? 선은 길이를 갖는데 말이야. 그렇다면 선은 점으로 이루어진 게 아닌 건데? 선이 점으로 구성된 것이 아니라면 어떻게 선분과 선분이 교차해서 점이 되지?”

밑도 끝도 없는 대화에 셋은 지치기 시작했다. 니콜과 아이들은 맛있는 빵과 음료수를 먹었다. 바깥에 나가 눈 구경을 한 후 강의실로 돌아왔다. 칠판에는 이 도형이 넷을 기다리고 있었다.

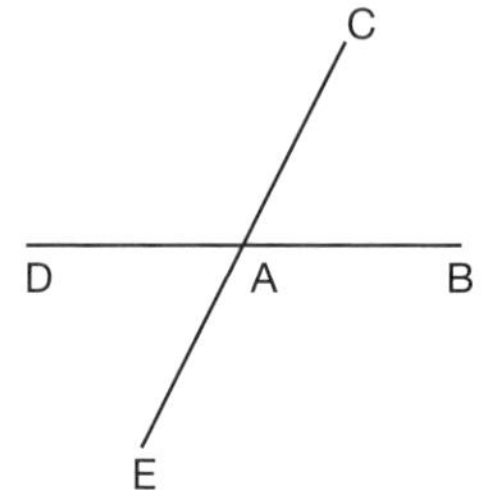

“여기에는 각이 여러 개 있어. 그 중 네 개를 살펴보자.”

니콜은 칠판에 ‘∠BAC, ∠CAD, ∠DAE, ∠EAB’를 쓰고 은우에게 물었다.

“이 네 각 중 어느 각과 어느 각의 크기가 서로 같을까?”

은우는 질문이 고작 그거냐는 듯 피식 웃으며 답했다.

“그거야 **맞꼭지각**이죠. 각 BAC하고 각 DAE요. 각 CAD와 각 EAB

도 같고요."

니콜은 은우를 칠판 앞으로 불러낸 뒤 왜 맞꼭지각의 크기가 서로 같은지 말해달라고 했다. 은우는 분필을 들고 설명했다.

"직선은 각도가 180도라고 했죠. 그러니까 직선 BD, 즉 각 BAD의 크기는 180도죠. 마찬가지로 직선 CE에서 각 CAE의 크기도 180도예요."

은우는 칠판에 줄을 맞춰 이렇게 썼다.

$$\angle BAC + \angle CAD = 180°$$

$$\angle DAE + \angle CAD = 180°$$

"그래서…

$$\angle BAC = 180° - \angle CAD$$

$$\angle DAE = 180° - \angle CAD$$

이렇게 되죠."

$$\angle BAC = \angle DAE$$

은우의 설명은 명쾌했다.

"잠깐만, 하나만 더 묻자. 이 경우엔 어떨까?"

니콜은 막대 하나를 비틀어 E를 F로 고치며 물었다.

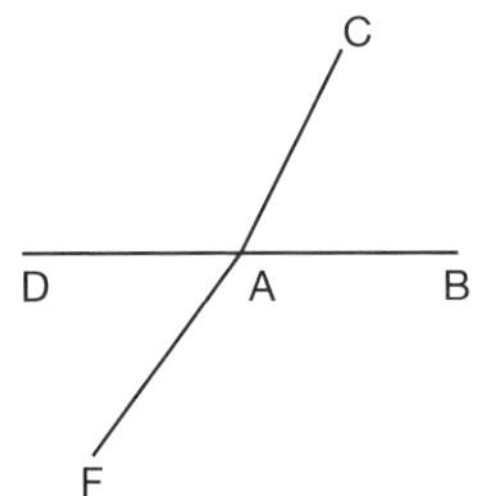

은우는 어리둥절한 표정으로 니콜을 가만히 보더니 답했다.

"뭐 이런 질문을 해요? 직선으로 있어야 맞꼭지각이라는 말을 쓰죠. 자, 봐요."

은우는 막대 하나를 들어 만나는 점을 지나게 대면서 말했다.

"지금 CA와 AF는 직선을 이루지 않아요. 각 CAD와 각 DAF의 크기를 더하면 180도보다 작잖아요. 마주 대고 있다고 다 맞꼭지각은 아니라고요."

은우의 말이 점점 빨라졌다.

"아까 맞꼭지각이면 각 BAC와 각 DAF의 크기가 같다고 했잖아요. 근데 맞꼭지각이 아니니까 각 BAC와 각 DAF의 크기가 같지 않죠."

니콜은 장난스럽게 웃으며 막대를 이렇게 옮겨 놓았다.

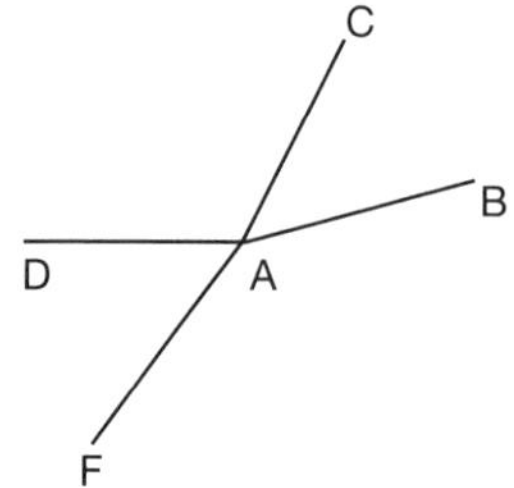

"맞꼭지각이면 각 BAC와 각 DAF의 크기가 같다고 해서, 맞꼭지각이 아니니까 각 BAC와 각 DAF의 크기가 같지 않다고? 자, 각 BAC와 각 DAF의 크기가 같게 놓았어. 네 말대로 두 각은 맞꼭지각이 아닌데도 크기가 같을 수 있지 않아?"

은우의 얼굴이 붉으락푸르락하더니 식식대며 말했다.

"각 BAC와 각 DAF의 크기는 같을 수 있지만 각 CAD와 각 FAB의 크기가 달라요."

"왜?"

"맞꼭지각이 아니니까 그렇죠!"

"내가 보기엔 같은데?"

"아휴, 답답해. 그렇게 보일 뿐이죠."

그렇게 말하면서 은우는 칠판에 거칠게 써 나갔다.

$$\angle BAC + \angle CAD < 180°$$
$$\angle DAF + \angle FAB > 180°$$

"그래서…

$$\angle CAD < 180° - \angle BAC$$
$$\angle FAB > 180° - \angle DAF$$

이고, 그런데…

$$\angle BAC = \angle DAF$$

이므로…

$$\angle CAD < \angle FAB$$

가 되죠. 오케이?"

순식간에 다 쓴 은우를 향해 니콜은 웃으며 "오케이."라고 답했다. 잠시 후 네 막대를 다시 직선 2개처럼 이어 놓으며 설명했다.

"맞꼭지각이면 그 두 각의 크기가 같긴 하지. 하지만 그 이유 때문에 맞꼭지각이 아닌 두 각의 크기가 다르다고 하면 안 돼. '당연히'란 말은 조심해서 써야 하지. 두 삼각형이 합동이면 닮음이라고 해서 '당연히' 합동이 아니면 닮음이 아니라고 할 수 있어? 아니야. 합동이 아니어도 닮음일 수 있으니까. 맞꼭지각도 그래. 다행히 이 경우엔 맞꼭지각이 아닌 두 각은 모두 같지는 않은 것으로 드러났어. 그러나 이건 '당연히' 그런 게 아니라 은우가 따져서 확인해낸 거지."

몇 초 쉬었다가 이 말도 덧붙였다.

"맞꼭지각은 아주 간단하면서도 유용해. 가위, 교차 집게, 교차로…. 어디에든 맞꼭지각이 있지."

첫날 일정이 끝났다. 나는 니콜의 말을 들으며 공책에 이런 그림을 그리고 있었다.

삼각형의 세 내각의 합, 삼각형의 외각

다음 날 아침, 강의실에 다시 모였다. 니콜은 진지한 얼굴로 어제 했던 이야기를 요약했다. 잠시 후 칠판에 직선 두 개를 그었다.

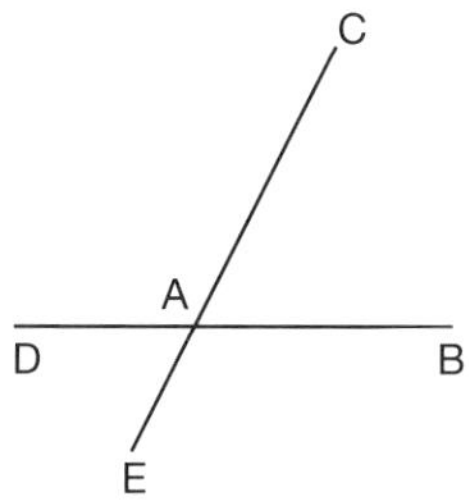

“오늘은 EC, DB가 각각 직선이 되도록 그렸어.”

그러면서 이 두 직선을 지나는 FG 막대를 걸쳐 놓았다. 막대는 두 직선과 각각 한 점에서 교차했다.

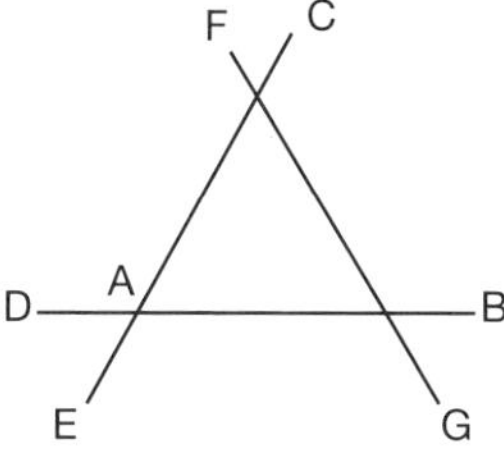

그 아래에 막대들을 길게 늘여 이런 모양을 만들어 놓았다.

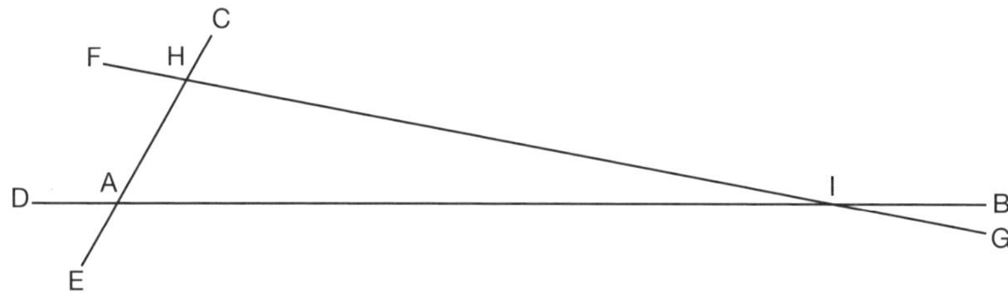

“선분 세 개가 교차했어. 교점 세 개와 그것을 잇는 선분으로 둘러싸인 부분만 볼까? 교점에 이름도 새로 생겼고…. 자, 뭔가 달라졌지?”

아무도 답하지 않았는데 니콜은 계속했다.

"닫힌 공간이 생겼지? 그러면서 평면이 안과 밖, 둘로 나뉘는 거야."

이렇게 닫힌 도형을 '다각형'이라고 하는데 각이 세 개 있으므로 삼각형이다. 삼각형은 기하 세계에서 매우 매우 중요한 도형이어서 삼각형의 각, 길이, 넓이를 아는 것이 정말 중요하다는 말도 덧붙였다. 히파티아 님이 신신당부하신 말씀이 있어서 지금 삼각형에 대해 말하는 것은 불가능하다고 했다.

"삼각형에서 가장 중요한 것이 삼각형의 세 각의 합에 대한 거야."

니콜은 각을 가리키며 칠판에 적었다.

$$\angle HAI + \angle AIH + \angle IHA = 180°$$

누가 보나 주위를 살펴보더니 삼각형의 외각에 대해 빠르게 적었다.

$$\angle HAI + \angle AIH = \angle IHC$$

$$\angle HAI + \angle IHA = \angle HIB$$

$$\angle AIH + \angle IHA = \angle IAE$$

그러고는 한 손을 들어 올리고 모두 들으라는 듯이 크게 말했다.

"삼각형의 세 내각의 합이든 외각이든 먼저 평행을 알아야 논할 수 있어. 이제 평행에 대해 말할 거야. 내가 가장 중요한 것을 말한다고 할 수 있지, 암."

평행

니콜은 삼각형을 지우고 두 막대를 이렇게 교차해 놓았다.

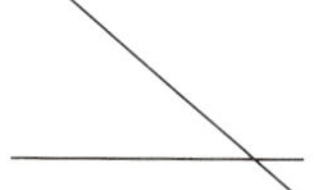

"두 막대가 이 정도로 기울어져 있으면 두 막대는 교차해. 뻔하지? 이건 어때?"

"아직 만나지 않아."

은우의 혼잣말을 낚아채며 니콜이 말했다.

"그래, 그거야. **아직** 교차하지 않아! 직선으로 연장해 보자."

니콜은 막대에 막대를 붙여 연장하면서 질문했다.

"어떻게 하면 직선으로 연결된다고 했더라?"

니콜은 '직선으로'라고 쓰며 똑박또박 말했다. 지호가 크게 말했다.

"두 막대가 180도가 되도록 하면 되죠."

니콜은 직선이 되게 막대들을 붙였다.

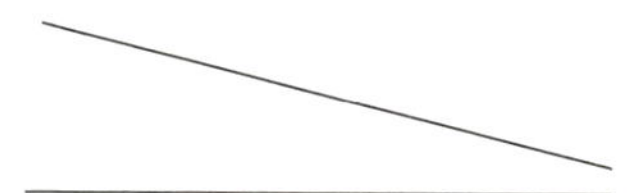

"아직 '아직'이네. 하나만 더 붙일까?" 니콜은 혼잣말하며 막대를 또 붙였다. 세 번째 막대를 위아래로 연결하자 두 직선이 교차했다.

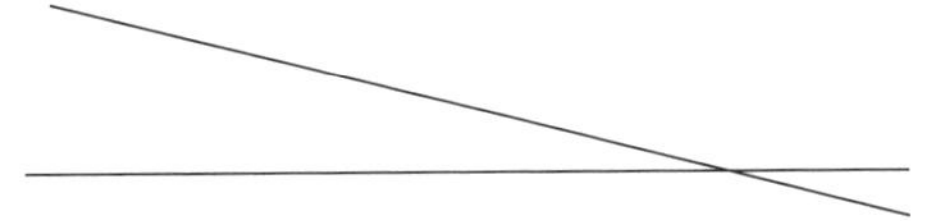

"역시! 어때? 막대 하나씩일 때는 교차하지 않지만 막대 세 개를 직선으로 연결하니 이제 두 직선이 만나지? 그럼 이건 어떨까?"

니콜은 다시 막대 둘을 놓았다.

이번에는 모나와 지호의 답이 엇갈렸다. 니콜이 막대를 계속 이어서 칠판 끝에 다다라랐는데도 이 상태였다.

그때 팔짱을 끼고 가만히 있던 은우가 톡 쏘듯이 말했다.

"칠판에서는 안 만났지만 계속 연장하면 만날 수도 있지 않아요?"

이번에는 모나가 으쓱했고 지호가 입술을 삐죽했다. 니콜이 나섰다.

"막대를 계속 직선으로 연장할 수 있다고 상상해 보자. 양쪽으로 계속 말이야. 단, 직선으로 연장한다는 조건은 어기면 안 돼."

나는 니콜의 말대로 아주 긴 막대를 상상했다. 직선으로 붙일수록 아주아주 긴 막대가 되었다. 니콜은 무한히 뻗는 직선 위에 또 다른 무한한 막대도 하나 놓자고 했다.

"칠판에 이렇게 막대 두 개가 놓여 있을 때 길게 연장하지 않고도 두 막대가 만나는지 아는 방법이 있지 않을까? 두 막대가 교차하는지 여기서 알 수 있는 방법!"

"뭔데요?" 지호와 모나카가 자세를 고쳐 앉으며 물었다. 은우는 듣고만 있었다.

니콜은 그림 옆에 번호를 붙였다.

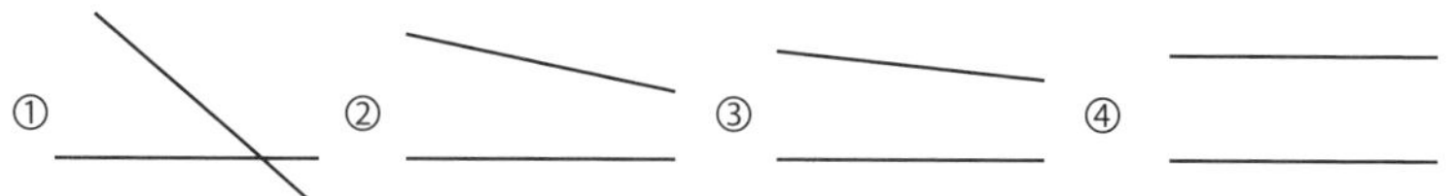

"①에서 ④로 갈수록 위에 있는 막대가 덜 기울어져 있네요."

침묵을 깬 지호에게 니콜이 말했다.

"더 기울었다 덜 기울었다, 그 말만으로는 답이 안 돼. '더 기울다', '덜 기울다'를 정확한 용어로 나타내야 답을 내릴 수 있을 거야. 기울기를 나타낼 수 있는 수가 필요하겠지."

"각도?"

모나였다. 은우도 나섰다.

"각도가 클수록 빨리 만나고 각도가 작을수록 먼 곳에서 만나요."

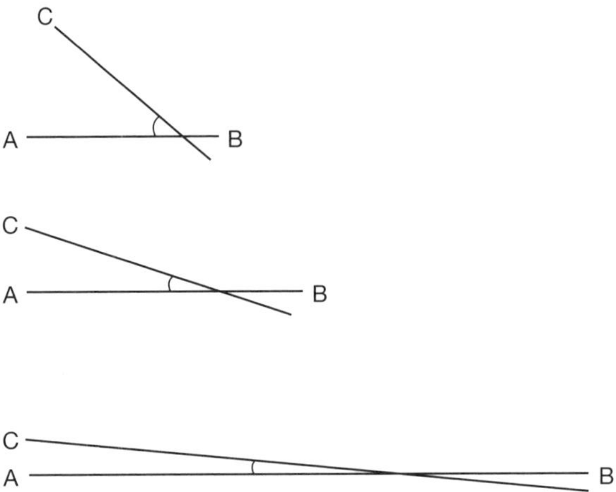

은우의 생각은 이거였다. 교차하는 쪽이 뾰족할수록, 그러니까 각 ABC가 작을수록 점점 두 직선이 멀리서 만난다는 것이다. 처음에는 교차하는 지점의 각을 생각했다. 하지만 니콜은 두 선분만 놓인 상태에서 직선으로 연장했을 때 만나는지 물었다. 그래서 그 각도는 아니라고 본 것이다.

"그래서 생각했죠. 아래에 있는 직선을 위로 쭉 올려서 각을 살펴보자고요. 바로 이렇게요."

은우는 성큼성큼 나가서 칠판에 점선을 더 그었다.

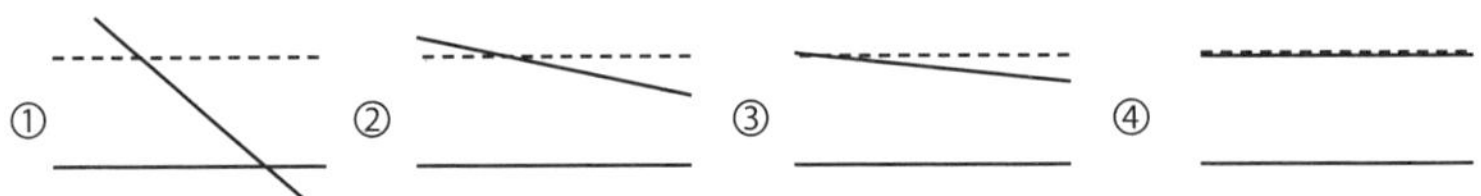

"그런데….”

니콜이 말을 시작하자 은우가 끼어들었다.

“문제는 직선을 ‘그대로 위로 쭉’ 올리는 게 뭐냐는 거죠?”

니콜은 방긋 웃으며 손바닥을 들어 올렸고 은우도 손바닥을 올려 니콜의 손바닥을 짝 마주쳤다. 은우는 자리로 들어왔다.

“바로 그거야. 어떻게 올려야 ‘쭉’이고 ‘그대로’인지 모를 말이거든. 나는 문득 이런 생각이 들었어.”

니콜은 은우가 그린 점선을 지우고 새로 점선을 그렸다.

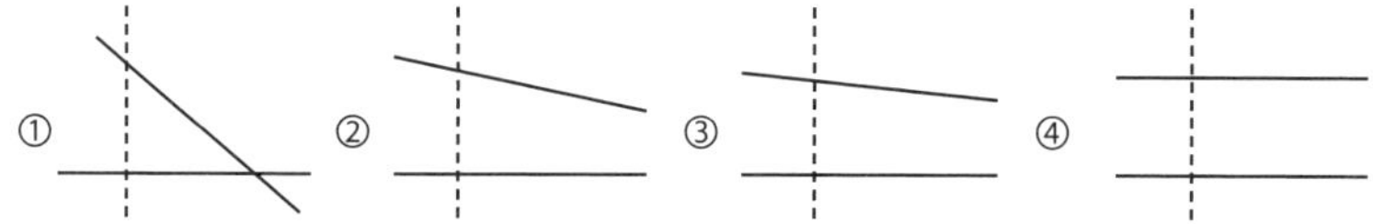

“그게 어때서요?” 지호가 물었다.

“어때서라니? 이제 ‘각’을 생각해 볼 수 있게 됐잖아!”

갑자기 모나가 자리에서 일어났다.

“나, 나 알 것 같아…. 안 것 같은데 답을 모, 못….”

모나가 칠판을 가리키며 결국 말을 잇지 못하자 은우가 나섰다.

“저기 안에 있는 각의 크기가 커질수록 더 멀리서 만나네요. 그러니까 둘 다 직각이면 두 선분이 만나지 않아요. 두 각도의 합이 180도, 그게 답이죠!”

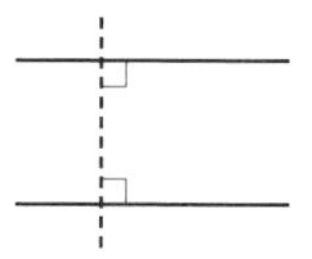

모나가 벌떡 일어났다.

"맞아, 그거야! 내가 하려고 했던 말이!"

니콜은 모나를 향해 한 발 앞으로 나가며 말했다.

"모나야, 안 것을 언어로 잘 나타내려면 수학 단어에 익숙해져야 해. 모나, 파이팅!"

모나는 얼굴을 붉히며 고개를 끄덕였다. 지호가 손을 들었다.

"니콜, 어떻게 그런 생각을 한 거예요?"

"너희가 '각'이라고 말한 내용까지는 금방 생각했는데, 나도 거기서 막혔어. 그 '각'이라는 게 뭘까? 그러다 머릿속에서 번개가 쳤어. 아하! 이거구나."

그러더니 칠판으로 돌아가 이 그림을 가리키며 말했다.

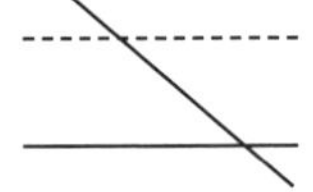

"나도 처음에는 아래의 선분을 '그대로 쭉' 올린다는 생각을 했고 이렇게 그려 봤지. 처음 만났을 때 너희가 밟은 선이 바로 이거였어."

니콜은 칠판으로 몸을 돌려 막대를 붙였다.

"그러고 나서 다른 질문이 생각이 났어. 그 중 하나는 이거야."

두 막대를 가로지르는 선분을 그릴 때 꼭 직각이 되도록 그릴 필요가 없다는 것을 알았다고 했다. 두 그림을 나란히 놓으며 말했다.

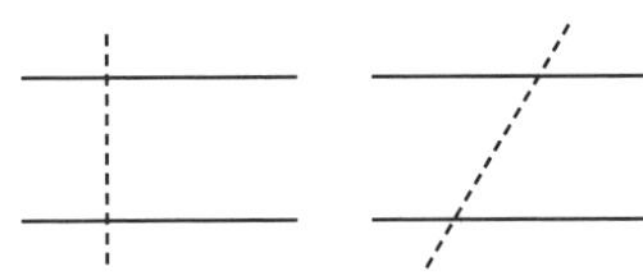

"오른쪽 그림처럼 약간 기울여도 상관없어. 안쪽에 있는 두 각도의 합이 180도이기만 하면 돼."

니콜은 그림에 기호를 달았다. 각에 이름을 부여한 것이라고 했다.

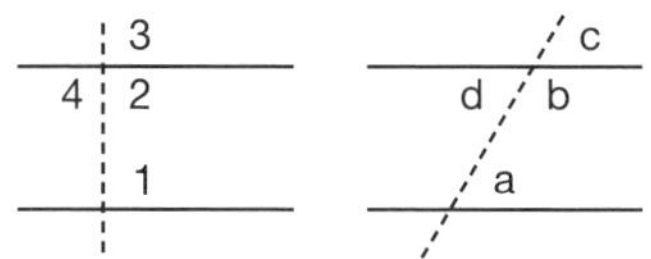

왼쪽 그림에서 각 1은 직각이다. 이때 각 2가 직각이면 두 막대는 아무리 연장해도 만나지 않는다. 오른쪽 그림에서는 각 a의 크기가 얼마든 상관없다. 각 b와 각 a의 크기를 더해서 180도면 두 막대는 영원히 만나지 않는다. 우주 너머 아무리 연장해도 만나지 않는다1. 즉, 각 a와 각 c의 크기가 같으면 두 직선이 평행하다는 말이다.

"'각 b + 각 c = 180°'야. 직선의 각이니까. '각 b + 각 a = 180°'라고 가정해. 그러면 '각 a = 각 c'일 수밖에 없어. 게다가 각 c와 각 d의 크기도 같아. 맞꼭지각이니까. 그래서 '각 a = 각 d'일 때도 두 직선은 영원히 만나지 않고, 그런 두 직선을 **평행**하다'라고 불러. 보다시피 각 c와 각 d는 특별해. 각 a와 각 c를 같은 쪽에 있다고 해서 **동위각**, 각 a와 각 d를 엇갈려 있다고 해서 **엇각**이라 불러."

---

1 모두 끄덕끄덕하며 넘어갔지만 나는 니콜이 어떻게 '증명'했을까 궁금했다. 시간이 걸렸지만 마침내 증명해냈다. 각 a와 각 c의 크기가 같을 때 두 직선은 만나거나 만나지 않을 것이다. 먼저 '만난다'고 가정해 봤다. 그러면 내각 a와 외각 c의 크기가 같은 삼각형이 생길 것이다. 그런데 그런 삼각형은 존재하지 않는다는 결론에 도달했다. 만난다고 가정하면 말이 안 되는 사실이 나오기 때문에 두 직선이 만난다는 가정은 틀렸다. 따라서 두 직선은 만나지 않는다. 니콜은 이것을 어떻게 증명했을까?

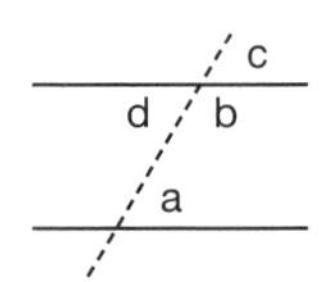

"이제 두 직선이 언젠가는 어디선가 만나는지 아니면 영원히 안 만나는지 '당장 여기서' 알 수 있어. 어떻게? 바로 이렇게!"

그렇게 말하며 네모 상자를 가리켰다. 잠시 후 짝짝짝 박수 소리가 났다.

"니콜, 그런데 뭐가 문제예요? 다 된 것 아니에요?"

니콜은 지호의 질문에 표정이 어두워졌다.

"동위각인 각 a와 각 c의 크기가 같으면 두 직선이 평행하다는 사실은 증명했어. 그다음 생각했지. 동위각인 각 a와 각 c의 크기가 다르면 두 직선은 어디선가 만날 것이다…. 증명이 쉬울 것 같았는데 아무리 생각해도 모르겠어. 오래 전부터 생각했는데도 말이야."

"당연한 것 아니에요? 각 a와 각 c의 크기가 같으면 두 직선이 안 만나잖아요. 따라서 각 a와 각 c의 크기가 같지 않으면 두 직선이 만나죠."

지호의 말에 니콜이 정색을 했다.

"벌써 잊었어? 합동이면 닮음이라고 해서 합동이 아니면 닮음이 아니라고 말할 수 있니? 그건 아니지. 따져 봐야 해."

그러더니 비슷한 두 그림을 나란히 그렸다.

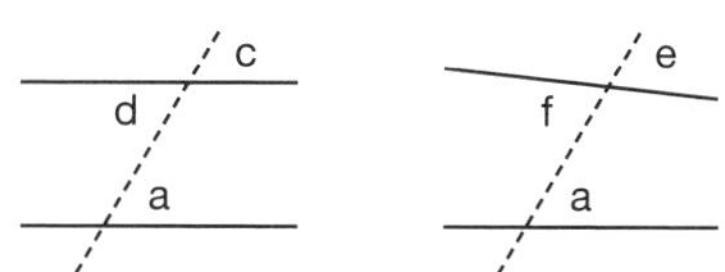

"두 그림은 거의 같아. 다만 각 a와 각 c의 크기가 같고 각 a와 각 e의 크기는 달라. 아주 조금이지만 아무튼 같지 않지. 각 a와 각 c의 크기가 같으면 두 직선이 만나지 않는다고 해서 각 a와 각 e의 크기가 같지 않으면 두 직선이 반드시 만난다고 확신할 수 있을까? 각 a와 각 e의 크기가 아주아주 조금 다른 경우에도 두 직선이 평행할 수 있지 않을까? 무슨 근거로 오른쪽 그림의 두 직선이 만난다고 할 수 있지?"

니콜은 잠시 나무처럼 서 있더니 두 손바닥을 위로 향하며 말했다.

"각 a와 각 c의 크기가 같으면 두 직선은 평행해. 증명했기 때문에 확실히 알지."

그러더니 주먹을 쥐었다.

"그러나 동위각이 같지 않으면 두 직선은 반드시 만날까? 그건 아직 모르겠어. 그래도 계속 생각할 거야. 이유는 하나, 궁금하니까!"

첫 기하 여행은 이렇게 마무리됐다. 니콜을 따라 카페로 가니 히파티아 님이 보였다. 히파티아 님 앞의 식탁에 맛있는 음식이 가득했다. 셋은 팔을 벌리고 냅다 식탁으로 달려갔다.

제2장

합동의 기하학

삼각형, 합동, 합동 조건(SSS, SAS, ASA), 이등변삼각형

∞ **합동의 기하학 안내자**

유클리드(기원전 3세기경)

고대 그리스의 수학자. 고대 수학의 금자탑인 《원론》의 저자. 수학의 성경이라는 별명이 있는 《원론》은 2천 년 동안 수학을 통해 생각하는 법을 배우는 모든 사람의 필독서가 되었다.

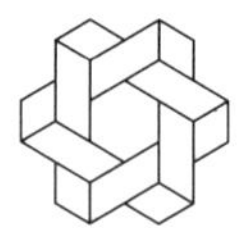

은우가 스페이스 머신에서 몸을 일으키며 말했다.

"니콜은 궁금한 걸 풀었나 몰라?"

지호는 가물가물했지만 자신 있게 말했다.

"동위각이 같지 않아도 평행인가, 그거였나? 하나는 증명해서 확실한데 하나는 아직 모르겠다고 그랬는데…?"

니콜의 눈빛과 말투가 모나의 머리를 스쳤다.

"알아내면 좋겠어. 니콜은 해낼 거야."

모나는 셋을 향해 미소만 짓고 있던 히파티아 님에게 물었다.

"히파티아 님은 다 아시죠?"

히파티아 님은 까만 눈동자를 깜박이더니 입을 뗐다.

"그 문제는 쉬워 보이지만 사실은 매우 어려워요. 10여 년 후, 로바쳅스키 님은 마침내 알아냈죠. 로바쳅스키 님의 발견이 없었으면 아인슈

타인의 상대성 원리도 나오지 못했을 거예요.”

셋은 모두 소리 없는 박수를 쳤다.

“어떻게 되는데요? 동위각이 같지 않아도 평행할 수 있어요?”

히파티아 님의 대답은 전혀 예상치 못한 것이었다.

- 동위각이 같으면 평행인 것은 언제나 참이다.

그러나 히파티아 님은 다음 두 명제가 참이라고 했다.

- 동위각이 같지 않으면 두 직선은 만난다.
- 동위각이 같지 않으면 두 직선은 만나지 않는다.

아이들의 얼굴에 ‘둘 다 참이라고? 어떻게 그럴 수 있지?’라고 쓰여 있었다.

“동시에 둘 다 참이라는 말이 아니에요. 첫 번째 명제가 참인 기하 세상이 있고 두 번째 경우가 참인 기하 세상이 있어요. 하지만 걱정은 안 해도 되요. 우리가 하는 기하 여행은 첫 번째 기하 세상이에요. 즉 동위각이 같지 않으면 두 직선이 만난다고 믿으면 됩니다. 그래서 삼각형의 세 내각의 합이 항상 180도이고요.”

히파티아 님의 말씀으로는 180도인 세상이 있고 아닌 세상도 있는데 우리는 180도인 세상을 여행한다는 것이다! 나는 기록자일 뿐이므로 말을 보태면 안 되지만 이것만은 말하고 싶다.

'두 점을 잇는 가장 짧은 선이 직선이다. 여기서 가장 짧다는 것이 무엇인지가 문제인데…. 우리가 사는 땅이 편평하면 반듯한 선이 직선일 테고, 땅이 공 모양이면 최단 거리는 볼록 휘게 된다. 반대로 땅이 홀쭉하면….'

어느새 스페이스 머신의 움직임이 멈췄다. 스페이스 머신의 문이 점점 투명해졌다. 모두 자리에서 일어나 바깥으로 향했다.

한 소년이 두 손을 모으고 서 있었다. 소년을 따라 계단을 올라 건물의 높은 곳에 이르자 멀리 파란 바다가 보였다. 한 노인이 걸어왔다. 노인은 아이들을 데리고 햇볕이 잘 드는 방으로 들어갔다. 방바닥 한가운데에 둥근 모래밭이 있었고 그 옆에 지팡이가 몇 개가 세워져 있었다.

"반갑습니다. 은우, 지호, 모나. 제 이름은 유클리드이며 이곳은 알렉산드리아입니다. 저 멀리 바다가 보이지요? 지중해입니다."

셋은 살짝 끄덕했다. 유클리드가 소년을 소개했다.

"이 아이의 이름은 이솝입니다. 기하를 공부할 때 우리를 도와줄 거예요."

세 친구가 이솝에게 반갑다고 손을 흔들었고 이솝은 정중하게 허리를 숙였다.

삼각형

"여러분이 점과 직선, 각과 평행선을 알고 있다고 들었습니다."

유클리드는 지팡이를 들어서 모래 위에 그림을 그렸다. 먼저 직선을 반듯하게 긋고 그 위에 점 하나를 찍었다.

"직선이 있고 그 위에 점이 있습니다. 수평선 위에 별이 뜬 것 같군요. 점을 지나는 직선을 하나 더 그을게요."

"우리는 계속 그어 보지 않고도 이 두 직선이 평행인지 아닌지 알 수 있습니다. 직선을 하나 더 그으면 됩니다. 이렇게 말입니다."

지팡이로 동위각을 가리키면서 계속 말했다. 

"이 동위각이 같으면 두 직선은 절대 만나지 않습니다. 이를 평행이라고 해요. 알고 있죠?"

"예."

셋은 조용히 답했다.

"동위각이 같지 않으면 두 직선이 반드시 만난다고 가정하겠습니다. 즉, 평행하면 동위각이 같다는 뜻입니다. 자, 동위각이 같지 않아서 두 직선이 만나는 경우를 볼까요?”

유클리드는 원래 있던 그림 옆에 그림 두 개를 새로 그렸다. 역시 니콜이 그렸던 그 그림이다.

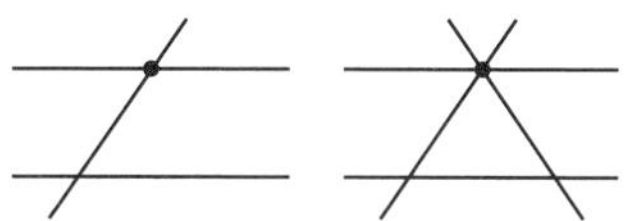

“이렇게 하니 세 점에서 만나겠지요? 세 직선이 세 점에서 만나도록 그리면 **삼각형**이 만들어집니다.”

졸음을 쫓으려는지 모나가 머리를 흔들면서 물었다.

“직선 세 개가 세 점에서 안 만날 수도 있어요?”

유클리드는 눈만 껌벅껌벅하더니 지호를 바라봤다.

“음… 꼭 세 점에서 만나는 건 아니죠. 첫 번째 그림처럼 평행한 두 직선이 있고 나머지 한 직선이 두 직선과 각각 한 점에서 교차하면 세 직선은 두 점에서만 만나요.”

지호는 만족스러워했지만 유클리드는 아직도 지호를 바라봤다.

“또 있어요? 음… 아하! 이거네.”

지호는 지팡이 하나로 모래밭에 세 직선이 한 점에서 만나는 그림을 그렸다.

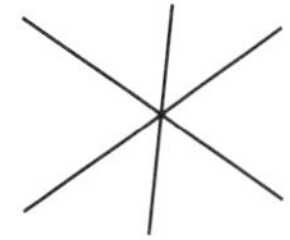

이번에는 유클리드가 은우를 향해 고개를 돌렸다. 은우는 아무 말 없이 지팡이를 들어 직선 세 개를 겹쳐 그렸다. 그 옆에 세 직선이 평행한 경우도 그렸다.

"삼각형은 세 직선이 '세 점'에서 만나는 곳 어디에나 있습니다. 별이 세 개 떠 있을 때 마음속으로 세 별을 선분으로 이으면 삼각형을 만들 수 있지요."

유클리드도 모래 칠판의 삼각형을 가리키며 계속했다.

"삼각형에서 점과 점을 잇는 직선 부분을 '변'이라고 부릅니다. 우리에게 가까운 변은 밑에 있으니 '밑변'이라고 부르겠습니다. 이제부터 교점도 따로 찍지 않겠습니다. 하지만 잊지 마세요. 삼각형의 뾰족한 부분은 항상 점입니다. 꼭짓점이라는 부르는 점 말입니다."

유클리드는 삼각형의 꼭짓점 근처에 이름을 써넣었다.

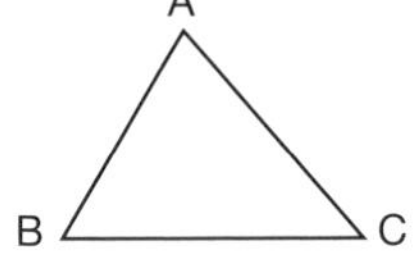

"꼭짓점마다 변이 두 개 연결되어 있으니 각이 생깁니다. 예를 들어 변 AB와 변 AC가 점 A에서 각을 이룹니다. 그런 각이 세 개죠. 그래서 삼각형입니다. 왜 삼각형이 중요할까요? 삼각형은 선분 세 개만 써서 만들 수 있기 때문이겠죠. 선분들로 둘러싸서 도형을 '다각형'이라고 하는데, 그렇다면 삼각형은 가장 단순한 다각형인 셈입니다."

노래하는 듯한 유클리드의 말은 영원히 끝나지 않을 것 같았다.

"그 말은 삼각형에 삼각형을 붙여 가면 어떤 다각형이든 만들 수 있다는 말이기도 합니다. 다시 말해 세상의 모든 도형을 알려면 가장 먼저 삼각형을 잘 알아야 한다, 그것이죠."

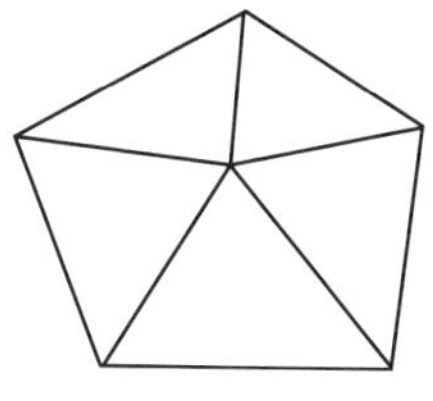

모나는 졸음과의 사투 중이었다. 바로 그때 은우가 질문을 했다.

"유클리드 선생님. 삼각형에 삼각형을 보태서 다각형을 만들 수도 있지만 거꾸로도 되지요? 다각형을 삼각형으로 쪼개는 것 말이에요."

유클리드는 말 없이 은우에게 지팡이를 건넸다. 은우는 모래 칠판에 도형을 하나 그렸다.

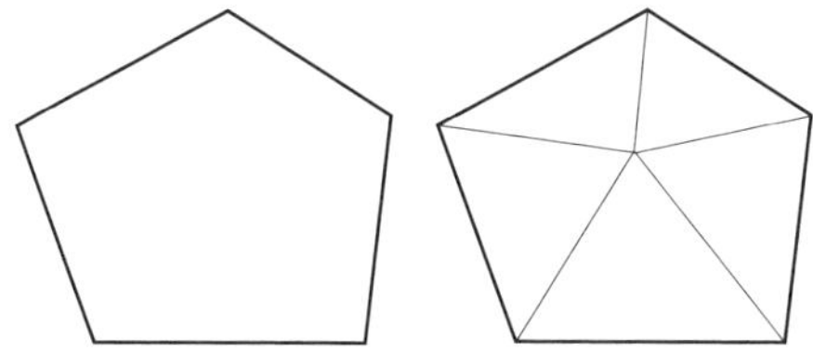

"이렇게 오각형 안에 점을 찍고 이 점과 꼭짓점 5개를 이으면 삼각형 5개로 쪼개져요."

지호도 거들었다.

"꼭짓점끼리 연결해서 삼각형으로 쪼갤 수도 있어요. 이렇게요."

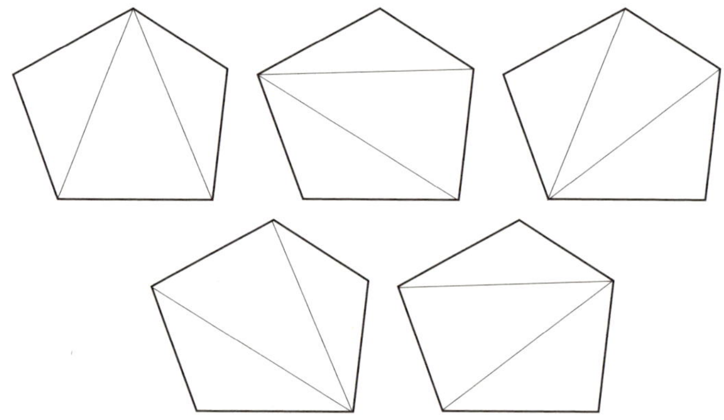

지팡이를 건네받은 지호가 모래 칠판에 같은 모양의 오각형을 다섯 가지 방식으로 쪼갰다. 지호는 이어서 말했다.

"은우가 한 방식으로는 오각형이 5개로 쪼개졌는데, 꼭짓점을 잇는 제 방식으로는 3개로 쪼개지네요. 음… 그렇겠네요. 사각형은 삼각형 2개로, 오각형은 삼각형 3개로, 육각형이면 삼각형 4개로….'"

유클리드는 모래 칠판을 보면서 말했다.

"맞습니다. 지호 방식대로 다각형을 쪼개면 다각형과 삼각형의 개수는 2개만큼 차이가 나겠죠. 볼록 다각형이면 항상 그렇지만 오목 다각형의 경우엔 좀 다르지만 말이에요. 자, 이제 삼각형으로 돌아갈까요?"

삼각형 포개기

"모든 다각형은 삼각형으로 쪼개집니다. 삼각형은 다각형의 씨앗이죠…. 모래 칠판을 지우고 새로 시작하고 싶군요.”

이솝이 모래 칠판 지우개로 쓱 밀었더니 칠판은 처음처럼 말끔해졌
다. 유클리드는 지팡이로 삼각형 하나를 그렸다. 그리고 삼각형을 하나
더 그렸다. 두 삼각형은 크기와 모양이 비슷했다. 유클리드는 막대로 두
삼각형을 가리키면서 질문했다.

“이 두 삼각형은 완전히 같을까요? 아니면 뭔가 다를까요?”

잠시 정적이 흐르다가 지호가 답했다.

“같아 보이는데요?”

유클리드는 지호를 보며 말했다.

“완전히?”

지호는 유클리드와 삼각형을 번갈아 본 뒤, 물었다.

“그렇게 물으시는 걸 보니까 완전히 같지는 않나 봐요?”

“‘완전히 같다’가 무슨 뜻인데요?”

은우가 끼어들었다. 유클리드는 고개를 들어 셋을 차례차례 바라봤
다. 말에 선명한 힘이 느껴졌다.

“맞아요. 먼저 그것부터 정확히 해야 합니다. 두 삼각형이 완전히 같
다, 그것을 우리는 이렇게 약속하죠.”

• 모양과 크기가 모두 같다.

“두 삼각형이 모양은 같지만 크기가 다른 경우도 있고 크기는 같지

만 모양이 다른 경우도 있습니다. 크기와 상관없이 모양이 같은 것을 '닮았다'라고 하고, 모양과 상관없이 크기만 같은 것은 '넓이가 같다'라고 하죠."

"그럼 두 삼각형이 완전히 같으면 딱 겹쳐지겠네요. 제 말이 맞죠?"

유클리드는 지호 말에 동의하다가 검지를 들어 올렸다.

"하지만 조심할 것이 있습니다. 예를 들어 완전히 같은 삼각형이 이렇게 놓일 때가 있죠."

모래 칠판에 삼각형을 두 개 그린 후 꼭짓점에 이름을 붙였다.

"지호 말은 맞습니다. 문제는 '겹쳐진다'라는 것이 무엇이냐는 것입니다. 여기 삼각형 DEF를 옮겨서 삼각형 ABC와 겹쳐지게 할 수 있을까요? 어떨 것 같아요, 모나?"

지명을 받은 모나는 뜨끔한 듯 몸을 움츠렸다.

"포개질 것 같은데요. 지금은 삼각형이 모래 칠판에 그림으로 있어서 옮길 수는 없지만요."

이솝이 나무판으로 만든 삼각형 두 개를 가져왔다. 유클리드가 둘 중 하나를 뒤집어 놓았다. 모나는 그 중 삼각형 DEF의 복사판인 나무 삼각형을 지팡이로 밀어서 삼각형 ABC의 복사판인 나무 삼각형에 댔다.

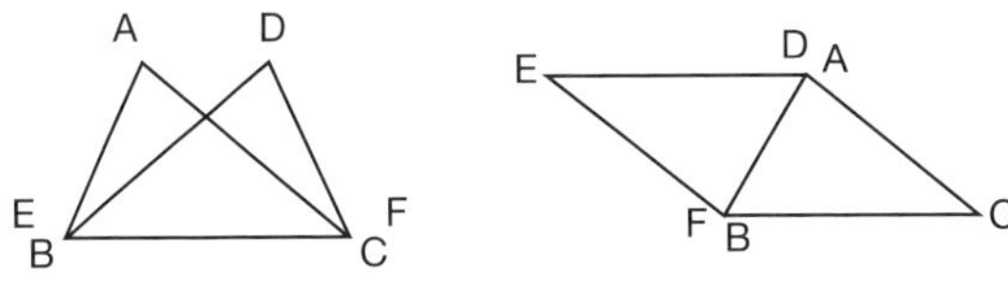

어떻게 해도 겹쳐지지 않았다.

"아휴! 왜 이렇게 안 해요?"

지호가 모래 칠판에 들어가 하나를 들어 뒤집어서 삼각형끼리 포개자 완전히 겹쳐졌다.

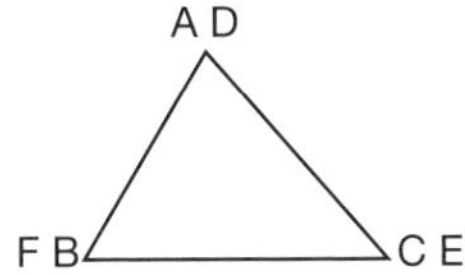

"모래판에서 뜨지 않은 상태로 옮긴다면 겹쳐지지 않습니다. 그러나 지호처럼 뒤집어서 공중에 들어 올리고 돌리자 겹쳤습니다. 즉, '완전히 겹쳐진다'는 것은 어느 동작까지 허용하는지에 따라 될 수도 있고 안 될 수도 있습니다."

유클리드는 어깨를 가볍게 으쓱하며 말했다.

"좋습니다. 너무 어렵게 하지는 않겠습니다. 공중으로 들고 회전해도 된다고 약속하지요."

"이거 '합동'이죠? 완전히 같다, 그거요."

지호가 유쾌하게 말했다. 유클리드는 답했다.

"여러분 시대에는 그렇게 부르나요? 합동이라… 좋습니다. 크기도 같고 모양도 같은 것, 포개서 꼭 맞아 완전히 겹쳐지는 것, 그것이 바로 합동입니다."

삼각형의 합동

잠시 후 기하 수업이 다시 시작됐다. 모래 칠판의 한쪽 끝에 삼각형을 하나 그렸다. 그리고 최대한 멀찌감치 떨어진 곳에 삼각형을 하나 더 그린 후 질문했다.

"이 두 삼각형은 합동인가요?"

"포개 보면 된다고 하지 않으셨어요?"

모나의 물음에 유클리드는 고개를 한 번 끄덕하고는 대답했다.

"질문이 정확하지 않았군요. 다시 하겠습니다. '이 두 삼각형은 합동인가? 삼각형을 옮기지 않고 판단하여라.' 바로 이것입니다."

은우가 툭 내뱉었다.

"삼각형의 합동 조건이군요?"

지호가 은우를 보며 잽싸게 말했다.

"SSS, SAS, ASA!"

유클리드는 무슨 말인지 모르겠다는 표정이었다. 모나가 눈치채고 설명했다.

"삼각형의 합동 조건은 SAS, SSS, ASA라고 배웠어요. 영어의 앞 글자를 따서 외우기 좋게 한 것이고요. S는 side, A는 angle입니다. 그래서 SAS는 두 삼각형이 side, angle, side가 하나씩 같다는 말이니까 두 변이 같고 그 끼인각이 같을 때 두 삼각형이 합동이라는 말이에요.”

유클리드는 자세를 반듯하게 고쳐 세우더니 입을 뗐다.

“맞습니다. 하지만 그 이유를 생각하는 게 기하지요. 제 질문은 간단했습니다. 모래 칠판의 두 삼각형이 완전히 같은지 아닌지 알 수 있는가? 통째로 들어서 옮길 수 없을 때 말입니다.”

유클리드의 목소리는 다시 차분해졌다.

“영혼을 깨우기 위해서는 생각을 해야죠. 그런데 여러분은 이미 그, 뭐라 했죠? SAS, SSS, ASA?”

지호가 유클리드에게 공손히 동의를 표시했다.

“암기가 여러분의 생각을 방해할 수도 있습니다. 이렇게 해 볼까요? 잠시 이솝과 단둘이 대화를 나누겠습니다. 여러분은 관객이 되어 저희 대화를 들어 주세요. 어때요?”

세 아이는 동의했고 벽에 붙은 계단식 자리에 앉았다. 둥근 모래 칠판에 서 있는 유클리드와 이솝 위로 햇빛이 밝게 비췄다. 유클리드와 이솝의 대화가 시작됐다.

두 사람의 연기가 자연스러웠다. 한두 번 해 본 솜씨가 아니었다.

유클리드: 이솝 님. 기하학 수업에 와 주셔서 감사합니다. 환영합니다.

이솝: 고귀하신 선생님의 기하 수업에 초대 받아 영광입니다.

유클리드: 여기 삼각형이 두 개 있습니다. 이 두 삼각형이 꼭 맞게 포개질 때, 두 삼각형을 합동이라고 부르겠습니다.

이솝: 네, 알겠습니다. 그렇게 되면 두 삼각형은 완전히 같겠군요.

유클리드: 그렇습니다. 두 삼각형이 완전히 같은지 확인할 방법을 찾겠습니다. 들어서 옮길 수 없을 때 말입니다. 그리고 삼각형이라는 것이 중요합니다.

이솝: 삼각형은 세 변이 세 꼭짓점에서 만나는 도형이라고 말씀하셨지요?

유클리드: 그렇습니다. 꼭짓점이 세 개 있는데 각각에서 변이 두 개씩 나오는 도형이기도 합니다. 삼각형이 무엇인지 잘 생각하면 두 삼각형이 합동인지 알 수 있을지도 모릅니다. 삼각형이란 무엇인가요?

이솝: 삼각형은 세 변으로 이루어진 도형입니다. 두 변은 한 점에서 만납니다. 이 점을 '꼭짓점'이라 합니다. 산의 정상 같은 곳이지요. 그래서 삼각형에는 꼭짓점이 세 개 있습니다.

유클리드: 아주 좋습니다. 그게 다인가요?

이솝: 하나 더 말씀하셨지요. 꼭짓점 하나마다 변이 두 개 연결되어 있다는 것이요.

유클리드: 맞습니다. 점 하나에서 직선이 두 개 나오는데, 두 직선이 벌어진 정도를 '각'이라고 부릅니다.

이솝: 그러면 삼각형은 세 변, 세 꼭짓점, 세 각으로 결정되겠군요.

유클리드: 핵심만 골라 잘 요약했군요! 이솝 님이 아주 잘 듣고 있다는 걸 알겠습니다. 자, 이제 두 삼각형이 합동인지 어떻게 알까요?

이솝: 네?

유클리드: 삼각형은 세 변, 세 꼭짓점, 세 각으로 결정된다고 했지요? 거기에 답이 있는 것 같은데요?

이솝: 음⋯ 선생님, 조금만 기다려 주시겠어요?

이솝은 유클리드가 언급한 문장, 즉 자신이 요약했던 그 문장을 반복했다. 이솝의 눈빛이 반짝거렸다.

이솝: 세 변의 길이가 모두 같고 세 각의 크기가 모두 같으면 됩니다. 점, 직선, 각은 어디에 있든 상관없지만 크기가 같다면 완전히 포개질 테니까요. 점은 크기가 없으니 세 변과 세 각을 확인하면 됩니다!

유클리드: 훌륭합니다. 이솝 님은 한발 앞으로 더 나아갔네요. 세 변의 길이와 세 각의 크기가 모두 같으면 겹쳐질 수밖에 없습니다. 그것들이 삼각형을 결정하니까요. 이제 질문을 약간 다르게 해 보겠습니다. 여섯 가지 요소(세 변, 세 각)를 모두 알아야 할 필요 없이 그 중 일부만 알아도 되지 않을까요?

유클리드는 지호, 은우, 모나를 무대로 초대했다. 이솝은 원래 있던 자리로 돌아가려 했지만 유클리드는 함께하자고 했다. 기하 탐험대도 이솝을 붙잡았다. 이솝의 얼굴에 환한 미소가 피어났다.

삼각형의 합동 조건: SSS 합동

지호가 먼저 나섰다. 두 삼각형의 세 변의 길이가 같다는 것만 확인하면 된다고. 유클리드가 왜 각의 크기는 비교할 필요가 없냐고 묻자 지호는 이렇게 되물었다.

"SSS 합동이잖아요. 세 변의 길이가 각각 같은데 어떻게 두 삼각형이 다를 수 있어요?"

유클리드는 다른 사람들은 어떻게 생각하는지 궁금하다는 듯 눈을 치켜 뜨고 입술을 쭉 내밀었다. 은우와 모나는 별다른 반응을 하지 않았다. 이솝은 모래 칠판을 보며 눈만 끔벅끔벅했다. 결국 유클리드가 나섰다. 막대 몇 개를 가져와 모래 칠판 위에 사각형 2개를 만들었다.

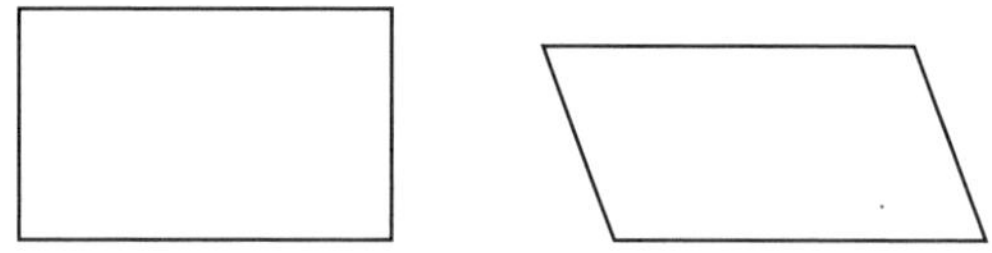

"왼쪽 사각형의 네 변의 길이와 오른쪽 사각형의 네 변의 길이는 각각 같습니다. 그런데 합동이 아니지요? 크기도 다르고 모양까지 다릅니다. 그렇다면 지호. 왜 사각형에서는 네 변의 길이가 같아도 두 사각형이 겹쳐지지 않은데 삼각형에서는 세 변의 길이만 같으면 두 삼각형이 겹쳐지지요?"

지호는 당황했다.

"왜 저한테만 그러세요?"

잠시 후 은우가 말했다.

"이 직사각형은 옆으로 기울면서 변의 길이가 변하지 않았어요. 사각형은 그럴 수 있죠. 사각형만 그런 게 아니라 오각형, 육각형도 그럴 거예요. 그러나 삼각형은 다릅니다. 삼각형은 한 변이 기울면 다른 변의 길이가 바뀔 수밖에 없어요. 자, 보세요.”

은우는 막대 하나를 들어 모래 칠판 위에 놓았고 양 끝에 B, C라고 썼다. 막대 하나를 더 놓고 끝에 A라고 썼다.

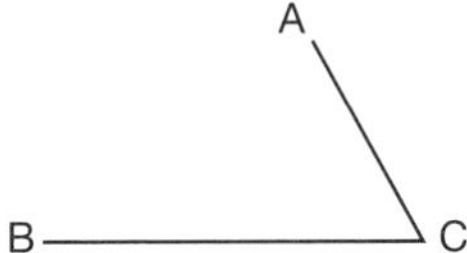

“이 경우 삼각형이 될 수 있습니다. 점 A와 점 B를 직선으로 이으면 되니까요.”

모두 고개를 끄덕였고 은우는 자신감이 붙은 듯 빠르게 하나 더 그렸다.

“자, 이제 각 BCA가 조금 커졌다고 해 봐요. 예를 들어 직각으로요. 그러면 아까보다 변 AB의 길이가 길어지잖아요! “

모나가 은우에게 “와, 대단하다!”라고 말하며 박수를 쳤고 지호는 유클리드를 향해 말했다.

“내가 하고 싶었던 말이 그거였다니까요!”

유클리드는 흐뭇하게 웃었다. 손바닥을 들어 모나의 박수를 멈추면서 말했다.

“그래서 어쨌다는 거죠?”

은우는 기가 막히다는 표정이었다. 지호가 나섰다.

“은우가 다 밝혔잖아요! 두 삼각형이 있다고 해 봐요. 두 변의 길이가 각각 같아요. 여기 BC, AC처럼요. 그런데 AB의 길이가 이 경우보다 저 경우에 더 길어요. 은우가 말했잖아요. 그러니까 두 삼각형은 겹쳐지지 않는다고요!”

그때였다. 은우가 양 옆 머리카락을 쥐어 뜯으며 소리쳤다.

“다르면 겹쳐지지 않는다고 해서 같으면 겹쳐진다고 말할 수 없어. 지금 그 말씀하시는 거야, 으악!”

은우가 그림을 그리며 설명을 보충했다.

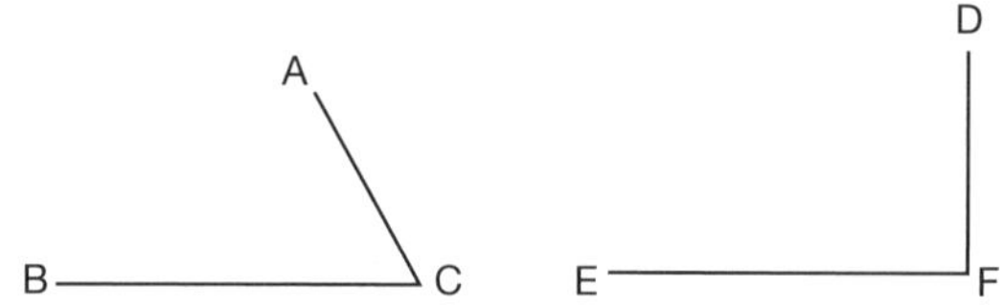

“이걸 봐, BC=EF, AC=DF인 ‘삼각형 후보’야. 방금 내가 말한 거지. 이때 BA≠ED이면 삼각형 ABC와 삼각형 DEF가 겹쳐지지 않는다.”

“그러니까 세 변의 길이가 같으면 두 삼각형은 겹쳐진다는 내 말과 같잖아?”

“그게 뭐가 같아? 그건 BC=EF, AC=DF일 때, BA=ED이면 삼각형 ABC와 삼각형 DEF가 겹쳐진다, 이거잖아.”

지호는 “그게 그거지, 뭐.”라고 했지만 모나는 이제서야 좀 알겠다는 듯한 표정이었다. 모나의 말을 정리해 보면 이렇다.

BA≠ED이면 두 삼각형이 겹쳐지지 않는다고 해서

BA=ED이면 두 삼각형이 겹쳐진다고 말할 수는 없다.

은우가 덧붙였다.

"히파티아 님께서 말씀하셨잖아. 니콜이 10년 간 생각했던 것."

비로소 지호도 니콜이 했던 말이 기억났다. 맞꼭지각이면 두 각이 같다고 해서 맞꼭지각이 아니면 두 각이 같지 않다고 함부로 말해서는 안 된다. 합동이면 닮았다고 해서 합동이 아니면 닮음이 아닌가? 아니다. 따져 봐야 한다.

"그러네! BA=ED면 삼각형 ABC와 삼각형 DEF가 겹쳐지는지 따져 봐야 하는구나. 근데 BA=ED라면 안 겹쳐지는 건 불가능한 것 같은데…."

유클리드는 아이들이 기특하다는 듯 지긋이 보았다.

"대단합니다. 똑똑할 뿐만 아니라 배움을 즐기는군요."

그때 유클리드는 이솝이 보내는 손 신호에 창밖을 봤다.

"어느새 해가 지는군요. 오늘은 이만하고 내일 이어서 할까요?"

저녁 식사 후 알렉산드리아를 구경하러 나갔다. 유클리드 님이 살아 계실 때이니 지금으로부터 약 2,300년 전이다. 알렉산드리아에는 사람이 많고 길도 넓었다. 원형 극장에서는 합창이 어우러진 웅장한 연극이 한창이었다.

삼각형의 합동 조건: SAS 합동

종소리가 울렸다. 유클리드가 아이들을 반겼다. 모래 칠판에는 어제 은우가 그린 그림이 남아 있었다.

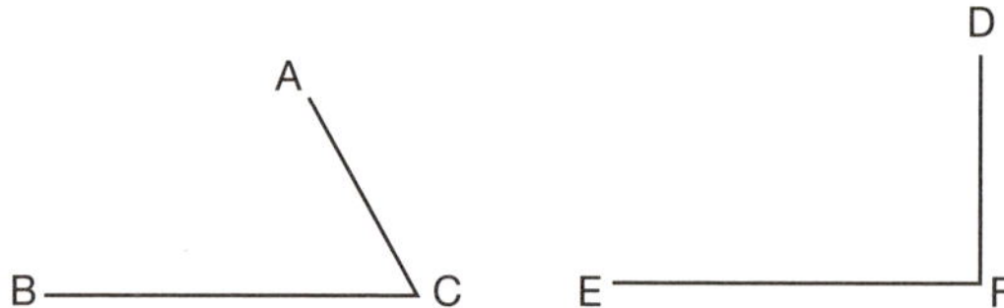

지호가 볼멘 소리를 했다.

"BC=EF이고 AC=DF일 때 AB=DE이면 삼각형 ABC와 삼각형 DEF가 겹쳐진다. 딱 봐도 알 수 있잖아?"

"딱 보고 안다…. 기하를 공부하는 까닭은 여기에 있습니다. 우리 눈은 우리를 속이는 경우가 종종 있어요. 자, 여기를 보세요."

유클리드는 그렇게 말하며 모래 칠판에 그림을 그렸다.

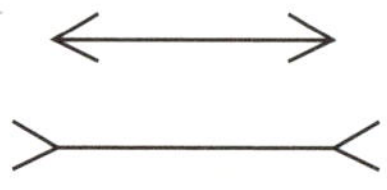

화살촉 부분은 빼고 선만 봤을 때 위아래 중 어느 것이 더 긴지 물었다. 지호는 아래가 더 길다고 답했다. 유클리드는 다시 '가운데 선 부분'을 강조하며 물었고 그래도 아래가 더 길다고 답했다. 유클리드가 컴퍼스를 꺼내 실제로 재어 보니 실제로는 길이가 같았다.

유클리드는 천 조각을 꺼내 모래밭 위에 펼쳤다.

그림에 있는 가로의 직선들이 평행하냐고 물었다. 은우는 이빨을 앙
물면서 말했다.

"저 직선들은 찌그러진 것처럼 보이지만 실제로는 평행한 직선들이겠
죠. 우리 눈이 속고 있다고 말씀하고 싶으신 거잖아요."

"그래요. 사실 가로로 있는 직선들은 평행합니다. 여러분은 직선을 무
한히 연장하지 않고도 저 직선들이 평행인지 아닌지 알 수 있지요?"

은우가 모래 칠판에 직선을 여러 개 쭉쭉 긋더
니 그것들을 가로지르는 선을 굵게 그렸다.

"교점마다 각이 같은지 확인해 보면 돼요. 동
위각이요."

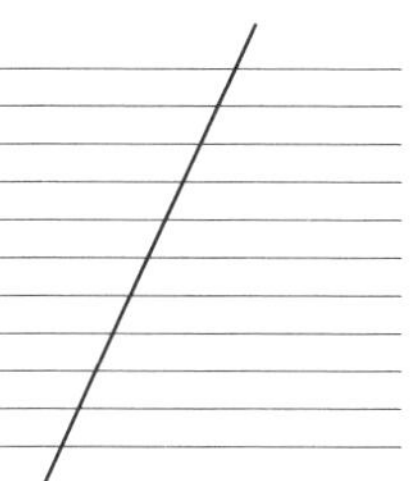

은우의 말에 동의하며 유클리드는 천 조각을
거두었다.

"맞습니다. '그렇게 보인다. 그래서 당연하다.'라고 하는 것은 기하가

아닙니다. 왜 그런지 따져 봐야 합니다. 그것이 기하의 정신이지요. 여러분이 우주로 떠나기 전에 기하를 여행하는 이유이기도 하고요.”

“뭐가 하나 생각났는데요.”

은우가 불쑥 끼어들며 모래 칠판에 서둘러 그림을 그렸다.

“이렇게 BC=EF, AC=DF인 두 각이 있다고 해 봐요. 이번에는 ∠ACB=∠DFE라고 해요.”

은우는 거침이 없었다.

“이럴 때 두 삼각형은 ‘반드시’ 겹쳐요.”

은우의 주장에 지호가 제법 도도하게 물었다.

“은우, ‘반드시’라고 할 수 있을까? 그렇게 보인다고 단언하면 안 되는 거 아니야?”

지호의 말에 은우는 짜증을 내며 말을 쏟아부었다.

“E를 B에, F를 C에 겹친다. 그러면 BC와 EF가 겹쳐진다. 길이가 같고 둘 다 직선으로 되어 있으니까. 그다음 각 ACB와 각 DFE의 크기가 같으니까 CA와 FD도 동시에 겹치게 할 수 있다. 그러면 점 D와 점 A가 겹쳐질 것이다. 남은 AB와 DE도 겹칠 수밖에 없으므로 두 삼각형 ABC와 DEF가 겹친다.”

지호는 다시 장난스럽게 질문했다.

“아직 남았어요. ‘점 D와 점 A가 겹쳐질 것이다. 남은 AB와 DE는 겹쳐질 수밖에 없다.’라고 했지요. 왜 그렇습니까?”

은우는 바로 답을 했다.

“만약 AB와 DE가 겹치지 않는다고 가정하면 말이 안 되기 때문입니다. 왜? AB와 DE가 안 겹치면 이런 도형이라는 말이죠.”

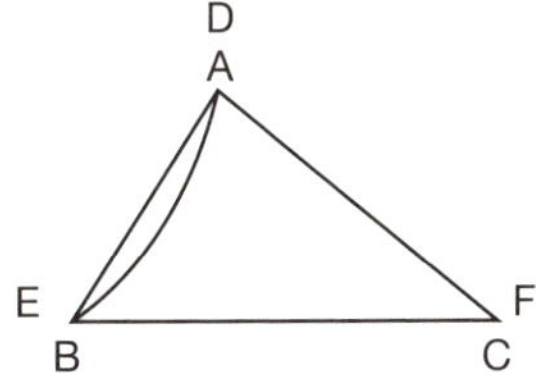

“그렇다면 점 A에서 점 B를 잇는 ‘직선’이 두 개 있다는 것입니다. 이것은 두 점 A와 점 B를 잇는 ‘최단 거리’인 ‘반듯한’ 직선이 두 개 있다는 말이죠. 그게 말이 됩니까?”

“두 변의 길이와 끼인각의 크기가 같으면 두 삼각형은 합동이다, 그 말이죠?”

모나가 말하자 은우는 차분한 목소리로 답했다.

“맞아요, 요약하면 SAS 합동이다.”

유클리드는 은우의 어깨에 가만히 손을 얹고 말했다.

“은우, 대단합니다. 과연 우주가 기다리는 사람입니다.”

‘은우가 언제 저런 생각을 했을까? 지금까지 함께 놀고 오늘 수업도 함께 듣고 있는데… 그런데… 앗!’

갑자기 모나가 소리쳤다.

"은우 덕분에 방금 든 생각인데요. 두 변의 길이가 같은데 각의 크기가 같지 않다면요. 그러니까 각 F가 크면….”

모나는 떠듬떠듬할 뿐이었다. 지호의 눈에도 불이 들어왔다.

"모나가 무슨 말을 하는지 알아냈어요. BC=EF, AC=DF인 두 각이 있다. 그럴 때 $\angle ACB = \angle DFE$이면 두 삼각형은 겹쳐진다, 그건 알았고 $\angle ACB \neq \angle DFE$이면 겹쳐지지 않는다, 그 말을 하고 싶은 거지요?”

모나가 고개를 끄덕끄덕하자 지호가 다시 말했다.

"예를 들어 $\angle ACB < \angle DFE$이면 AB < DE라는 거지요?”

모나가 빠르게 끄덕끄덕했고 지호는 기다렸다는 듯이 유클리드의 말투를 흉내내며 말했다.

"대단합니다, 모나. 당신은 우주가 기다리는 사람입니다.”

모두 깔깔 웃었다. 웃음이 멈추자 유클리드가 나섰다.

"어제 은우가 했던 말 기억하죠? 이 그림이었죠.”

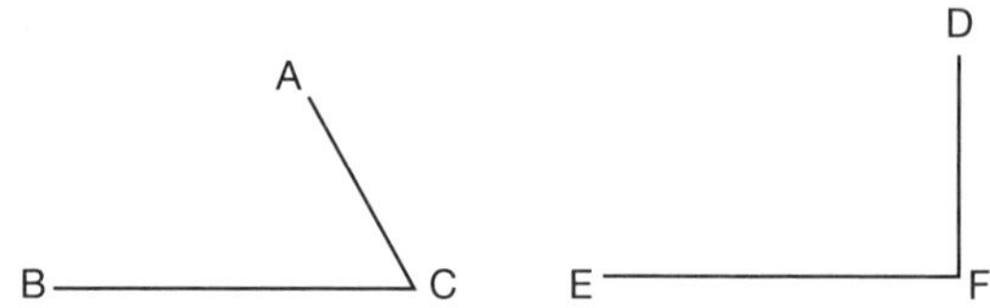

"은우가 했던 말을 정리하면 ‘$\angle ACB < \angle DFE$이면 AB < DE이고 그래서 겹쳐지지 않는다.’입니다. 어제는 이 부분을 당연하다며 그냥 넘어갔죠. 여러분은 하루만에 더욱 성장했습니다.”

그러더니 손바닥이 하늘을 향하도록 두 손을 들었다.

“역시 히파티아 님! 여러분을 선택한 히파티아 님께 존경과 경의를 표합니다.”

하늘을 보면서 유클리드는 노래하듯 중얼중얼거렸다.

“시간이 얼마 안 남았으니 마무리하겠습니다.”

사실 히파티아 님은 밖에서 기다리고 계셨다. 물론 아무도 그 사실을 몰랐다. 세 아이는 유클리드를 향해 정중히 인사했다.

삼각형의 합동 조건: ASA 합동 그리고 이등변삼각형

【기록자의 보충】: 이제부터 내가 유클리드의 마지막 수업을 요약하겠다. 은우가 변−각−변(SAS) 조건을 만족하는 두 삼각형은 합동이라는 사실을 밝혔다. 이 말은 두 삼각형이 완전히 겹쳐지는지 확인하기 위해 세 각과 세 변을 비교하지 않고 두 변과 각 하나만 봐도 된다는 말이다. 단, 그 각은 두 변의 끼인각이어야 한다. 변과 각을 맞바꾸어도 성립한다. 즉, 두 각과 한 변만 봐도 된다. 단, 그 변은 두 각에서의 변이어야 한다.

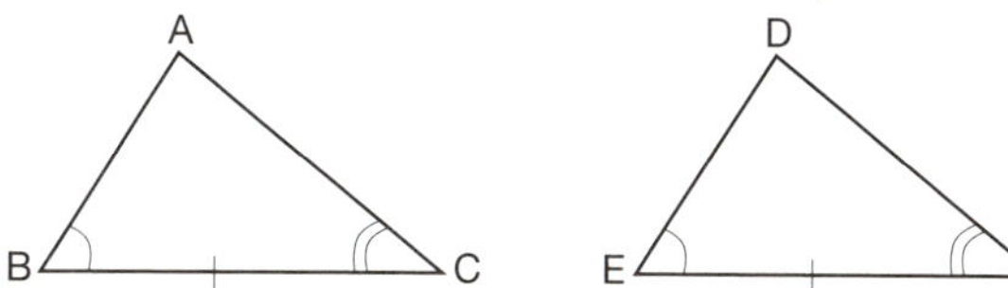

이는 BC=EF, ∠BCA=∠EFD, ∠ABC=∠DEF인 상황이다. 이때 AB=DE를 보이면 끝난다. 자동으로 SAS 합동이 되므로 남은 것은 볼 필요가 없으니 말이다. 물론 AC=DF를 보여도 된다. 자, BC와 EF가 겹쳐지도록 두 삼각형을 포갰다고 하자. 그러면 AB와 DE에서 최소한 하나가 하나를 포갤 것이다. 각의 크기가 같으니까 말이다. 두 변이 완전히 겹쳐지는지는 아직 모른다. 동시에 CA와 FD에서도 최소한 하나가 하나를 포갤 것이다. 그런데 꼭짓점 A는 BA와 AC가 만나는 점이다. 꼭짓점 D도 ED와 FD가 만나는 점이다. 따라서 점 A와 점 D가 겹쳐져야 한다.】

유클리드는 느리고 차분하게 말했지만 따라가기 쉽지 않았다. 모나는 중간중간 질문하면서 한걸음씩 전진했다.

"그건 알겠어요. SAS 합동, ASA 합동이요. 그런데 SSS 합동과 무슨 상관이 있어요?"

유클리드는 미소만 지을 뿐 답은 하지 않았다.

"그 문제는 여러분에게 선물하지요. 잘 간직하기 바랍니다."

모나는 고개를 끄덕이면서도 숙제를 받은 기분이라 표정이 밝지는 않았다[2].

유클리드는 이솝에게 모래 칠판을 모두 지우도록 부탁했고 네 사람을 마주했다.

"중요한 질문은 왜 삼각형의 합동을 알아보느냐, 바로 그것입니다. 그

---

[2] 사실 나도 그랬다. 기하 여행을 마치고 와서 고민한 후 두 삼각형이 SSS 조건만 만족해도 합동이라는 사실을 밝혀냈다. SSS 조건을 만족하면 두 삼각형이 겹쳐질 수밖에 없다는 것을 알아낸 것이다. 나는 기록자 역할에 충실해야 하므로 그 증명을 여기에 쓰진 않겠다.

리고 합동을 알면 무엇을 알게 되느냐는 것입니다."

헤어질 시간이 한참 지났지만 그런 건 안중에 없어 보였다.

"삼각형의 합동은 수천, 수만 개 사실을 알 수 있는 씨앗입니다. 예로 들어 보죠."

첫째, 재지 않고도 알 수 있다.

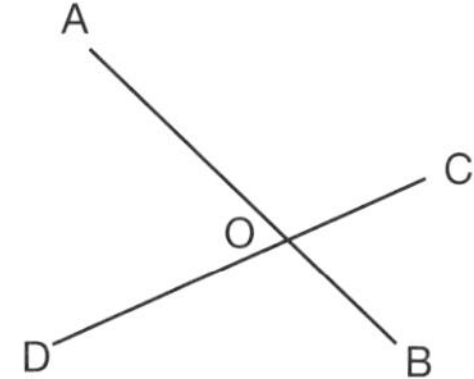

검푸른 하늘에 별 다섯 개가 또렷하게 빛났다. 기하의 눈으로 보며 직선으로 이으니 AB와 DC가 O에서 교차했다. 측정하니 AO=DO, CO=BO임을 알았다. 그러면 우리는 AC와 DB의 길이도 같다는 것을 안다. 기하 세계에서는 도형 하나도 상상하는 만큼 자유롭게 바뀐다.

이번에는 네 점이 각각 마을이라고 하자. 그러면 직선 구간은 마을을 잇는 길이다. AO=DO, CO=BO이고 두 마을 A와 C 사이의 거리를 안다면 두 마을 D와 B 사이의 거리도 알 수 있다. D 마을과 B 마을을 산과 강이 막고 있어도 거침없이 말하자. DB의 거리는 재나 마나 AC의 거리와 같다고!

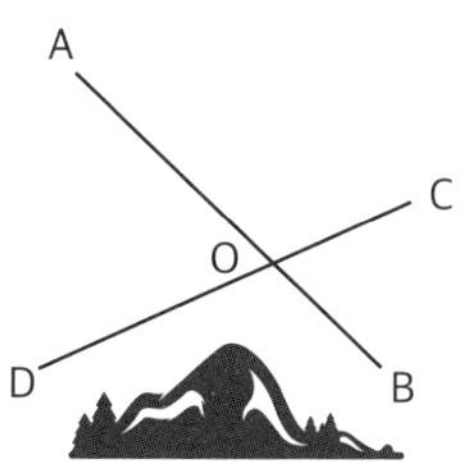

둘째, **이등변삼각형**은 이등각삼각형이다.

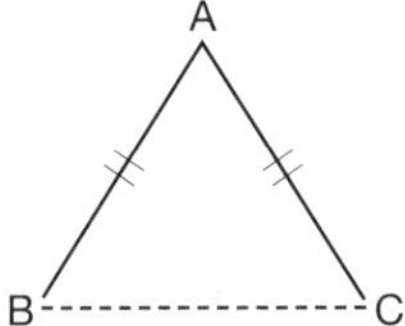

이 이등변삼각형에 대해 아는 건 AB=AC라는 것뿐이다. 그러나 이로부터 ∠ABC=∠ACB라는 것까지 알 수 있다.

위 삼각형을 복제했다고 하자. 복제한 삼각형을 뒤집어서 나란히 놓자.

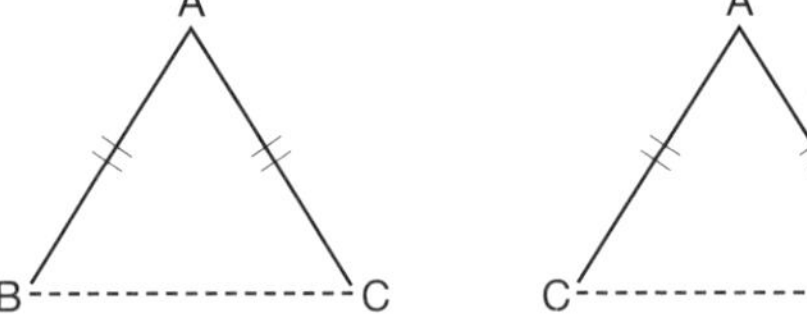

이 삼각형은 원래 삼각형과 두 변의 길이와 끼인각의 크기가 같다. 따라서 합동이다. 즉, 남은 각들도 각각 같으므로 ∠ABC=∠ACB, ∠ACB=∠ABC이다. 바로 이등각삼각형이다.

거꾸로도 될까? 즉, 이등각삼각형은 이등변삼각형일까?

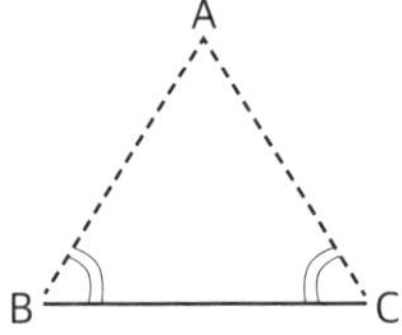

그렇다. 이 삼각형도 복제하여 뒤집은 후 나란히 놓자.

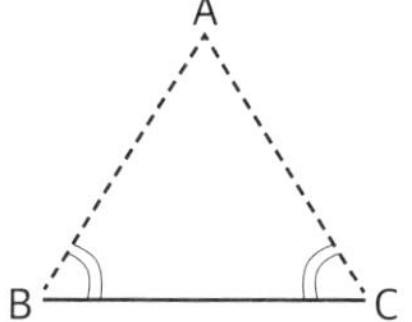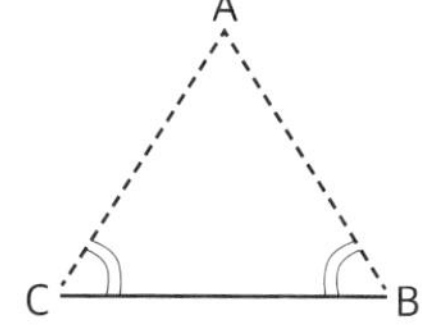

밑변 BC가 같고 양쪽 끝각도 같다. 따라서 두 삼각형은 ASA 합동이다. 즉, 나머지 두 변의 길이도 같으므로 AB=AC, AC=AB다.

이로부터 이등변삼각형이 아니면 이등각삼각형도 아님을 알 수 있다. 마찬가지로 세 변의 길이가 같은 삼각형은 세 각의 크기가 모두 같고, 세 각의 크기가 같은 삼각형은 세 변의 길이가 같다. 그래서 정삼각형을 삼등변삼각형이라고 해도 되고 삼등각삼각형이라 해도 된다. 우리나라 학교에서는 그런 용어를 잘 쓰지 않지만 말이다.

그렇게 기하 수업은 마무리됐다. 밖으로 나와 파란 하늘과 히파티아 님의 펄럭이는 머리카락을 보니 마음이 뻥 뚫렸다. 유클리드는 거대한 몸을 천천히 움직여 배웅을 했다. 유클리드 뒤에서 이솝이 수줍게 손을 흔드는 것이 보였다. 아이들도 손을 흔들었다.

제3장

닮음의 기하학

닮음, 다각형의 닮음, 닮음비, 삼각형의 닮음 조건

∞ **닮음의 기하학 안내자**
가스파르 몽주(1746년~1818년)

프랑스 대혁명 때의 수학자. 화법 기하학과 미분 기하학의 선구자. 나폴레옹을 도와 학자이자 정치가로 활동했다. 파리의 에펠탑에 새겨진 '프랑스 역사상 가장 위대한 학자 72인' 중 한 명이다.

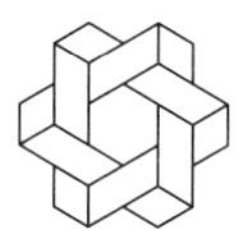

스페이스 머신을 타자 모나는 유클리드와 이솝이 벌써 그리워졌다.

'유클리드 할아버지를 이제 볼 수 없다니…. 이솝은 잘 있을까?'

지호의 목소리가 들렸다.

"SAS도 있고 ASA도 있고 SSS도 있어. 그럼 AAA는 뭐야?"

은우가 "건전지."라고 답했다. 지호는 어이없다는 표정을 지었다.

"우리는 주로 AA와 AAA 건전지를 쓰지. 작은 게 AAA, 큰 게 AA."

셋은 웃음이 터졌다. 은우가 진지한 얼굴로 말했다.

"AAA라. 완전히 같다고 말할 수는 없어."

"왜? 아… 당연하지!"

지호는 알아냈다는 듯이 혼자 묻고 답했다. 모나는 무슨 말인지 모르겠어서 지호를 향해 '뭔데?'라고 묻듯 턱을 약간 들어 올렸다. 지호가 멀뚱거릴 뿐 답을 안 하자 은우가 대답했다.

“AAA 조건은 두 삼각형에서 세 각도를 비교하니 각각 같다는 말이야. 예를 들어 세 내각이 30도, 90도, 60도인 삼각형을 생각하자.”

은우는 태블릿 화면에 세 내각이 30도, 90도, 60도인 삼각형을 하나 그렸다.

“이 삼각형은 한 각이 직각이니까 직각삼각형이야. 이 삼각형과 각은 같지만 합동은 아닌 삼각형을 만들게.”

은우는 처음에 그린 삼각형을 복사한 후 붙여 넣고 확대, 축소, 회전 하면서 새로운 삼각형을 계속 만들었다. 태블릿의 화면 안에는 30도, 90 도, 60도인 삼각형들로 가득 찼다.

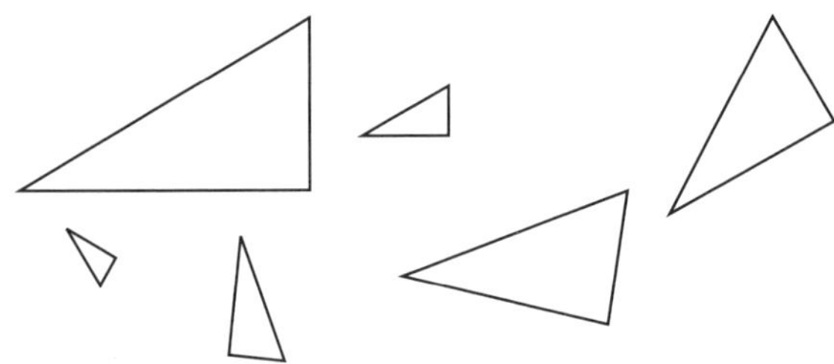

“그러니까 AAA 조건만으로는 두 삼각형이 완전히 같은지 알 수 없다, 그 말이지?”

“응. 두 삼각형의 세 각이 같다고 합동은 아니야. 합동이려면 조건이 하나 더 필요해. 즉…”

지호가 은우 말을 툭 끊으며 끼어들었다.

“즉, 길이가 같은 변이 있는지 확인하라!”

이제 모나도 알 것 같았다. 지호가 마무리했다.

"한 변의 길이가 같고 거기에 댄 두 각이 같으면 ASA 합동!"

바로 그때 스페이스 머신이 고요해졌다.

그림자와 닮음

눈부신 푸른 바다가 펼쳐져 있었다. 주위에 아무도 없었다. 하필 히파티아 님이 안 계실 때 이런 일이 벌어지다니….

"누구 없어요? 기하 탐험대가 왔어요."

외치고 또 외치자 어디선가 날카로운 소리가 들려왔다. 소리 나는 곳으로 가니 동굴 입구가 보였다. 다시 동굴 안에서 소리가 났다.

"우− 우− 우."

짐승 소리 같았다. 한참을 들어가자 거인이 춤추는 것 같은 그림자가 보였다. 조심히 발을 떼니 막다른 곳이 나왔다. 머리가 헝클어진 무서운 모습의 노인이 있었다. 모나가 말을 걸자 마침내 고개를 들고 "누구야, 너희들?"이라 하며 흠칫 놀랐다.

모두 자신이 잘못 왔다는 생각이 들었지만 별수 없었다. 노인이 하도 말을 두서 없이 해서 알아듣기 힘들었지만 종합해 보면 이랬다.

이름은 몽주이며, 어려서부터 신기한 기계를 만들어 주위 사람들을 놀라게 했다고 한다. 학교를 마치고 성을 만드는 일을 담당했다. 그는 기하 지식을 절묘하게 사용해서 누구도 못 푼 문제를 해결했다. 그 재능을 인정받아 나폴레옹과 친하게 지냈다. 그러나 반대파가 권력을 잡자 일과 재산을 모두 빼앗기고 방랑을 하다 이곳까지 왔다고 한다.

세 아이는 막막했다. 내일 오후에나 스페이스 머신이 올 것이다. 그는 수학 이야기를 할 때만 말이 통하니까 되도록 수학 이야기를 하기로 의견을 모았다. 갑자기 쿵 하는 소리가 났다. 놀라운 힘으로 거대한 책상을 90도로 넘어뜨린 몽주는 몇 걸음 걸어가 의자를 세우고 그 위에 촛불을 놓았다.

아이들이 몽주 옆으로 다가가자 몽주는 일어서서 검지 하나를 들어 위를 향하게 올리고 띄엄띄엄 말했다.

"입체도형의 씨앗은 평면도형이다. 평면도형의 씨앗은 원과 다각형이다."

그러고는 육각형, 오각형, 사각형을 하나씩 들어올려 비췄다. 그때마다 모양이 같지만 크기는 훨씬 커진 육각형, 오각형, 사각형이 책상에 비쳤다.

"그리고 삼각형은 다각형의 씨앗이다."

그러더니 육각형 나무판을 꺼내 비추고 철컥철컥 접어서 오각형, 사각형, 삼각형이 되게 했다.

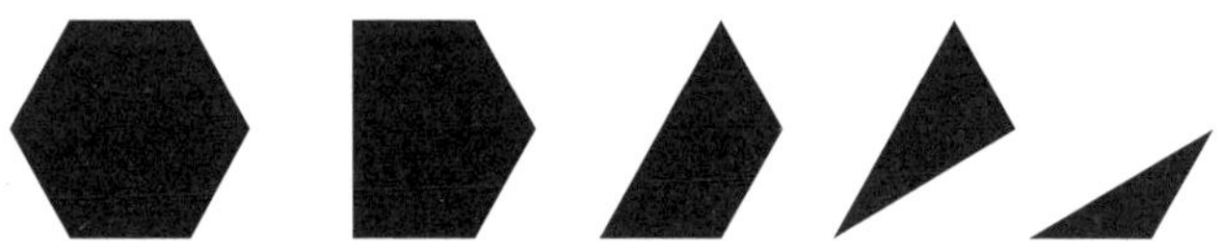

가까이서 나무판을 살펴보니 펼치면 육각형인데 접을 수 있었다. 육

각형은 직각삼각형을 거쳐 이등변삼각형이 되었다.

"이 분이 만드셨나 봐. 수학자이자 발명가였다더니 진짜인가?"

모나의 말에 지호가 은우를 보며 말했다.

"우리 잘못 온 게 아닌가 보다. 이번에도 기하 여행 맞네."

은우는 몽주가 든 삼각형과 책상에 비친 삼각형을 보며 말했다.

"알겠다. 아까 우리가 스페이스 머신에서 했던 그거!"

"삼각형의 합동?"

모나의 말을 지호가 정정했다.

"합동은 아니야. 손에 든 삼각형과 책상에 비친 삼각형은 크기가 달라. 아하! 크기와 상관없이 모양은 같다, 그거네! 뭐라고 하더라?"

은우가 "닮음."이라고 짧게 답했다.

몽주는 삼각형을 하나 꺼내 책상에 다시 비췄다. 직각삼각형이었고 속이 뚫려 있었다. 당연히 책상에는 훨씬 큰 그림자가 비쳤다. 몽주는 직각삼각형을 들고 살금살금 책상 앞으로 갔다. 책상에 다가갈수록 직각삼각형의 그림자가 작아졌다. 몽주가 직각삼각형을 책상에 가까이 대자 직각삼각형과 그림자는 거의 겹쳐졌다. 거기서 다시 멀어지니 책상에 비친 그림자도 다시 커졌다.

모나와 지호는 영문을 몰라 서로를 바라볼 뿐이었다. 마침내 은우가 말했다.

"스페이스 머신에서 했던 말 기억나지? 세 각이 같지만 크기가 다른 삼각형은 얼마든지 많다."

지호도 덧붙였다.

"멀수록 그림자는 커진다."

모나는 함께하는 친구들이 대단하다고 생각하다가 몽주의 시선을 느껴 손으로 자기 가슴을 가리키며 '저요?'라는 표정을 지었다. 몽주가 고개를 끄덕이자 그제서야 모나가 말했다.

"어떻게 알았지? 아까부터 나 궁금한 게 있었거든. 이 직각삼각형이랑 닮으면서 얼마든지 커지는 것은 알 것 같아. 그런데 더 작게 하려면 어떻게 하지? 얼마나 작게 할 수 있을까?"

"카메라가 있으면 간단한데. 저걸 찍으면 카메라 화면에 작게 나오잖아? 축소 기능을 쓰면 작게 줄일 수도 있고."

"아, 맞다!" 지호와 모나와 말하는데 아이 목소리가 들렸다.

"카메라? 카메라가 뭐야?"

미간을 잔뜩 찌푸린 몽주가 말한 것이었다.

"그림 같은 거예요. 찰칵 하는 순간에 모양을 똑같이 그려 주는 기계죠."

몽주는 찌푸린 채 왔다 갔다 하더니 아무것도 묻지 않았다. 대신 돋보기를 가져왔다. 촛불을 책상 근처로 옮기면서 모나에게 직각삼각형을 줬다. 모나는 촛불에서 조금 떨어져 삼각형을 들고 있었고 책상에는 실제보다 약간 큰 직각삼각형이 비쳤다. 그런데 몽주가 돋보기를 가져와 조심스럽게 왔다 갔다 하자 어느 순간 아주 작은 직각삼각형이 또렷하게 맺혔다.

"오호!"

셋이 합창했다.

"아, 그럼 카메라 안에도 볼록 렌즈가 있는 건가?"

모나가 허리를 펴면서 말했다. 동굴에 메아리가 울렸다.

"그렇지! 돋보기로 햇빛을 모으면 점이 되어 엄청 뜨거워지잖아. 그 원리겠다."

다각형의 닮음

몽주는 촛불을 원래 위치에 가져다 놓았다. 모나에게 직각삼각형을 들게 했고 책상에 가서 그림자를 따라 자를 대고 석탄으로 선을 그었다. 몽주가 거대한 책상을 들어 원래대로 세웠다. 책상으로 모두 모였다. 몽주는 작은 직각삼각형 나무판을 꺼냈다. 처음에는 큰 직각삼각형 옆에 이렇게 나란히 놓았다.

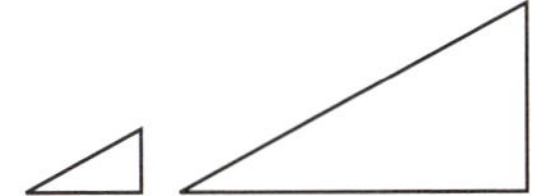

그 다음 작은 직각삼각형을 큰 직각삼각형 위에 다양하게 포갰다.

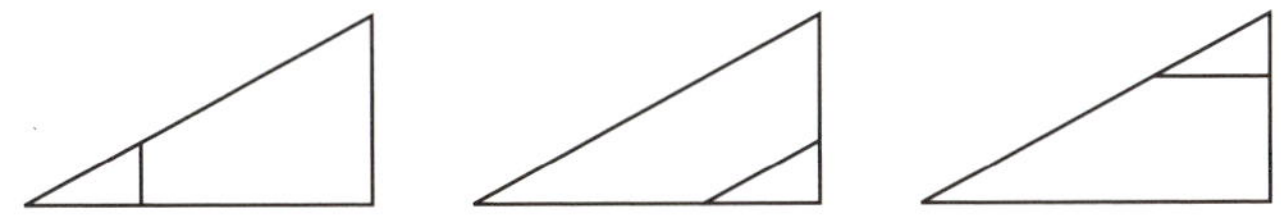

아이들은 어리둥절했다. 몽주는 작은 직각삼각형을 몇 개 더 꺼내서 이렇게 놓았다.

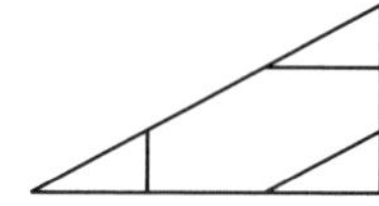

은우가 또박또박 말하기 시작했다.

"닮은. 두 삼각형은. 세 각이. 각각. 같습니다."

몽주는 눈을 지그시 감고 기다렸다. 지호가 천천히 응답했다.

"두 삼각형이 닮으면 각들이 같습니다."

모나의 차례다. 망설이던 모나가 입을 열었다.

"또 나왔어. 각이 같으면 평행하다. 평행하면 각이 같다. 이등변이면 이등각이다. 이등각이면 이등변이다."

"뭐…? 무슨 말이야?"

지호의 질문에 모나가 바로 답했다.

"닮으면 각이 같다, 그건 알겠어. 모양이 같으니까. 그럼 각이 같으면 항상 닮음인가?"

모나가 갸우뚱하더니 입을 오므리고 석탄을 들어 그림을 그렸다.

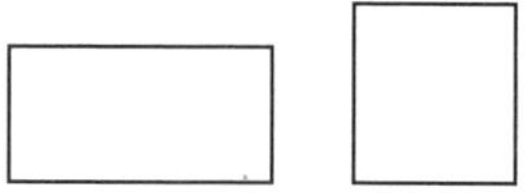

"둘 다 직사각형이니까 네 각이 같아. 그런데 둘은 닮지 않았잖아."

은우와 지호의 탄성이 나왔다. 어두운 동굴 안이 갑자기 환해지는 것 같았다. 용기가 생긴 모나는 자신감 있게 말했다.

"각이 같으면 닮았다, 삼각형에서만 그런가 봐."

모나에 이어 지호가 직사각형 하나를 추가하며 말했다.

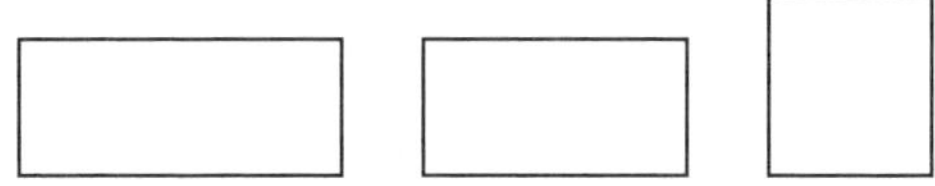

"닮았다는 게 뭐지? 직사각형과 정사각형도 어찌 보면 닮았는데 말이야. 이건 어때?"

왼쪽과 가운데 직사각형은 오른쪽 직사각형보다 더 닮았다. 그런데 더 닮았다는 것도 있나? 닮았다, 아니다 그 구분만 있는 것 아닌가?

그때부터 셋은 불꽃 튀는 토론을 시작했다. 그들의 토론을 요약하면 이렇다.

먼저 더 닮고 덜 닮고는 생각하지 말자고 합의했다. 닮음과 닮지 않음, 둘로 구분해서 보기로 했다. 바로 이런 형태가 서로 닮은 것이다.

아래 그림은 지호가 장난삼아 그렸는데 은우와 모나가 엄지를 척 들어 준 그림이다.

기하 탐험대는 닮음을 이렇게 표현하기로 했다.

(1) 두 다각형의 꼭짓점마다 각의 크기가 같다.

(2) 같은 각을 이루는 변들이 같은 만큼 커진다.

그림으로 보는 게 낫겠다. 닮은 직사각형 둘, 닮은 평행사변형 둘, 닮은 오각형 둘을 겹쳐 놓았다.

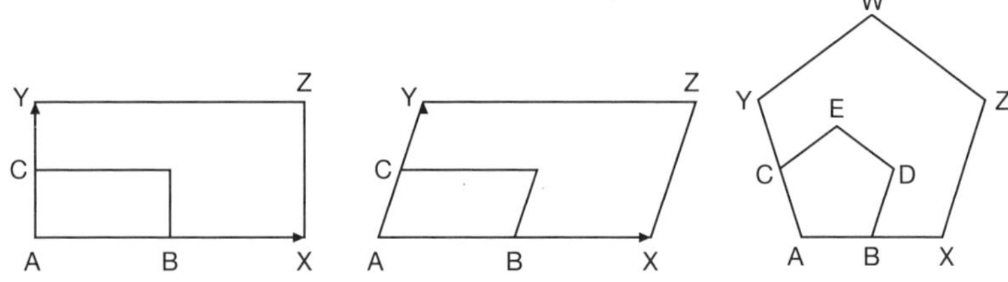

점 A에서 시작하자. AB, AC가 이루는 각과 AX, AY가 이루는 각의 크기가 같은지 확인한다. 각도가 같아서 AB와 AX가, AC와 AY가 각각 포개진다. 다른 꼭짓점에서도 그렇다. 조건 (1) 통과!

이제 조건 (2)를 보자. AB에서 AX로 확대되는 정확히 그만큼으로 AC가 AY로 확대되는지 확인한다. 모두 두 배로 확대됐다. 남은 꼭짓점에서도 각과 길이 변화를 확인한다[3]. 이 모든 것을 통과하면 두 도형은 닮

---

3 토론 과정 과정에서 질문이 몇 개 나왔다. 그 중 가장 인상 깊은 질문은 이것이었다. AB가 AX로 확대된 만큼 AC가 AY로 확대된다고 하자. 예를 들어 오각형의 경우 BD도 XZ로 정확히 그만큼 확대된다면 각 BDE와 각 XZW의 크기가 같을까? 누구도 답을 못했고 몽주도 듣고만 있었기 때문에 일단 이 문제는 넘어가기로 했다.

음이다. 이 정도로 간단히 요약을 해내다니. 은우, 모나, 지호 정말 대단하다. 기하 탐험대 만세!

"꼭짓점마다 각의 크기가 같고, 변들이 같은 만큼 커져야 서로 닮은 거라고? 그걸 다 확인해야 해? 각의 크기와 변의 길이를 일일이?"

느닷없이 아이의 목소리가 들렸다. 크고 날카로웠다.

닮음비

【기록자의 보충: 이 시점에서 독자 여러분께 드리고 싶은 말이 있습니다. "꼭짓점마다 각의 크기가 같다. 변들이 같은 만큼 커진다. 그런 두 다각형은 닮았다."

지호, 모나, 은우가 열띤 토론 끝에 도달한 이 결론은 맞습니다. 물론 작아질 때도 마찬가지죠. 여기서 '같은 만큼'이라는 말이 중요한데요. **닮음비**라고 부르는 게 그것입니다. 당시 아이들은 이 용어를 몰랐기 때문에 '같은 만큼'이라는 말을 쓰다가 '정확히 그만큼', '같은 정도로'라는 말도 썼죠. 자, 이제부터 닮음비로 고쳐 쓰겠습니다.

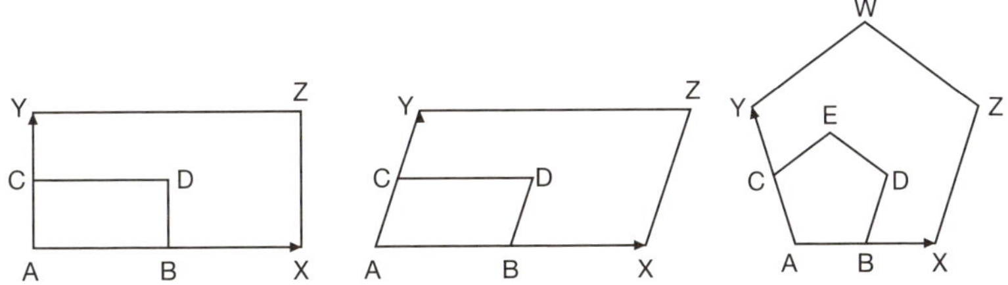

이 도형들은 모두 같은 만큼 변했습니다. 길이를 재서 확인하면 이렇게 됩니다.

$$AX = 2AB, \; AY = 2AC, \; XZ = 2BD, \; ZY = 2DC\,[4], \; WY = 2EC$$

자, 모두 2배죠? 이 경우 2가 닮음비입니다. 왜 비율을 뜻하는 '비'라는 말을 붙였을까요? 위 등식을 이렇게 바꿔 쓰겠습니다.

$$\frac{AX}{AB} = 2, \; \frac{AY}{AC} = 2, \; \frac{XZ}{BD} = 2, \; \frac{ZY}{DC} = 2, \; \frac{WY}{EC} = 2$$

그렇죠? 모두 비율입니다. 거꾸로도 돼요. 즉, 큰 다각형에서 작은 다각형으로 작아졌다고 보는 거죠. 이 경우 닮음비는 어떻게 바뀔까요? 네, 그렇습니다. $\frac{1}{2}$ 입니다!

$$\frac{AB}{AX} = \frac{AC}{AY} = \frac{BD}{XZ} = \frac{DC}{ZY} = \frac{EC}{WY} = \frac{1}{2}$$

닮음비는 매우 중요합니다. 두 다각형이 어떻게 닮았는지 말해 주잖아요. 1보다 크면 확대, 1보다 작으면 축소죠. 닮음비가 4인 확대는 닮음비가 2인 확대보다 더 확대되는 것입니다. 몽주 님이 직각삼각형을 들고 왔다 갔다 할 때 그림자의 크기가 계속 달라진 것도 '닮음비가 계속 변했다'라고 말할 수 있겠네요.

---

4 이렇게 질문할 수 있겠네요. "다른 건 그렇다 치지만 오각형의 경우 ZY=2DC라고 한 건 잘못 쓴 것 아니에요? ZW=2DE라고 써야 맞죠!"라고 말이에요. 이렇게 지적한 분, 훌륭합니다. 기하 탐험대가 될 자격이 충분합니다. 맞습니다. 그러나 저 또한 틀리지 않았습니다. 닮은 두 다각형에서 대응점을 이으면 닮음비가 유지되기 때문입니다. 즉, ZY=2DC일 뿐만 아니라 AZ=2AD입니다! 확대, 축소, 닮음의 신비라고나 할까요?

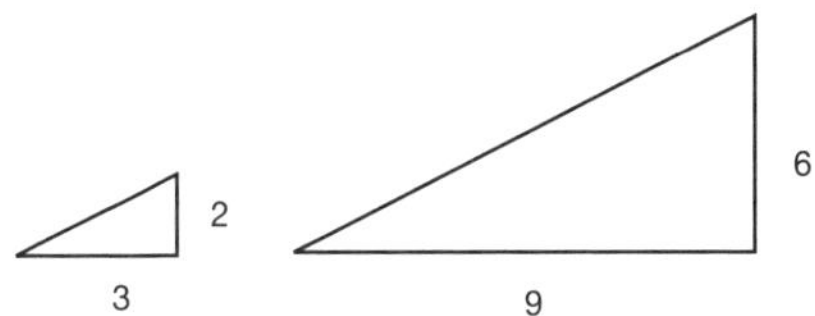

두 삼각형이 닮음이라 가정하죠. $\dfrac{6}{2} = \dfrac{9}{3}$ 이니 닮음비가 3이죠? 잘 보세요. 두 그림을 이렇게 겹쳐 보겠습니다.

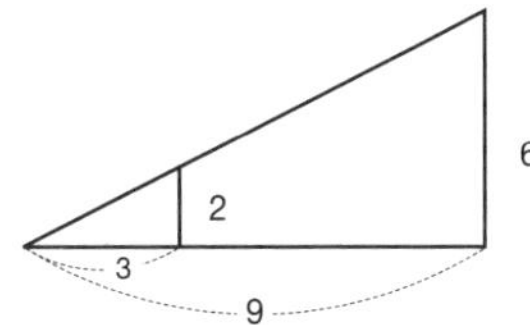

기하 도형에 상상의 숨결을 불어넣으세요. 자, 이 그림부터 해 봅시다.

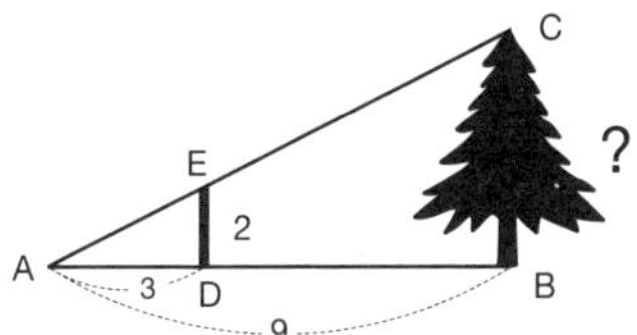

나무 끝 C에 햇빛이 닿고, D 지점에 서 있는 막대의 끝이 E에 닿도록 하고 그 그림자가 A에서 끝난다고 상상한 겁니다. 길이를 쟀더니 AD는 3, DE는 2였어요. A 지점에서 나무가 있는 B 지점까지의 거리는 9였고요. 그렇다면 막대 하나만으로 나무의 높이를 잴 수 있죠?

$$\frac{9}{3} = \frac{BC}{2}$$

이로부터 나무를 쓰러뜨리거나 나무 위에 올라가지 않아도 나무의 길이 6을 알아냈어요. 바로 기하의 영혼으로 쟀죠. 이게 다가 아니에요.

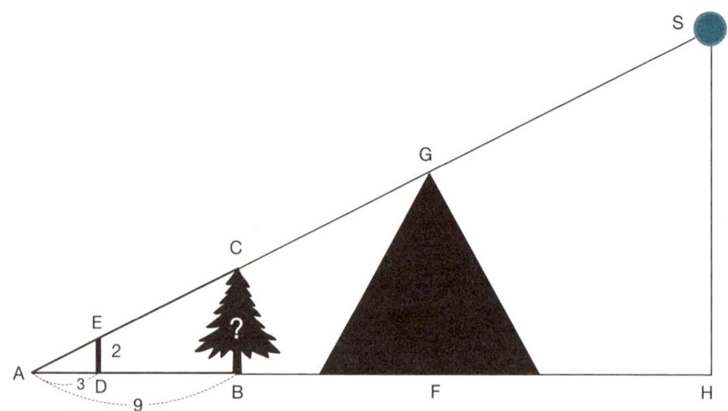

어때요? 막대 하나로 산이든 피라미드든 태양이든 얼마든지 높이를 잴 수 있겠죠? AF, AH의 길이를 정확하게 안다면 말이에요.

그림자가 없는 흐린 날은 어떻게 할까요? 원래 그림에 상상을 입혀 보겠습니다.

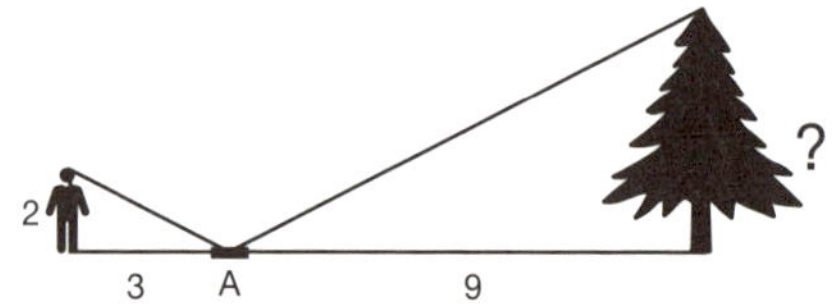

왼쪽에 사람이 서 있고 A 지점에 거울이 놓여 있어요. 사람과 거울의 거리가 3이고 거울과 나무의 거리가 9입니다. 두 삼각형이 닮았다면(사실 거울의 특성 때문에 둘은 닮을 수밖에 없어요) 지면에서 사람의 눈높이를 알 때 나무의 높이를 잴 수 있겠죠? 닮음비가 3이면 사람의 눈높이까지의 3배가 나무의 높이일 거예요[5].

한 번 더 상상해 볼까요?

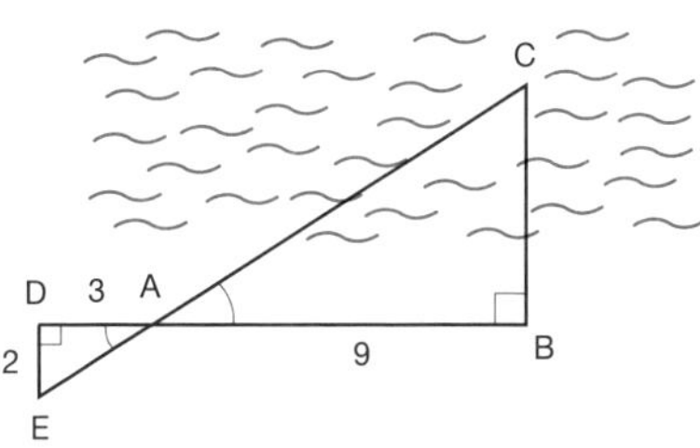

해변의 B 지점에서 배가 있는 C 지점까지 거리를 재고 싶어요. 어떻게 할까요? B 지점에서 A 지점까지 이동하는 거예요. BC와 직각이 되도록 간다고 해 보죠. 거리가 9인 정도까지 갔어요. 거기에서 맞꼭지각을 한 내각으로 하고 다른 한 내각이 직각인 삼각형 ADE를 만들어요. 닮은 삼각형을 만드는 거지요. 닮음비가 3이라면 BC는 6이 됩니다.

아, 닮음비를 알면 좋은 게 하나 더 생각났어요. 자, 보세요. 여기 닮음비가 2인 닮은 두 삼각형이 있습니다.

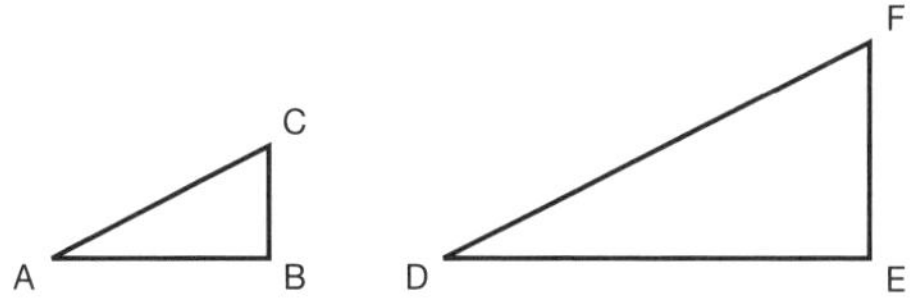

작은 삼각형의 넓이가 3m²라는 걸 안다면 큰 삼각형의 넓이를 바로 알 수 있습니다! 보나마나 12m²입니다. 넓이는 닮음비 2의 제곱이기 때

---

5 거울을 써서 높이를 재는 문제는 유클리드 님의 책에서 발견했어요. 바로 밖으로 나가서 해 봤죠! 실제로 거울에 반사되어 내 눈에 정확히 나무의 끝이 보이도록 하는 것이 쉽지 않았어요. 하지만 실망하지는 않았어요. 중요한 것은 '기하의 영혼으로 잴 수 있다', 그거니까요.

문입니다. 4배라는 말이죠.

$$3 \times 2^2$$

즉, 12죠. 닮음비가 3이면 어떨까요? 그러면 큰 삼각형의 넓이는 닮음비 3의 제곱이니까 넓이 3m²의 9배, 즉 27m²입니다.

왜 그럴까요? 닮음비가 2인 두 삼각형을 겹쳐 놓을게요. 이제 작은 삼각형을 복제해서 큰 삼각형을 채우겠습니다. 복제하고 채우는 과정을 반복하면 이렇게 됩니다.

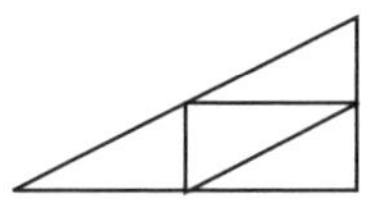

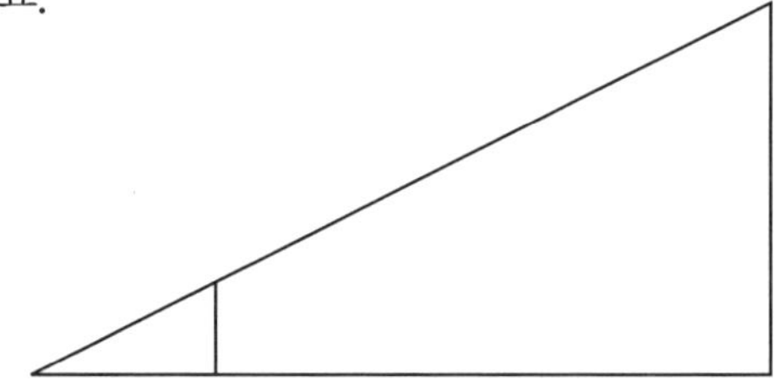

닮음비가 2였으니까 밑변도 2배, 높이도 2배가 됩니다.

여기 닮음비가 4인 두 닮은 삼각형을 그려 놓았습니다. 여러분이 확인해 보세요. 자를 가져와서 큰 삼각형을 작은 삼각형들로 채워 보세요. 큰 삼각형의 넓이가 정말 작은 삼각형의 넓이의 4², 즉 16배가 되는지 말이에요.

일반 다각형의 넓이의 비도 닮음비의 제곱의 비입니다.

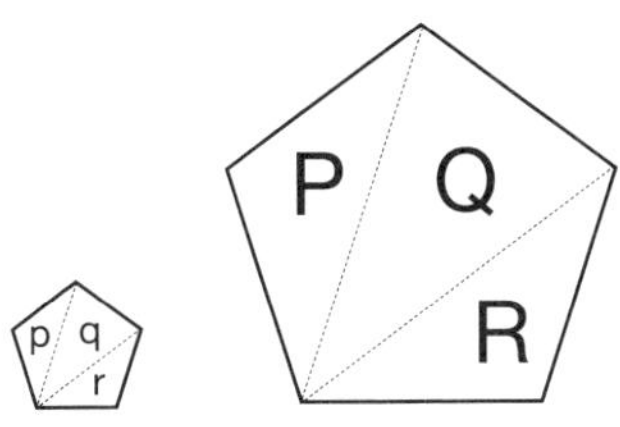

작은 오각형이 닮음비 3으로 확대되었다고 해 보죠. 작은 오각형을 p, q, r로 쪼개고 큰 오각형을 P, Q, R로 쪼갠다면 삼각형 p가 삼각형 P가 되면서 넓이가 3^2배가 되고 q가 Q로, r이 R로 되면서 넓이가 각각 3^2배가 됩니다. 쪼개진 부분이 각각 3^2배로 커졌으니 전체도 3^2배로 커지는 것이고요[6].

닮은 입체도형은 어떨까요?

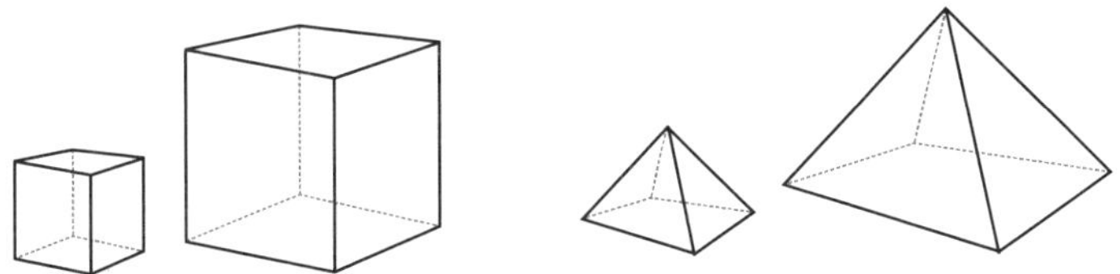

'혹시 큰 입체도형의 부피가 닮음비의 세제곱으로 커지는 건 아닐까?' 그런 생각이 자동으로 들지 않나요? 맞습니다. 1L 들이 컵이 있는데 이 컵과 완전히 닮은 컵을 닮음비 3으로 하나 더 만들었다면 큰 컵은 3^3배인 27L를 담을 수 있다는 말입니다.

---

[6] 여기서 "닮은 다각형은 닮은 삼각형들로 쪼개져요?"라고 질문하신 분 있나요? 제2회 기하 탐험대를 모집한다면 당신을 꼭 추천하겠습니다.

저는 다시 기록자가 되어 동굴로 돌아겠습니다. 몽주의 동굴에서 무슨 일이 있었더라…? 아, 생각났습니다.】

"꼭짓점마다 각이 같고, 변들이 같은 만큼 커지는 두 다각형은 닮았다."

모나의 말이 끝나자마자 어디선가 날카로운 아이의 말소리가 들렸다.

"꼭짓점마다 각의 크기가 같고, 변들이 같은 만큼 커져야 서로 닮는다고? 그걸 다 확인해야 해? 모든 각의 크기와 변의 길이를 일일이?"

삼각형의 닮음 조건

돌아보니 아이는 없었다. 어둑어둑한 동굴에서 촛불 하나만 흔들리고 있을 뿐이다. 몽주는 그대로 팔짱을 낀 채 두 발을 벌리고 책상에 누워 있었다. 그때 다시 그 목소리가 들렸다.

"삼각형은 안 그런 것 같은데요?"

그러면서 몽주가 일어났다. 몽주가 소년으로 변해 있었다! 닮음비에 따라 줄어든 것 같았다.

"두 삼각형이 닮음인지 확인할 때도 그렇게 한다고요?"

소년 몽주가 토론을 잘 못 들었다고 생각해서 삼각형을 하나하나 그리며 설명해 줬다. 모나가 설명을 맡았다.

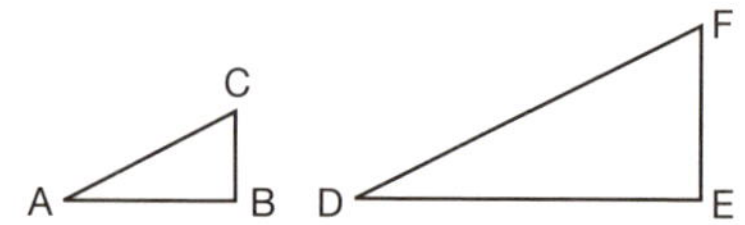

- 각 A=각 D, 각 B=각 E, 각 C=각 F를 확인한다.
- 대응각인 각 A와 각 D에서 AB, DE를 잰다. AC, DF도 잰다.
- $\frac{DE}{AB} = 2$, $\frac{DF}{AC} = 2$ 이므로 닮음비가 2다.
- 대응각인 각 B, 각 E에서 BA, ED와 BC, EF의 닮음비도 확인한다.
- 대응각인 각 C, 각 F에도 같은 과정을 반복한다.

"이는 모든 다각형에서 성립한다. 두 삼각형의 닮음은 합동보다 확인이 복잡하다."

소년 몽주는 잘 듣기는커녕 해찰하더니 비아냥거렸다.

"이제 끝났어요? 근데 삼각형을 비교하는 건데도 꼭 그래야 해요? 삼각형은 합동을 간단히 아는 방법이 있잖아요."

지호는 찔렸다.

"삼각형의 합동도 알아? 제법이네…. 그렇지, 삼각형도 합동은 세 각과 세 변 모두 비교할 필요 없지. SSS, SAS, ASA 조건만 보면 돼…."

그러면서 얼버무리기 시작했다.

"삼각형이니까 닮음도 그런 게 있을지 모르지. 기다려 봐…."

지호의 머릿속이 점점 하얘졌다.

"흠, 닮으면 각이 같아. 그런데 각이 같은 다각형이라고 다 닮은 것은 아냐. 그런데 삼각형만 보면… 음…?"

지호는 갑자기 씩 웃었다.

"잘 들어. 나 대신 은우가 말할 거야. 내가 텔레파시를 보내 놨거든.

그렇지, 은우?"

은우는 황당했지만 고개를 끄덕하고는 날카로운 눈빛으로 소년 몽주를 봤다.

"참 못됐다, 너. 다 알면서 모르는 척해?"

몽주는 처음부터 다 알면서 아이들을 약 올리는 것 같았다.

꼭짓점마다 각이 같고, 변들이 같은 만큼 커져야 닮음이다.

이 말은 모든 다각형에서 통하는 말이다. 그런데 삼각형에서는 그렇게 복잡하게 따질 필요가 없다. 세 각만 비교해 봐도 된다.

- 두 삼각형이 닮음이면 대응하는 세 각이 같다.
- 두 삼각형의 대응하는 세 내각이 같으면 닮음이다.

"왜 그럴까?"라고 운을 떼더니 은우는 스스로 답했다. "삼각형은 변과 각이 아주 *끈끈하게* 연결되어 있어. 그래서 각이 같으면 닮았지. 삼각형이니까 가능한 거야."

지호는 소년 몽주의 어깨에 팔을 감으며 말했다.

"알려 줄까? 삼각형은 세 변이 정해지면 세 각도 정해져. 두 변과 끼인각이 정해져도 세 각이 정해지지. 삼각형은 각과 변이 아주 *끈끈한* 관계거든."

몽주는 은우를 보며 고개를 쳐들고 말했다.

"그래서? 각이 같으면 닮았다는 거야? 변과 각이 끈끈하다고? 확실하게 말해 보라고.”

모나는 어이가 없었다. 지호도 마찬가지였다. 은우는 눈만 끔벅일 뿐 무슨 생각에 깊이 잠겨 있었다.

모나와 지호는 은우를 방해하지 않기 위해 살금살금 자리를 옮겼다. 그러다가 이 그림을 바라봤다.

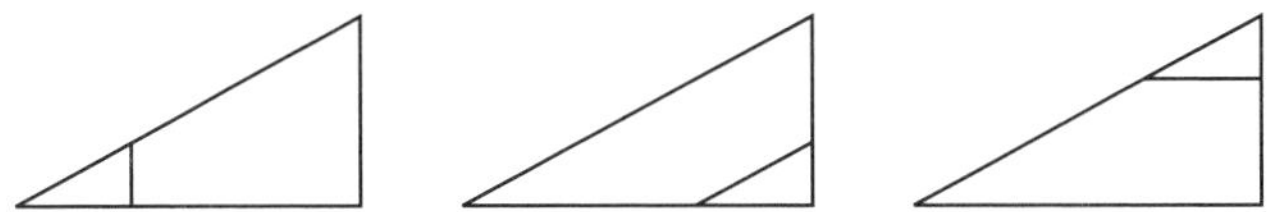

아까 할아버지 몽주가 그렸던 그림이다. 이 그림에 해결의 실마리가 있을 것 같았다. 잠시 후 셋이 “유레카!”라고 하며 합창했다.

“먼저, 네가 아는지 모르겠다. 동위각이 같으면 평행하거든.”

지호의 말 한마디에 몽주의 건방진 미소가 싹 사라졌다. 지호는 삼각형의 꼭짓점에 이름을 붙이고 동위각에 표시하며 말을 이었다.

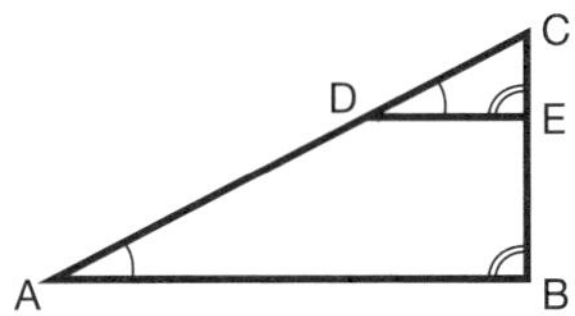

“두 삼각형 CDE와 CAB의 세 각이 같아. 이때 대응변의 길이의 비가 같음이 보일 거야. 그럼 대응하는 세 내각이 같으면 닮음인 거잖아, 그렇지? 여기까지 모르는 것 있으면 말해.”

소년 몽주는 떨떠름하게 고개를 저었다.

"자, 각이 같으니까 CD에서 CA로 확대된 그만큼 CE가 CB로 확대돼."

$$\frac{CA}{CD} = \frac{CB}{CE} = \frac{3}{1}$$

지호는 기호로 정리하며 설명을 마쳤다.

몽주는 넋이 나가 있다가 곧 정신을 차리고 비아냥거리듯이 질문했다.

"$\frac{3}{1}$ 이 어떻게 나온 거야?"

"직접 쟀지. CD의 3배가 CA더라고. 다른 변도 그랬고."

"흥. 내가 보기엔 3배가 아주 조금 안 되는 것 같은데? 잘못 쟀을지 어떻게 알아?"

지호는 기가 막혔다.

"무슨 소리야? 내가 정확히 쟀는데! 다시 보여 줄까?"

은우가 가로막았다.

"몽주 이야기는 그게 아니야. 자로 잰 결과는 오차가 있을 수 있으니까 믿을 수 없다는 거지."

그때 모나가 말했다.

"밑변이 평행하니까 두 삼각형을 모눈종이에 놓으면 될 것 같은데?"

모나는 자를 대고 정성스럽게 평행선들을 그렸다.

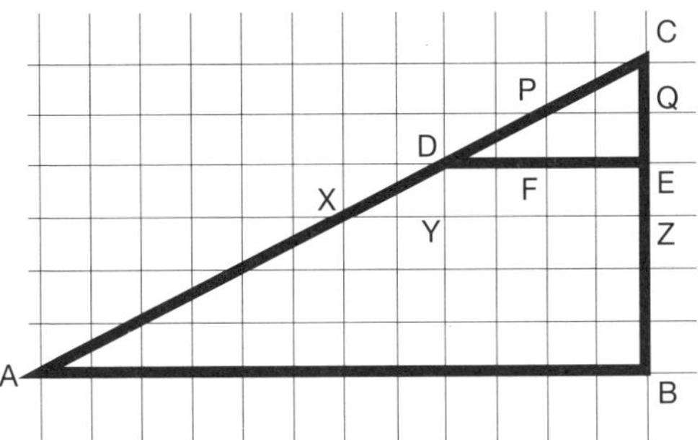

은우는 점에 이름을 붙였다. 그림이 작아서 알아보기 힘들었다. 모나와 지호가 그림을 크고 깔끔하게 다시 그리는 동안 은우는 생각을 정리했고, 몽주는 가만히 있었다.

은우의 말을 요약하면 이렇다.

CB를 등분한다. 등분한 점에 점E가 포함되도록 잘게 쪼갠다7. 등분한 점에서 AB와 평행한 직선들을 긋는다. 예를 들어 우리가 그린 그림은 6등분이고 CQ=QE=EZ다. 이때 CP=PD=DX임을 보일 것이다. 그러면 다음이 성립한다.

CB=6QE, CE=2QE이므로 CB=3CE, 즉 $\dfrac{CB}{CE} = \dfrac{3}{1}$ 이다.

---

7 은우가 말한 바로 이 부분은 두고두고 나를 괴롭혔다. CB를 등분하면 그 등분점에 점 E가 겹친다고 은우가 말했는데, 항상 가능할까? 결국 알아냈다. CB를 아무리 잘게 등분해도 그 등분점들 중 어디에도 점 E가 겹칠 수 없는 경우도 있다! 예를 들어 어떤 정사각형의 한 변의 길이가 CE고 대각선의 길이가 CB인 경우가 그렇다. 예를 들어 CB를 10등분한 다음 CE를 겹쳐 놓으면 등분점들 중 어디에도 점 E가 겹칠 수 없다. 그런데 은우는 항상 그렇게 등분할 수 있다고 가정하고 증명했다. 즉, 은우의 증명에는 작지만 심각한 결함이 있다. 몽주는 그 사실을 알았지만 굳이 은우의 말을 끊지는 않았다. 아이들이 좀 더 커서 그 사실을 스스로 깨닫게 되리라고 믿었던 것 같다. 나도 그렇게 믿기 때문에 은우의 말을 수정하지 않고 그대로 두겠다.

CA=6PD, CD=2PD이므로 CA=3CD, 즉 $\dfrac{CA}{CD} = \dfrac{3}{1}$ 이다.
따라서 다음과 같다.

$$\frac{CA}{CD} = \frac{CB}{CE} = \frac{3}{1}$$

결국 세 각이 같은 두 삼각형은 대응변의 길이의 비도 같다. 그래서 삼각형의 경우 세 각이 같다는 것만 보이면 닮음임을 알 수 있다. 즉, AAA 조건을 만족하는 두 삼각형은 닮음이다.

이 논리의 고리에서 다른 건 다 보였고, CP=PD=DX를 보이는 것만 남았다.

(1) QE=PF다. 직사각형이니까 말이다.

(2) EZ=DY다. 같은 이유다.

(3) 그런데 QE=EZ로 잡았으니까 PF=DY다.

(4) 삼각형 PDF와 삼각형 DXY는 세 각이 같다. 모눈종이를 평행선으로 그었으니까.

(5) 따라서 삼각형 PDF와 삼각형 DXY는 합동이다. 세 각이 같고 대응변 한 쌍이 PF=DY로 같으므로.

(6) 남은 대응변의 길이도 같다. 즉, PD=DX다.

(7) 같은 이유로 CP도 PD와 DX의 길이와 같다.

"됐지? CP=PD=DX임을 보였어."

은우는 숨을 한 번 크게 내쉬고 원래 그림을 가리키며 말했다.

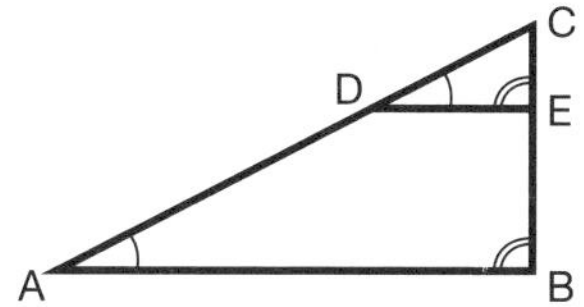

“이 두 삼각형처럼 동위각이 같으면 두 밑변이 평행하게 놓이고 두 변이 평행하면 변들이 같은 만큼 커져. 다른 각에서도 그렇게 되겠지. 그래서 두 삼각형은 세 각이 같기만 해도 닮음이야. 그렇지?”

몽주는 끄덕끄덕하며 듣고 있다가 은우의 말이 끝나자 박수를 쳤다.

그때 갑자기 동굴이 캄캄해졌다. 어디선가 바람이 불어왔고 잠시 후 동굴 안이 점점 밝아졌다. 몽주는 다시 할아버지 모습이었다.

“지호, 모나, 은우. 너희는 우주에서 아름다운 별들의 노래를 들을 자격이 있다.”

그 말만 하고 동굴의 입구를 향해 걸어갔다. 깃털 달리고 챙이 넓은 모자를 쓴 채. 기하 탐험대가 몽주를 뒤따랐다.

동굴을 벗어나자마자 스페이스 머신이 기다리고 있었다. 기하 탐험대는 히파티아 님의 마중을 받으며 스페이스 머신 안으로 들어갔다. 모두 나란히 서서 몽주를 향해 손을 흔들었다.

히파티아 님이 말했다.

“오늘 너희를 배웅하지 못해 미안했어. 동굴에서 고생이 많았지? 잠깐 뭘 좀 먹고 가자. 초대장이 왔어. 만찬이 준비되었을 거야.”

스페이스 머신 바깥으로 나가니 저택 입구에 깃털이 달리고 챙이 넓은 모자를 쓴 사람이 두 팔을 들어 환영하고 있었다. 아이들은 숨이 멎는 줄 알았다. 바로 몽주였기 때문이다! 다만 소년 몽주도, 할아버지 몽주도 아닌 젊은 아저씨 몽주였다. 몽주는 아이들을 처음 보는 것 같았다. 미래의 자신과 만나고 오는 길이라는 것을 전해 들었다며, 거기서 '내가 밥 한끼 대접도 못했다'라는 말을 듣고 꼭 들러 달라고 간곡히 부탁했다고 이야기했다.

저택에 들어가니 식탁에는 먹을 것이 가득했다. 몽주는 기하 탐험대에게 동굴에서 자신과 무슨 대화를 했는지 물었다. 셋은 다각형의 닮음과 삼각형의 닮음의 차이점, AAA 닮음에 대해 이야기했다고 말했다.

"오호! AAA 닮음을 보였다고? 대단한데! 물론 AA 조건만 만족해도 두 삼각형은 닮지. 두 각이 같은 두 삼각형은 남은 한 각도 반드시 같게 되니까 말이야. 간단히 AA 닮음! 그렇지?"

몽주의 말이 너무 빨랐지만 모나만 빼고 모두 고개를 끄덕였다. 맛있는 음식을 어서 먹고 싶어서였을 것이다.

그런데 눈치 없이 모나가 답을 시작했다. 엉성한 데가 있었지만 크게 보면 맞는 말이었다. 몽주에게 그림도 보여 줬다.

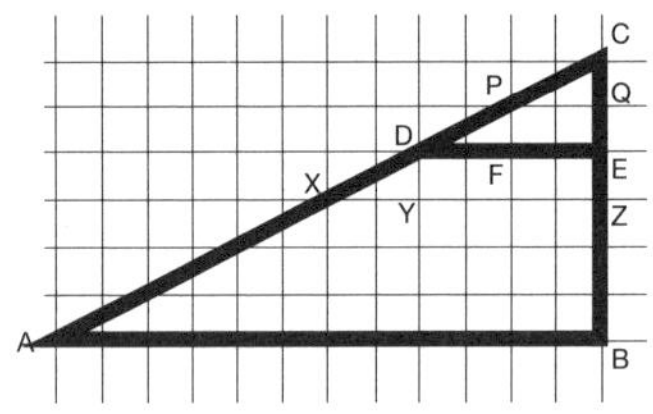

몽주는 직각삼각형이 아니어도 상관없는 것 아니냐면서 그림을 이렇게 바꿨다. '증명'하는 동안 직각은 아무 역할을 하지 않았으니 이렇게 해도 아무 차이가 없다면서 말이다.

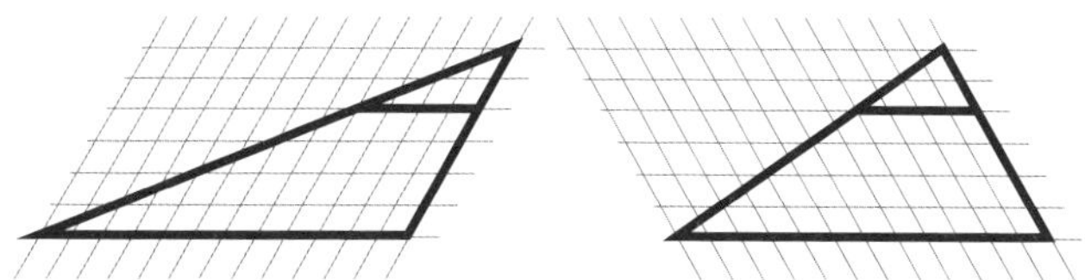

몽주의 말을 듣고 보니 맞는 것 같았다. 은우가 말한 내용에서 직각이라는 말은 어디에도 없었다. 결정적인 역할은 평행이었다. 즉, '동위각이 같으면 평행하다'와 '평행하면 동위각이 같다'라는 사실 말이다.

"나는 직각삼각형 생각을 많이 하는데 말이야. 우리 우주 여행 소년소녀단은 닮은 직각삼각형으로 이런 것만 생각하는 것 같아."

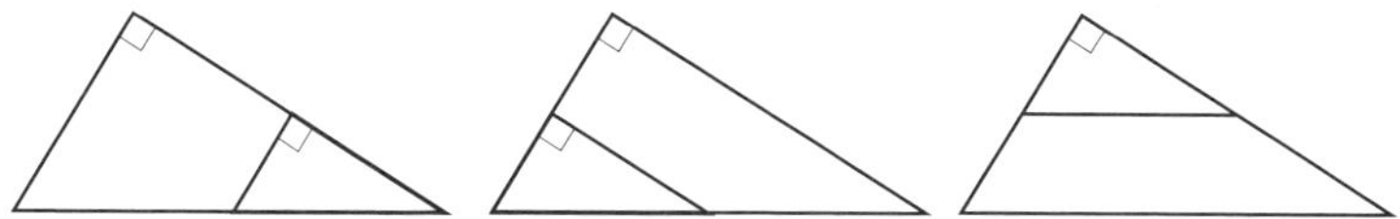

몽주는 "이런 건 어떨까?" 하면서 이런 그림을 그렸다.

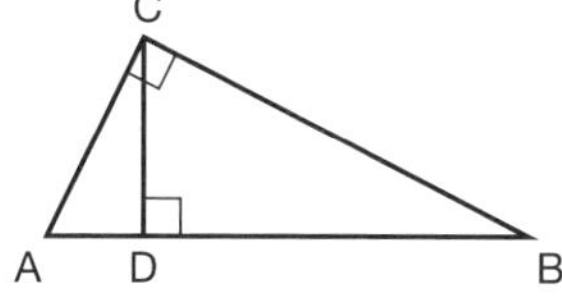

직각삼각형의 꼭짓점 C에서 밑변을 향해 직각이 되도록 선분을 그렸을 뿐인데 이것이 닮음과 무슨 상관이 있지? 몽주는 껄껄 웃으며 한번

찾아보라고 했다.

"삼각형 CDB와 삼각형 ADC가 닮았어요."

놀랍게도 지호였다. 그림에서 두 삼각형을 짚고 있었다.

"세 각이 같잖아요. AAA."

그렇게 말해 놓고 눈을 껌벅껌벅하더니 한마디 더 했다.

"아, 두 각만 확인해도 된다고 하셨죠? 맞아요, AA 닮음." 그러더니 각도 표시했다.

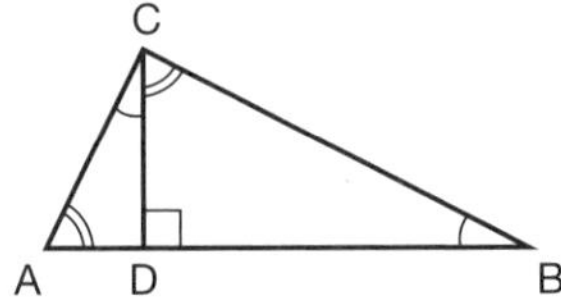

지호는 두 삼각형으로 분리하여 나타냈다.

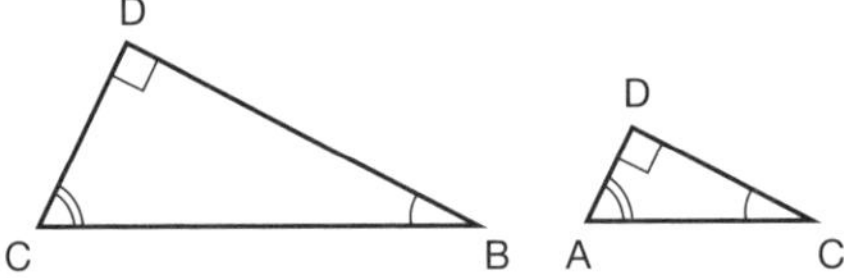

세 각이 정말 같다! 그려진 도형을 있는 그대로 보지 않고 상상으로 돌려 보다니, 모나는 지호가 부러웠다.

"삼각형 ABC도 두 삼각형과 각각 닮음이에요."

보나마나 은우였다. 은우는 이렇게 그리며 설명했다.

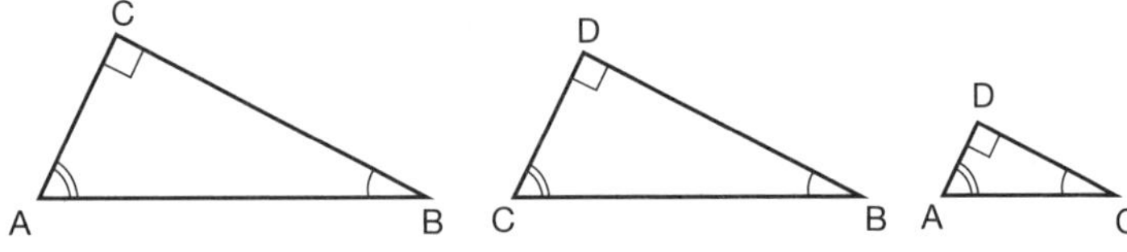

"그럼 변들이 같은 만큼 커지겠네?"

불쑥 꺼낸 모나의 말에 모두 놀란 눈치다.

"오호! 보통내기들이 아니에요. 닮음의 뜻을 잊지 않았네요."

히파티아 님도 환하게 미소를 지었다. 나는 아무도 보지 못했겠지만 식탁 위에 올라가 종이 위에 다음 세 식을 커다랗게 썼다.

$$\frac{AB}{CB} = \frac{CB}{DB}, \quad \frac{AB}{AC} = \frac{AC}{AD}, \quad \frac{DB}{CD} = \frac{CD}{AD}$$

돌아갈 시간이 되었다. 히파티아 님과 기하 탐험대는 스페이스 머신에 탔다. 바깥에 젊은 몽주가 서 있었다. 스페이스 머신의 바깥이 점점 흐릿해졌다.

넓이의 기하학

삼각형 · 다각형 · 원 · 부채꼴의 넓이

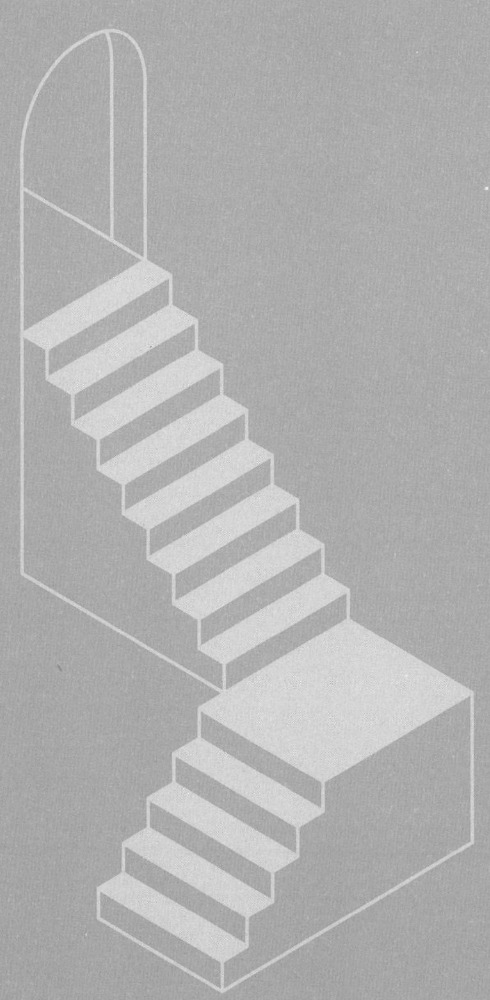

∞ 넓이의 기하학 안내자
아르키메데스(기원전 287년~기원전 212년)

인류 역사상 가장 위대한 수학자이자 과학자다. 원, 나선, 구, 회전체 등을
연구하고 그것을 응용해서 침략받은 조국 시라쿠사를 지키기 위해 발명을
하였다. 수학의 노벨상인 필즈상의 메달에 그의 얼굴과 업적이 새겨져 있다.

2주가 지났다. 대기실 창으로 보니 모나가 칠판 앞에 서서 지호와 은우에게 무슨 말을 하는 것 같았다. 대기실 창에 귀를 바짝 붙였다.

"두 삼각형의 두 내각이 같으면 AA 닮음이잖아. 근데 이거 하나만 있을 것 같지 않아. 삼각형의 합동 조건도 하나가 아니잖아."

세 번째 여행 이후 모나는 삼각형의 닮음에 대하여 깊이 생각했다. 마침내 다 알게 되어 마침표와 느낌표를 딱 찍었는데, 동시에 물음표 하나가 생겨 친구들 앞에서 말하는 중이다.

모나가 생각한 건 SAS 닮음이다. 두 변과 끼인각으로도 닮음을 판별할 수 있다는 말이다. 세 각의 크기를 비교할 수 없는 경우에 두 변과 끼인각만 가지고도 닮음인지 아닌지 알면 좋다. 다만 합동에서는

- 두 삼각형에서 두 대응변이 '같고' 끼인각이 같다.

인 반면, 닮음에서는

- 두 삼각형에서 두 대응변이 '닮고' 끼인각이 같다.

이다.

"두 변이 닮았다는 게 말이 좀 이상하지? 내 말은 이거야."

모나는 삼각형 두 개를 그렸다.

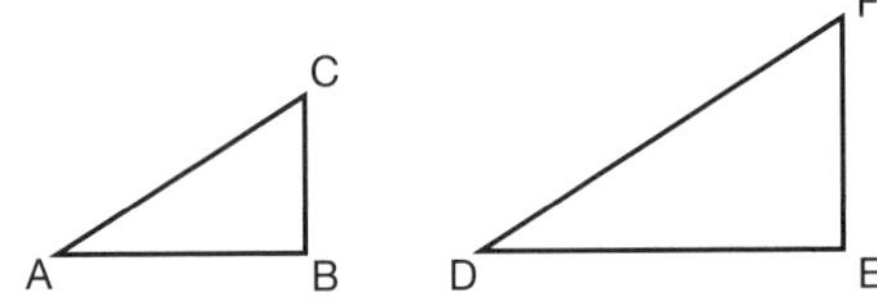

"두 삼각형에서 $\angle CAB = \angle FDE$라고 해 봐. AC에서 DF로 커지는 '정확히 그만큼'으로 AB에서 DE로 커지는 거지. 그러면 닮을 수밖에 없지 않아?"

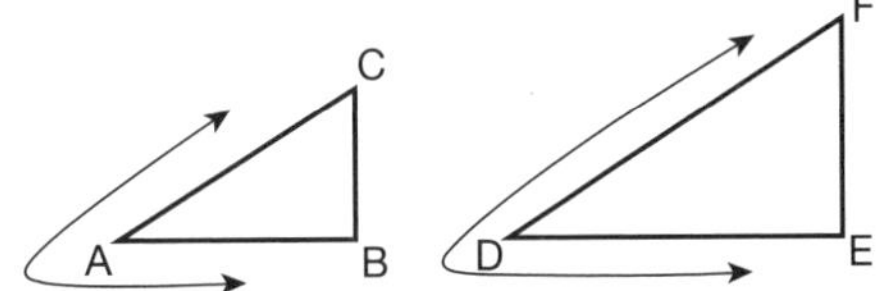

대답 대신 지호는 칠판에 나가서 이렇게 쓰며 말했다.

$$\angle CAB = \angle FDE, \quad \frac{DE}{AB} = \frac{DF}{AC}$$

"이렇게만 되도 두 삼각형이 닮았다, 이거지?"

"이것만 검사해도 되겠는데? 삼각형이니까. 아주 그럴 듯해."

은우는 일어서서 칠판 앞으로 가더니 고개를 끄덕끄덕했다.

"모나 말대로 해서 '두 대응변이 닮고 끼인각이 같으면' 남은 두 대응 각도 같다는 것을 보이면 될 것 같아. 근데 어떻게 보이지? 흠…."

그때 네 번째 기하 여행의 출발 신호가 울렸다. 셋은 그새 닮음을 잊은 채 어디서 누구를 만나 무엇을 할지 설렘에 가득찼다.

스페이스 머신의 문이 열리자 바다 냄새가 훅 들어왔다. 주위는 바위 투성이에 성벽으로 둘러싸여 있었다. 곧 모래밭이 나왔고 거기에 두 소년이 서 있었다.

"이솝아!"

모나가 반가운 목소리로 소리쳤다. 정말로 이솝이었다. 유클리드 님과 함께 있던 소년 이솝. 그새 키가 한 뼘은 더 큰 것 같았다.

"모나야, 얼마나 보고 싶었다고!"

이솝은 활짝 웃으며 모나에게 다가와 이렇게 말하면서 와락 안았고, 지호와 은우도 반가운 인사를 했다. 다른 소년은 아르키메데스라고 했다. 여기는 시라쿠사. 침입이 잦은 곳이라서 바다를 두른 성벽부터 보이는 것이라고 했다.

어찌된 영문인지 궁금해하는 모나에게 이솝이 소근소근 말했다.

"어느 날 유클리드 님이 너희와 함께하고 싶냐고 물으셨어. 그리고 싶다고 말씀드렸더니 기하 여행에 동행해도 좋다고 허락해 주셨어. 벌써 나는 두 살을 더 먹었어. 안 믿기지? 글도 배우고 기하도 조금 공부했지. 아르키메데스는 내가 과거에서 왔다는 것, 유클리드 님과 함께 있다가 왔다는 건 아직 몰라. 이건 비밀이야."

삼각형의 밑변과 높이

아르키메데스와 이솝이 있던 자리로 돌아가자 모래밭에 이상한 그림들이 잔뜩 있었다.

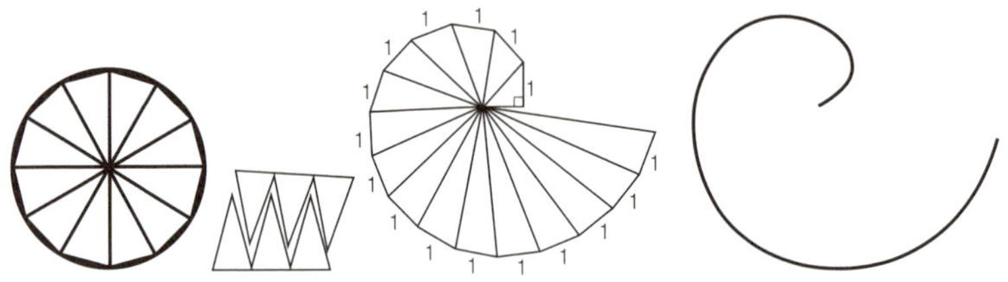

"어디 보자…. 12개로 쪼갰네. 그 안에 삼각형이 12개 있고. 이건 뭐지? 이빨인가? 저 큰 그림은 이상한 부채네? 그 옆에 있는 거는… 모르겠다."

지호가 궁금하다는 표정으로 이솝을 봤다. 이솝은 아르키메데스에게 답을 미뤘다.

"원의 넓이를 어떻게 구할까 생각하고 있었어. 될 것 같은데 잘 안 되더라고. 그동안 내가 생각한 걸 이솝에게 말해 줬어. 근데 이솝은 질문만 해. 그래서 생각이 더 잘되는 것 같긴 해…."

아르키메데스는 생각의 물꼬를 트자 말을 술술 쏟아냈다.

"히파티아 님이 넓이에 대해 너희와 대화해 보라고 하시더라. 원 이야기는 나중에 하기로 하고 일단 다각형부터 시작하자."

일행은 깨끗한 모래밭 쪽으로 자리를 옮겼다.

“다각형의 씨앗은 삼각형이니까 삼각형의 넓이부터….”

지호가 불쑥 끼어들었다.

“하하. 그럴 줄 알았어. 밑변 곱하기 높이 곱하기 이분의 일!”

아르키메데스의 반응은 뜻밖이었다.

“뭐? 그게 뭔데?”

지호는 순간 당황했다. 히파티아 님이 사람을 잘못 고른 것 아닌가? 그 생각을 하다 자기도 모르게 입을 막았다.

동위각이 같지 않아도 평행일 수 있지 않냐고 묻던 니콜 님,

세 변이 같은 두 삼각형이 안 겹쳐질 수도 있지 않냐던 유클리드 님,

세 각이 같은 두 삼각형이 안 닮을 수도 있지 않냐고 묻던 몽주 님

생각이 났던 것이다. 지호는 ‘아르키메데스도 뭔가 엉뚱한 질문을 품고 있는지 모른다’라고 생각하며 최대한 차분하고 상세하게 답을 했다.

“다각형은 삼각형들로 쪼개서 하나하나 더하면 넓이가 나와. 그러니까 삼각형 하나하나의 넓이를 알아야 해. 그런데 삼각형 하나의 넓이는 밑변에다가 높이를 곱해서 2로 나누면 된다는 말이지.”

지호는 스스로 완벽하다고 생각했다. 그런데 웬걸? 아르키메데스는 “응? 음….”이라 말할 뿐 앞장서서 몇 걸음 걷다가 멈춰섰다.

“삼각형에서 시작하자. 방금 지호는 삼각형의 넓이가 밑변 곱하기 높이의 반이라고 하던데, 혹시 다른 의견 있는 사람?”

지호, 모나, 은우 모두 '다른 게 가능해?'라는 표정이었다. 이솝이 나섰다.

"삼각형은 세 변으로 된 다각형이잖아. 세 변의 길이가 정해지면 어디에 있든 그 세 변으로 이루어진 삼각형은 합동이야. 넓이도 같겠지. 그럼 세 변으로 넓이를 나타내야 하는 것 아니야? 높이는 뭐야?"

"그건 내가 답할 수 있을 것 같아. 넓이에 대해 꽤 오래 생각했거든."

아르키메데스의 설명을 요약해 보겠다.

이솝의 말대로 삼각형의 세 변이 정해지면 넓이는 딱 하나다. 그래서 세 변의 길이를 알면 그 세 길이를 계산해서 넓이를 알아내는 방법이 있다. 두 변과 끼인각을 알 때 그 각의 크기와 두 변의 길이로 삼각형의 넓이를 아는 방법도 있다. 지금은 그걸 말할 때가 아니니 나중에 다시 이야기하기로 하자.

높이부터 시작해 보자. 여기 삼각형이 있다.

AB를 밑변이라 부르기로 하고 그 길이를 안다고 하자. 밑변 AB와 마주 보는 꼭짓점 C에서 AB로 수선을 내리면 이렇게 된다.

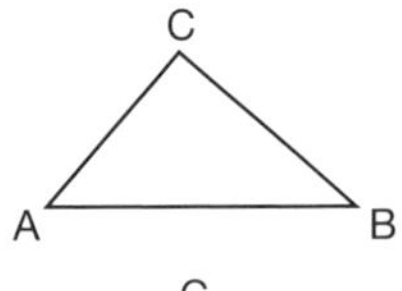

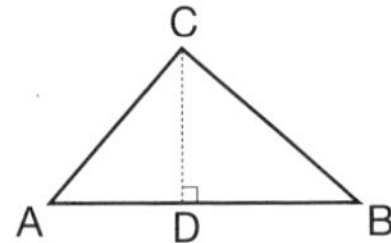

이 선분 CD를 높이라고 부른다. AB가 땅이고 여기에 텐트를 친다면 높이는 기둥인 셈이다. 다시 말해 밑변이 AB일 때 높이란 AB와 마주 보는 꼭짓점 C에서 밑변까지의 가장 짧은 길이라고 할 수도 있다.

여기까지 말한 아르키메데스는 한 박자 쉬면서 이솝을 올려다봤다.

"그러니까 지호가 말한 건 이거야. AB와 CD를 곱한 값의 반이 삼각형 ABC의 넓이라는 거지."

지호는 입을 삐죽했다. 아르키메데스가 뭔가 기발한 생각을 말할 줄 알았는데 자신이 아는 것과 아무 차이가 없다니 실망이었다. 이솝은 연달아 질문을 퍼부었다.

첫 번째 질문. "높이를 어떻게 찾아? 점 C에서 수직선을 어떻게 내려?"

두 번째 질문. "이런 삼각형은 높이가 뭐야?"

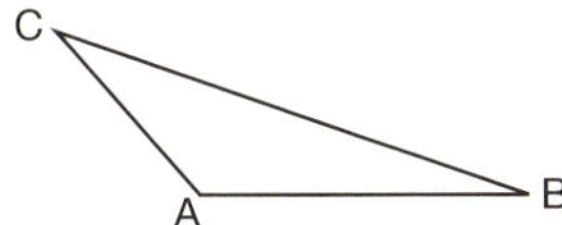

세 번째 질문. "$\dfrac{\mathrm{AB} \times \mathrm{AD}}{2}$ 라고? 그게 왜 넓.이.야?"

이 질문에는 모두 뜨끔했다. 삼각형의 넓이는 $\dfrac{\mathrm{AB} \times \mathrm{AD}}{2}$ 라고 배웠고 그 뒤로 당연하게 생각했는데, 이솝의 질문을 듣고 보니 뭔가 이상했다.

침묵을 깨고 모나가 더듬더듬 말을 꺼냈다.

"나도 이상한 게 있어. 잠깐만….."

모나에게도 질문이 생겼나 보다. 모나는 아르키
메데스가 그린 삼각형을 보면서 똑같은 삼각형을
하나를 그렸다.

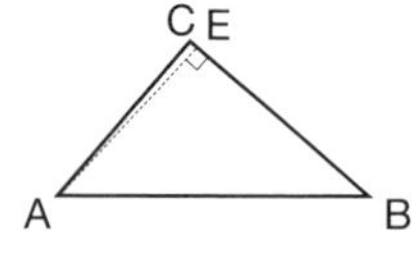

"아르키메데스 너에게는 AB가 밑으로 보이지만 내가 선 쪽에서는
BC가 밑으로 보이거든. 그러면 BC를 밑변으로 하고 A에서 내린 수선
의 발 E에 대하여 높이 AE를 찾아 곱하고 2로 나누면 이것도 넓이겠
지? 그럼 $\dfrac{AB \times CD}{2}$ 와 $\dfrac{BC \times AE}{2}$ 가 같아? 둘이 똑같은 삼각형이니까
같을 것 같긴 한데, 신기해. AB×CD와 BC×AE가 같다는 말이잖아?"

아르키메데스의 눈이 반짝거렸다. 지금까지 이 질문은 생각해 본 적
이 없었으며 어떻게 밝힐지 아직 모르겠다고, 더 생각해 보겠다면서 선
물을 받은 아이처럼 좋아라했다.

첫 번째 질문은 아르키메데스가 컴퍼스와 자를 가지고 와서 답했다.
이솝이 한두 질문을 했지만 간단히 끝이 났고 두 번째 질문으로 넘어갔
다. 그 질문은 지호가 받았다.

"높이란 삼각형의 밑변이 땅에 있을 때
밑변과 마주 보는 꼭짓점이 땅까지 얼마나
떨어졌느냐, 바로 그 길이야. 그러니까 꼭

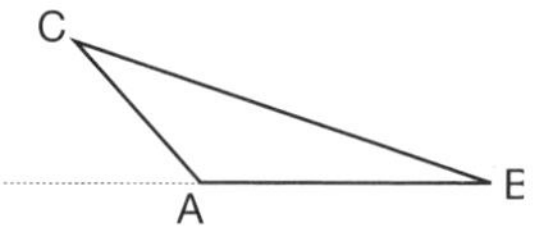

짓점 C에서 땅과 직각이 되게 그리면 높이가 나와. 일단 밑변 AB를 쭉
연장해. 이렇게 말이야.

그다음 쭉 수직선을 그리면 되지! 짠, 나왔지? 이 CD가 바로 둔각삼각형 ABC의 높이야."

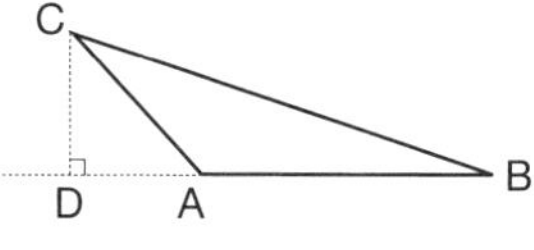

모두 박수를 쳤다. 이솝의 표정은 조금 어두웠다. 은우가 한 마디 보탰다.

"하나만 정확히 하자. 지호의 말에서 CD가 그냥 높이라고 하는 것보다 '밑변이 AB일 때' CD가 삼각형 ABC의 높이라고 해야 맞

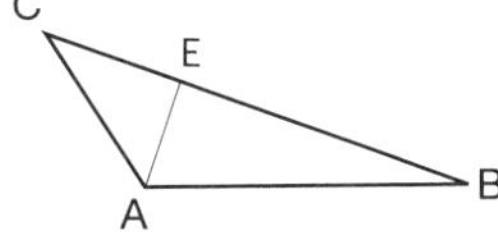

겠다. 아까 모나가 질문했듯이 밑변을 BC라고 보면 AE가 높이니까."

세 번째 질문은 아르키메데스가 답했다.

"넓이를 구하는 방법은 여러 가지가 있다고 했잖아? 세 변으로 계산해서 구하는 방법, 두 변과 끼인각으로 계산해서 구하는 방법. 그리고 밑변과 높이로 아는 방법 말이야. 그러니까 $\dfrac{AB \times CD}{2}$ 는 삼각형의 넓이를 나타내는 여러 방법 중 하나인 거지. 그 이야기로 넘어갈까?"

넷이 흔쾌히 동의했다. 그런데 아르키메데스가 좀 쉬자고 했다.

"우리 부모님께서 너희들 데리고 집으로 오라고 하셨거든. 가자."

아르키메데스 부모님이 차려 주신 음식을 배불리 먹은 후 모두 커다란 야외 극장으로 자리를 옮겼다. 언덕 중간에 반원 모양으로 돌계단이 있었고, 무대 반대편은 키가 큰 나무들로 둘러져 있었다.

삼각형의 넓이

무대 위에서 넓이 이야기가 이어졌다. 삼각형의 넓이를 알면 다각형의 넓이를 알게 되고, 다각형의 넓이를 알게 되면 원의 넓이도 알게 된다. 즉, **삼각형의 넓이**가 출발점이다.

여러 방법이 있지만 지호가 말한 방법부터 따져 보기로 했다. 아르키메데스는 양손에 1m쯤 되는 막대와 컴퍼스를 들고 있었다. 도형이 크고 깔끔하게 그려져 유용했다.

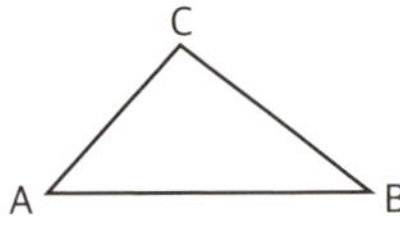

"삼각형의 넓이란 삼각형이 차지하는 정도를 수로 나타낸 거야. 나는 넓이가 이렇다고 생각해."

아르키메데스는 원래 삼각형보다 훨씬 커 보이는 삼각형을 옆에 그리며 말했다.

"저기 보이는 극장보다 이 무대가 차지하는 부분이 작고 이 삼각형은 무대보다 작아. 그리고 이 삼각형은 이 삼각형보다 덜 차지해. 넓이가 작다는 말이지."

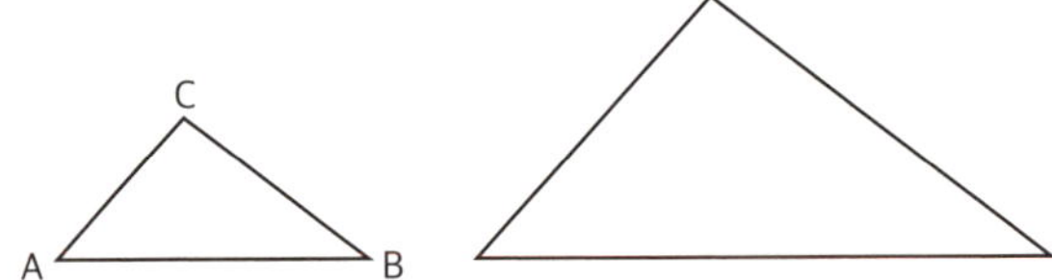

"이 울퉁불퉁한 무대나 계단형으로 된 극장이나 지구의 둥근 표면 같은 건 잠시 잊고, 평면에서 일어나는 일만 생각해 보자."

큰 넓이와 작은 넓이가 있듯이 넓이는 수로 표현할 수 있다.

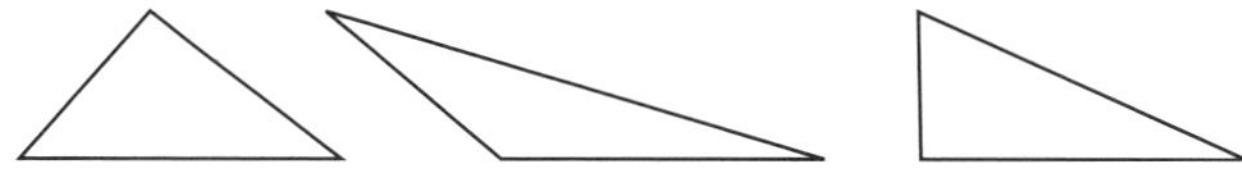

이 세 삼각형은 넓이가 같을까 다를까? 모양은 분명히 다르다. 확실히 합동도 아니다. 그렇다고 이들이 차지하는 정도가 다르다고 하기에는 아직 이르다. 삼각형의 변의 길이와 각도로 삼각형의 넓이를 아는 방법이 필요하다.

여기까지 아르키메데스가 말하자 이솝이 끼어들었다.

"넓이가 다른 것 같은데?"

아르키메데스는 이솝에게 되물었다.

"왜 그렇게 생각하는데?"

"나도 그렇게 보여. 처음 건 볼록해서 제일 클 것 같고, 중간 건 너무 뾰족해. 아마 제일 작을 거야."

지호도 거들었고 모나도 동의했다. 은우는 아니었다.

"달라 보인다고 진짜로 다르겠나?"

그렇다. 합동과 닮음은 두 삼각형을 포개 보면 느낌이 오지만 넓이는 그럴 수 없다. 게다가 삼각형이 아주 크면 눈으로는 판단하기 어렵다.

아르키메데스는 은우를 향해 엄지를 올렸다.

"그래. 넓이를 알아야 비교할 수 있지. 일단 이 세 삼각형의 밑변의 길이를 모두 같게 했어. 그리고 밑변을 한 직선 위에 놓았어. 이렇게 말이야.”

아르키메데스는 세 삼각형의 밑변이 한 직선 위에 있다는 것을 먼저 보였다.

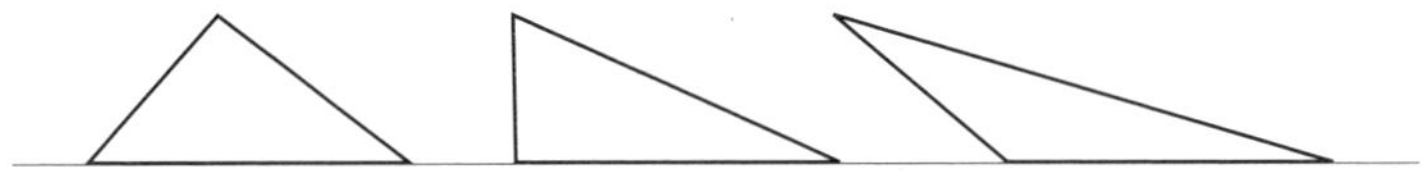

“이제 세 삼각형 중 한 꼭짓점을 기준으로 이 직선과 평행한 직선을 그을게.”

그러면서 막대와 컴퍼스만 써서 아주 정확해 보이는 평행선을 그었다. 평행은 닮음에서도 중요하더니 넓이에서도 그렇다.

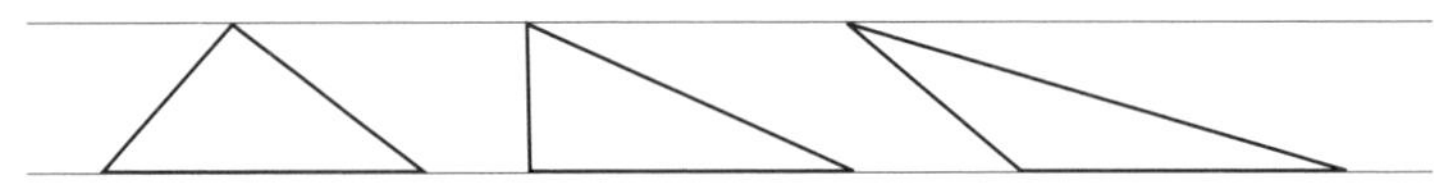

첫 번째 삼각형의 꼭짓점을 기준으로 평행선을 그었는데 그 평행선이 다른 두 삼각형의 꼭짓점을 정확하게 지나갔다!

“이 경우 세 삼각형은 평행한 두 직선에 동시에 걸쳐 있는 거야.”

모나가 “앗, 높이가 같다!”라 하고, 지호도 거들었다.

“그래, 세 삼각형의 높이가 같아! 아르키메데스, 너 처음부터 그렇게 삼각형을 만들었구나?”

아르키메데스는 미소로 답했다.

“왜? 왜 같아?”

이솝이 물었고 은우가 빠르게 그림을 그리며 답했다.

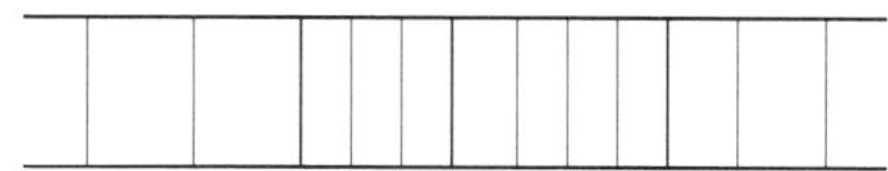

"두 직선이 평행선이고 어디서 내리든 거리가 같으니까 그렇지!"

아르키데메스가 이어서 말했다.

"이제 세 삼각형이 모양이 다르지만 밑변의 길이가 같고 높이가 같다는 사실을 알게 됐어. 이로부터 세 삼각형의 넓이를 어떻게 알 수 있을까?"

아르키메데스는 합동인 삼각형을 하나씩 더 만들어 붙여 사각형으로 모두 바꿨다!

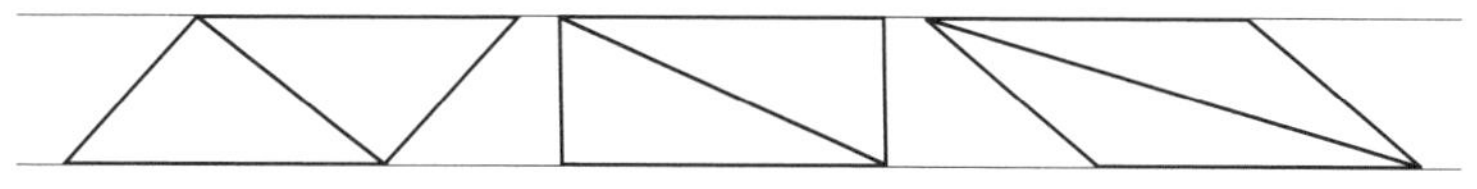

그다음 대각선을 지웠다.

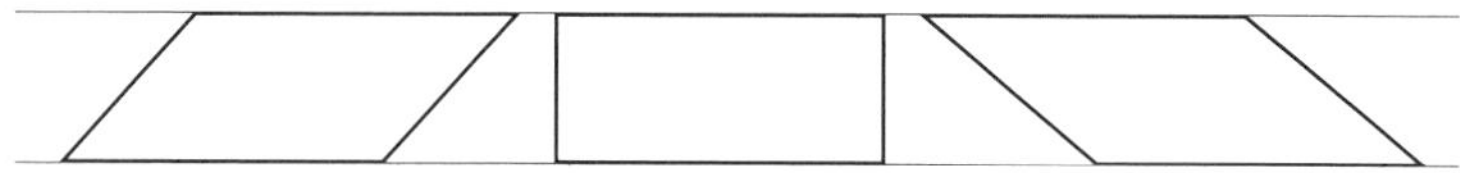

"각각 합동인 삼각형을 붙여서 세 평행사변형을 얻었어."

처음 봤을 땐 첫째 삼각형과 셋째 삼각형은 완전히 달라 보였는데 이렇게 보니 비슷하다! 놀란 모나와 지호가 합창했다. "어, 왜 사각형을 만들어?” 이솝도 놀란 눈치였는데 일말의 의심이 풀리지 않은 듯 “왜 이게 평행사변형이지?”라고 물었다.

은우가 둘째 직사각형에 대각선을 다시 그으면서 아르키메데스 대신 설명했다.

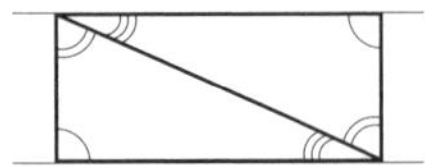

“두 삼각형이 합동이니까 세 내각이 같아. 변도 겹치고. 동위각이 같으니까 평행하다! 그래서 합동인 삼각형을 붙이면 변이 평행선에 포함되고 나머지 다른 두 변도 평행하니까 평행사변형, 오케이?”

이솝의 얼굴에 의심이 사라지는 것을 보고서야 은우는 들뜬 목소리로 말했다.

“어떻게 합동인 삼각형을 붙일 생각을 한 거야?”

아르키메데스는 “어느 날 가슴 속에 번개가 쳤어. 그때 기분은 아직도 생생해.”라고 하면서 가슴을 손바닥으로 톡톡 쳤다.

남은 부분은 은우가 마저 설명했다.

“우리는 지금 삼각형의 넓이를 밑변의 길이와 높이로 아는 방법을 찾고 있어. 그런데 삼각형의 두 배가 이 직사각형이야.

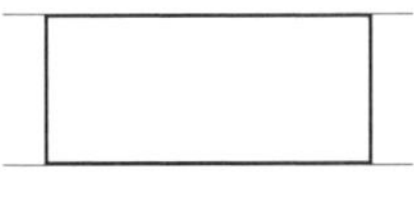

이 직사각형의 넓이는 **밑변의 길이**×**높이**이므로 삼각형의 넓이는 그것의 반이다. 즉, 삼각형의 넓이는 **밑변의 길이**×**높이의 반**이다.”

모두 은우의 말을 경청했다.

“이제 마지막 과정이야. 세 평행사변형의 넓이가 모두 같다는 사실을 보여야 해.

처음 두 사각형을 겹쳐 보자. 밑변의 길이가 같고 높이가 같으니 이렇게 되겠지.

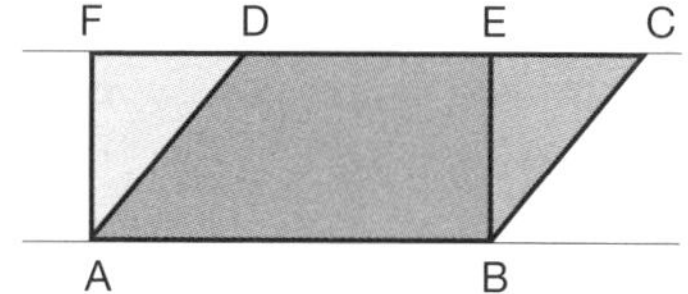

사각형 ABCD가 첫 번째 평행사변형이고 사각형 ABEF가 두 번째 평행사변형이야. 사각형 ABED로 겹쳐지지. 잘 봐."

은우는 줄을 맞춰 깔끔하게 썼다.

사각형 **ABCD** = 공통 사각형 **ABED** + 삼각형 **BCE**

사각형 **ABEF** = 공통 사각형 **ABED** + 삼각형 **ADF**

"이때 삼각형 BCE와 삼각형 ADF는 합동이야. 왜냐고? 우선 세 각이 각각 같다. 평행하니까!"

이 순간 모나는 "또 평행이야!"라며 머리를 쥐어 뜯었다.

"그리고 AD=BC야. 사각형 ABCD가 평행사변형이니까! 물론 BE=AF기도 하지."

사각형 ABCD와 사각형 ABEF는 같은 조각들의 모임이니 넓이가 같고

$$\text{사각형 } \textbf{ABCD} = 2 \times \text{삼각형 } \textbf{ABD}$$

$$\text{사각형 } \textbf{ABEF} = 2 \times \text{삼각형 } \textbf{ABF}$$

이므로 다음을 만족한다.

$$\text{삼각형 } \textbf{ABD} = \text{삼각형 } \textbf{ABF}$$

밑변의 길이와 높이가 같기만 하면 넓이는 같고, 삼각형의 넓이는 밑변의 길이와 높이의 곱의 반이다.

지호가 나섰다. "이솝아, 방금 은우가 한 말을 기호로 쓰면 간단히 나타낼 수 있어." 그러면서 이렇게 썼다.

$$\textbf{S} = \textbf{b} \times \textbf{h} \div 2, \ \text{즉} \ \textbf{S} = \frac{\textbf{bh}}{2}$$

"여기서 S는 삼각형의 넓이를 뜻하는 기호, b는 밑변(base)을 뜻하는 기호, h는 높이(height)를 뜻하는 기호야."

어느새 어둑어둑해졌다. 배에서 꼬르륵 소리가 났다. 이솝은 친구들 표정을 보다가 결국 "모르겠어."라며 말을 꺼냈다. 아이들이 한숨을 내쉬자 이솝은 이렇게 외쳤다.

"우리 저녁을 언제 먹는지, 저녁으로 어떤 맛있는 음식이 나올지!"

모두 웃음이 터졌고 누가 먼저랄 것도 없이 신나게 뛰었다.

다음 날 야외 극장에 다시 가게 됐는데 무대 위에 어제 그 삼각형들이 있었다.

이솝은 평행선 안에 밑변이 같은 삼각형들을 몇 개 더 그렸다. 그러더니 혼잣말을 했다.

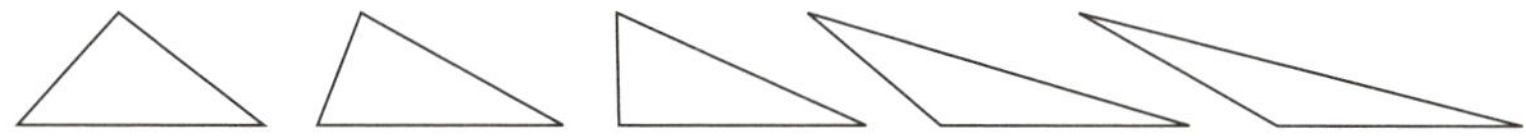

"아무리 그래도 그렇지. 이것들의 모두 넓이가 같다는 것이 믿기지 않는다니까."

모나와 지호가 격하게 동의했다. 아르키메데스는 반대였다.

"좀 더 생각해 보면 이 삼각형들의 넓이가 다르다는 게 안 믿길 거야. 밑변의 길이도 같고 높이까지 같은데 넓이가 다르다면 말이야."

다각형의 넓이

모두 아르키메데스의 방에 모였다. 아르키메데스의 방은 도형 천국이었다. 구, 각종 각기둥과 각뿔, 원기둥과 원뿔, 다면체 같은 입체가 구석구석 놓여 있었고 어떤 것은 천장에 끈으로 연결되어 흔들거렸다.

아르키메데스는 요새 원에 대해서 많이 생각했다고 말했다.

지호는 "완전히 둥근 것, 그게 원 아니야?"라고 물었다. 아르키메데스는 짧게 답했다.

"넓이. 원의 넓이."

"원의 넓이? '3.14 곱하기 반지름의 길이의 제곱'이잖아."

기하 탐험대는 당연하다는 표정이었지만 이솝과 아르키메데스는 무척 놀랐다.

"뭐, 뭐라고?"

잠깐만요. 여러분은 초등학교에서 방금 지호가 말한 대로 배웠습니다. '거의' 맞는 말입니다. 정확히 하면 3.14가 아니거든요. 3.14는 '파이'라고 부르는 신비한 수를 근사한 것입니다. 둘레를 나타내는 그리스 말이 π로 시작해요. 그래서 원의 넓이는 πr^2이라 쓰고 원의 둘레는 $2\pi r$로 쓰게 됐습니다. π를 조금 더 정확하게 표현하면 이렇습니다.

3.1415926535 8979323846 2643383279 5028841971 939937510
5820974944 5923078164 628620899…

소수점 아래 80자리까지 썼지만 그래 봤자 아주 조금 더 정확히 쓴 것일 뿐입니다. 사실 십진법으로는 끝없이 계속 써야 됩니다.

어쨌든 이 수는 3.142보다는 작죠? 3.141보다는 크고요. 대체로 3.14까지 쓰면 무방합니다. 이 수를 찾는 방법을 알아내고 3.14까지 처음으로 계산한 사람이 바로 아르키메데스입니다.

왜 아르키메데스는 지호의 말에 그렇게 놀랐을까요? 여러분이 지금 보고 있는 아르키메데스는 아직 소년입니다. 이 소년이 할아버지가 됐을 때 방법을 찾아내기 때문입니다.

그러니까 지금 소년 아르키메데스는 지호 이야기를 처음 듣는 것이 맞습니다. 그럼 소년 아르키메데스의 방으로 다시 돌아가겠습니다.

아르키메데스는 지호의 말을 전혀 이해하지 못했다. 사실 지호, 모나, 은우 모두 그저 외웠을 뿐 잘 모르고 있었던 것이다. 그래서 아르키메데스가 어떤 생각을 어디까지 했는지 들어 보는게 낫겠다고 판단했다.

아르키메데스의 말을 요약하면 이렇다.

(1) 삼각형의 밑변의 길이와 높이로 삼각형의 넓이를 알 수 있다.
(2) 모든 다각형은 삼각형으로 쪼개진다.

두 사실로부터 **다각형의 넓이**도 구할 수 있다. 다각형을 삼각형으로 쪼개서 삼각형 하나하나의 넓이를 구한 후 더하면 되니까 말이다. 예를 들어 사각형 모양의 땅을 이렇게 삼각형 두 개로 쪼갤 수 있다.

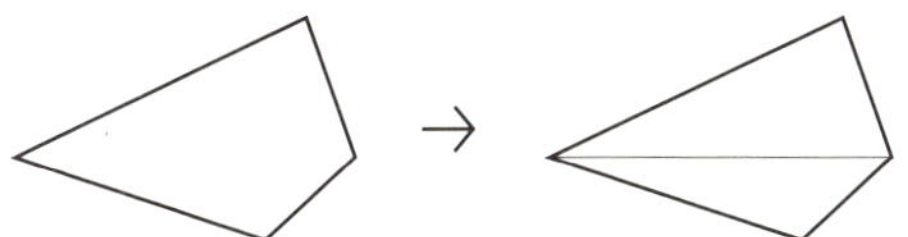

자른 선분을 밑변으로 하고 높이를 각각 찾아서 두 삼각형의 넓이를
구한 후 둘을 더하면 된다. 즉, 한 변을 고정해 놓고
차곡차곡 쌓는 것과 비슷하다.

높이가 이렇게 줄어든 이유는 무엇일까? 그것은 삼각형의 넓이를 구
할 때 '나누기 2'를 하기 때문이다. 이제 직사각형이 되었으니 넓이를 구
하기 쉽다. 땅이 아무리 복잡한 다각형 모양이더라도 넓이를 잴 수 있다.

더 복잡한 도형을 하나 보자. 하늘의 별자리 중 뿔이 있는 염소 모양
이라고 해서 '염소자리'라는 것이 있다.

여기서 삐쳐 나온 부분은 빼고 다각형 부분만 보자.

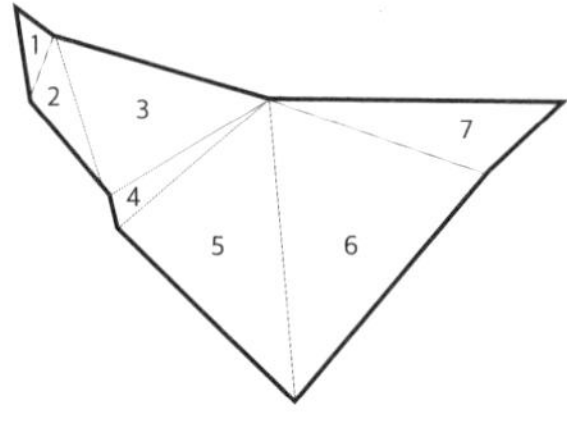

예를 들어 이렇게 쪼개고 삼각형 하나하나의 넓이를 찾아서 계산하여
모두 더하면 된다. 또는 변 하나를 이렇게 고정해 놓고

이 위에 삼각형 하나하나와 넓이가 같은 직사각형을 차곡차곡 쌓아 직사각형을 만들어도 된다.

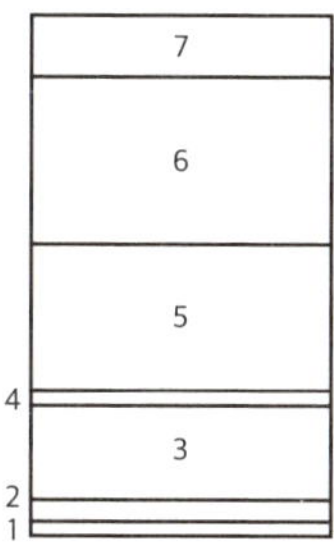

원의 넓이

"이 생각을 원에도 적용해 보자는 생각을 했지."

"원을 삼각형으로 쪼개서?"

은우의 물음에 아르키메데스는 잠에서 깬 듯 애매한 표정으로 "으, 음"이라 답했다.

아르키메데스는 벽에 그려 놓은 그림을 하나씩 가리키며 설명했다.

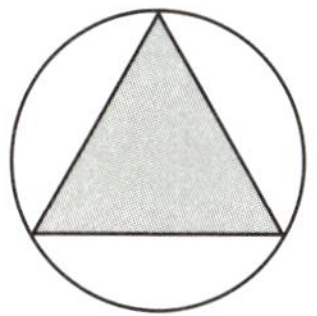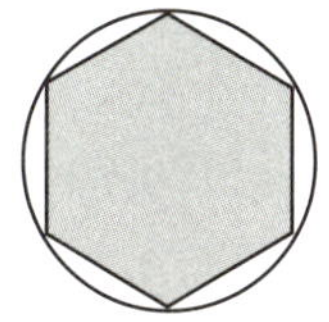

이 그림들은 원 위에 정다각형을 덧댄 것이다. 이렇게 하면 원과 정다각형의 차이가 줄어든다(아르키메데스는 다각형과 원의 넓이의 차이 나는 부

분을 숯으로 색칠했다)!

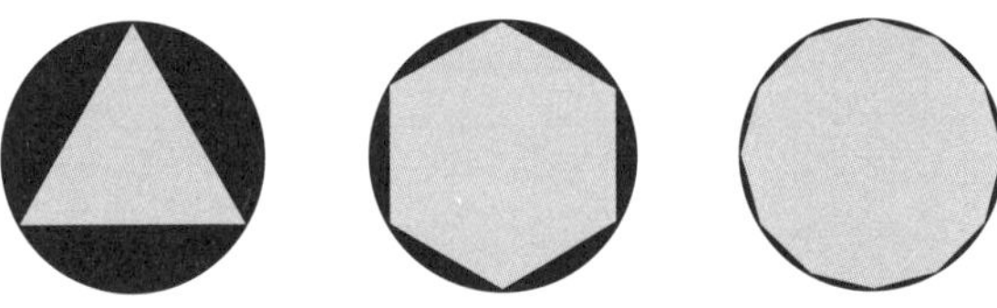

처음에는 정삼각형, 다음에는 정육각형, 그다음에는 정십이각형을 원에 딱 맞게 그려 넣었다. 아르키메데스가 일 년 전에 처음 이런 생각이 들었을 때만 해도 3 → 4 → 5 → 6 → …으로 늘렸다가 시행착오 끝에 4 → 8 → 16 → … 으로 늘리는 게 수월했다고 한다.

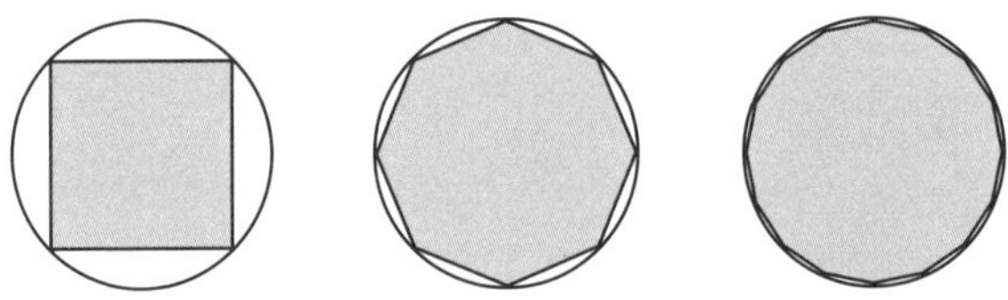

요즘에는 3 → 6 → 12 → …로 늘리는 게 계산하기 가장 쉬워서 이 방법으로 계속 도전하고 있다고 했다.

모나는 아르키메데스에게 계산기라도 갖다 주고 싶었다. 언제 끝날 줄 모르는 일을 하고 있는 아르키메데스가 대단했다.

아르키메데스가 "원과 정다각형의 차이가 줄어든다!"라고 말했을 질문 대장 이솝이 거침없이 물었다.

"차이가 계속 줄어들어? 언제쯤 원이 돼? 몇 단계까지 하는 거야?"

지호와 은우가 아마 정이십사각형이나 아무리 많이 가도 정사십팔각형 정도라면 **원과 넓이**가 같아질 것 같다고 대신 답했다. 그러나 아르키메데스는 고개를 저었다.

"이솝 말이 맞아. 원에 아주 가까워 '보이지만' 정말로 원과 차이가 없어질까? 아닐 거야. 예를 들어 96, 192, 384각형까지 하면 원의 넓이와 그 다각형의 넓이의 차이가 0.000000001보다 작아질까? 원과 다각형의 넓이의 차이가 한없이 작다는 것을 어떻게 보여야 할까? 아직 모르겠어."

$3 \to 6 \to 12 \to \cdots$ 로 늘어나면서 정다각형의 모양이 원과 비슷해지고 크기도 원과 같아진다? 그렇게 간단히 말할 문제가 아니라고 아르키메데스는 혼자 묻고 답했다.

"다각형의 꼭짓점을 아무리 늘려도 그 넓이는 원의 넓이와 다를 거야. 지금은 원이 아주 작아서 그렇지 저 원이 바다만큼, 아니 우주만큼 크다면 그 차이도 무시 못할 만큼 클 것이고."

너무 어두워져서 이야기는 거기서 끝이 났다. 기하 여행은 원래 1박 2일인데 이번에는 히파티아 님께 하룻밤을 더 보내도 된다고 허락을 받았다. 저녁을 먹고 바다에 나가 놀았다.

모두 바다로 떠난 이 시간 나는 아르키메데스의 방을 둘러본다. 이 그림을 보니 아르키메데스는 원의 넓이를 찾는 다른 방법도 생각하고 있는 게 분명하다. 그 중 하나를 소개하고 싶다.

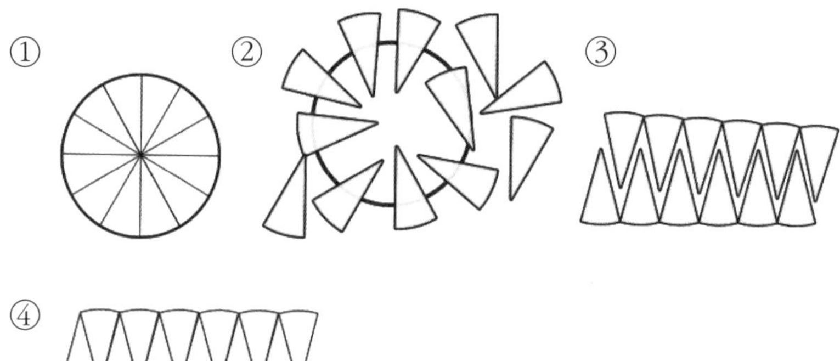

아르키메데스의 벽에는 ①번과 ④번 그림만 있었지만 여러분을 위해 중간에 그림 2개를 더 그렸다. 원을 12조각으로 잘라서 이로 물듯이 붙인 것이다. 중간에 이어진 선을 없애면 평행사변형과 '매우 비슷한' 이런 도형으로 바뀐다.

더 잘게 24조각으로 쪼개서 같은 방식으로 하면 이렇게 될 것이다.

12조각 낼 때보다 직사각형에 가까운 모습이다. 잘게 쪼갤수록 언젠가는 원의 넓이와 이렇게 나온 직사각형의 차이가 사라질 것이라고 보는 방법이다. 이 방법에도 문제는 있다. $12 \rightarrow 24 \rightarrow 48 \rightarrow \cdots$과 같이 아무리 잘게 쪼개도 과연 그런 직사각형이 원과 '완전히' 넓이가 같을까?

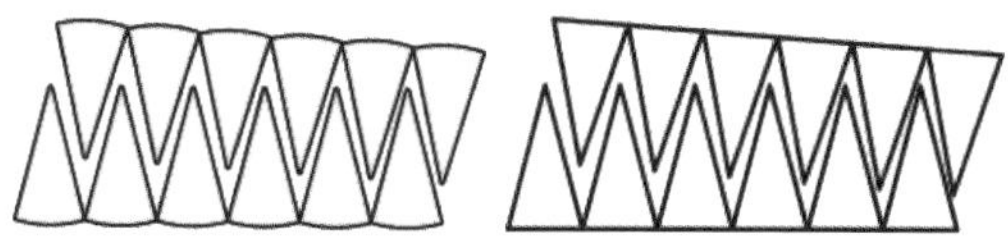

그러나 잘게 자를수록 삼각형들 하나하나의 밑변의 길이는 점점 0에 가까워진다. 만약 각이 직각이 된다면 그때 밑변의 길이는 0이 된다. 즉, 삼각형도 아니며 넓이가 0이라는 것이다. 0은 아무리 더해도 그 합이 0이다. 그럼 원을 무한히 잘게 쪼개서 '직사각형'을 만들 수 있을 때, 그 넓이는 0이라는 말인가? 알쏭달쏭하다.

그게 다가 아니다. 진짜 '직사각형'이 되고 넓이를 가진다고 해도 원의 둘레를 알아야 넓이를 계산할 수 있다.

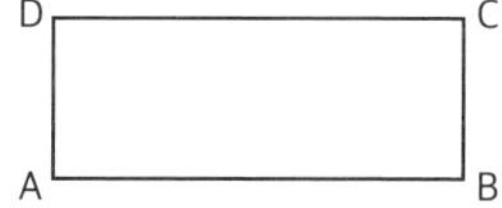

이 직사각형의 넓이는 $AB \times AD$인데 AD는 반지름이니까 우리가 안다고 해도 AB는 원의 둘레의 반이라 원의 둘레를 모르면 직사각형의 넓이를 알 수 없다. 즉, 이 방법은 여러 문제를 다 극복해도 마지막에 원의 둘레를 알아야 한다는 문제가 남는다. 원의 둘레를 아는 것은 원의 넓이를 아는 것만큼 어려운 일이다[8].

이 방법은 부채꼴의 넓이로 이어 주는 징검다리 역할도 한다. 원의 부

---

[8] 물론 우리는 원의 둘레가 $2\pi r$ 이라는 것을 알지만 왜 그런지 따지려면, 원의 넓이가 왜 πr^2인지 알아보는 것만큼 어려운 문제다. 다만 원의 둘레가 $2\pi r$ 이라는 것을 알면 AB는 πr 이고 AD는 r 이니까 넓이는 πr^2이다. 이 방법의 최대 장점은 원의 넓이를 수식으로 나타낼 수 있다는 것이다.

채꼴은 원의 일부다. 부채꼴은 원의 두 반지름이 각을 이루고 원의 둘레로 닫혀 있어야 한다. 예를 들면 이런 것들이다.

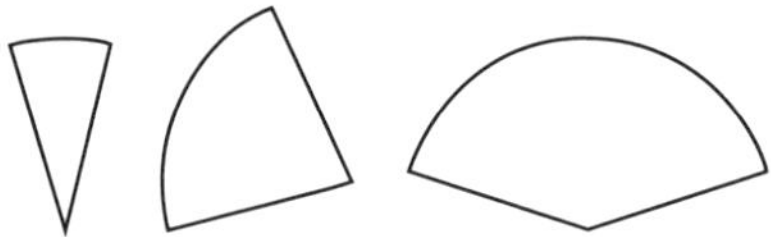

비슷하게 생겼다고 해서 모두 부채꼴인 것은 아니다.

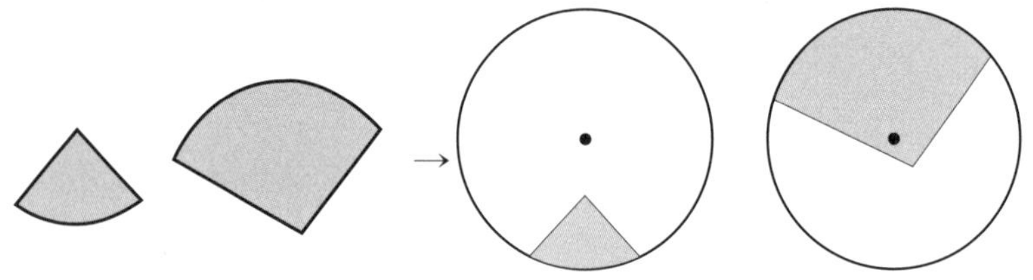

언뜻 보면 부채꼴 같다. 그러나 둘러싸인 부분을 둘레의 일부로 갖는 원을 만들면 각을 이루는 두 선분이 원의 중심과 이어지지 않는다.

부채꼴은 중심과 반지름을 담고 있기 때문에 부채꼴로부터 완전한 원을 복원할 수 있다.

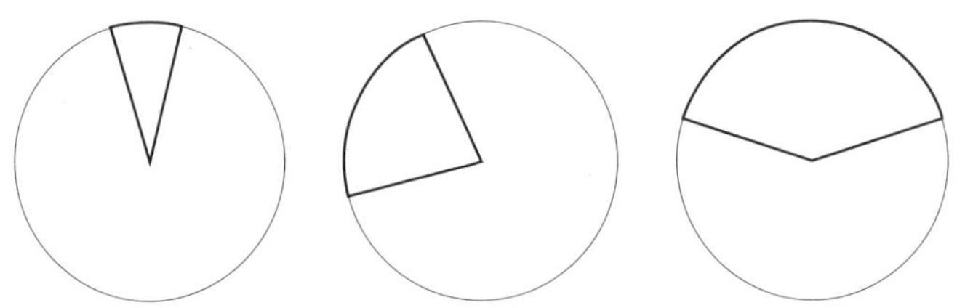

부채꼴 하나만으로는 이 부채꼴의 넓이를 찾기 어렵다. 그러나 이 부

채꼴이 떨어져 나오기 전 원래 원의 넓이를 안다면, 그리고 부채꼴을 이루는 각(중심각)의 크기가 얼마인지 안다면 **부채꼴의 넓이**를 구하는 것은 식은 죽 먹기다. 예를 들어 원의 넓이가 120이라 하자.

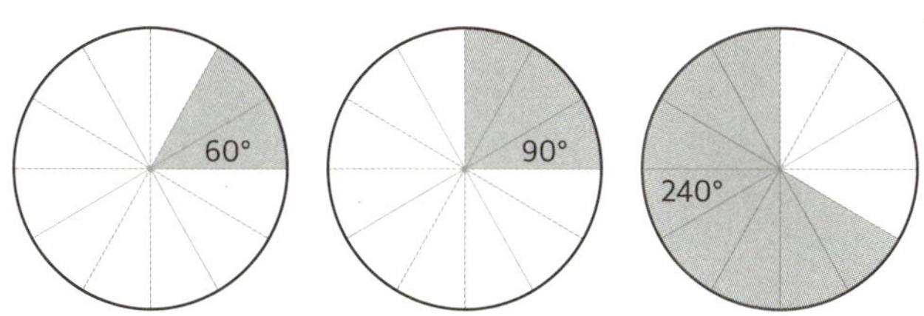

원을 12조각을 내면 각 조각의 넓이는 10이다.

60도는 두 조각(그래서 넓이는 20),

90도는 세 조각 (그래서 넓이는 30),

240도는 여덟 조각(그래서 넓이는 80)

이를 식으로 나타내면 다음과 같다.

$$120 \times \frac{60}{360} = 120 \times \frac{1}{6} = 20$$

$$120 \times \frac{90}{360} = 120 \times \frac{1}{4} = 30$$

$$120 \times \frac{240}{360} = 120 \times \frac{2}{3} = 80$$

요약하여 결론을 내리면 이것이다.

원의 넓이와 그 원의 부채꼴의 중심각을 알면 부채꼴의 넓이를 구할 수 있다. 원의 둘레를 알면 같은 방식으로 부채꼴의 둘레도 알 수 있다. 아르키메데스는 말하지 않았지만 원의 둘레를 알면 원의 넓이를 알 수 있다. 거꾸로 원의 넓이를 알면 원의 둘레를 알 수도 있다. 즉, 원의 넓이를 알면 많은 것을 알 수 있다.

다음 날 아침, 헤어져야 할 시간이 다가왔다. 스페이스 머신이 서서히 모습을 드러냈다. 기하 탐험대와 히파티아 님이 스페이스 머신 안에 들어갔다. 히파티아 님이 이솝에게 손을 내밀었다. 이제부터 이솝도 우리와 함께 기하 여행을 할 것이라며 안으로 들어오라고 했다. 이솝도 스페이스 머신을 쑥 통과했다. 아이들과 히파티아 님은 창밖 너머 아르키메데스를 향해 손을 흔들었다.

기하 탐험대가 삼각형의 넓이를 알게 된 순간, 내 마음 속에서 불꽃이 하나 튀었다. 마침내 그 불꽃을 찾았다. 여러분과 그것을 나누고 싶다.

세 각이 같은 두 삼각형 ACB, DCE를 다음과 같이 겹쳐 놓자.

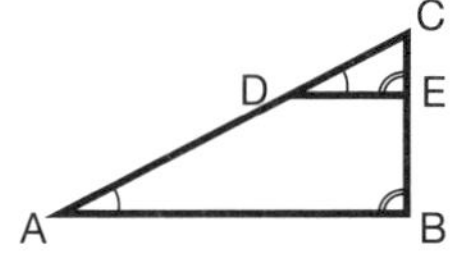

각 CDE와 각 CAB의 크기가 같으므로 두 변 DE와 AB는 평행하다. DE를 밑변으로 보면 두 삼각형 DEA와 DEB의 높이가 같으므로 넓이가 같다!

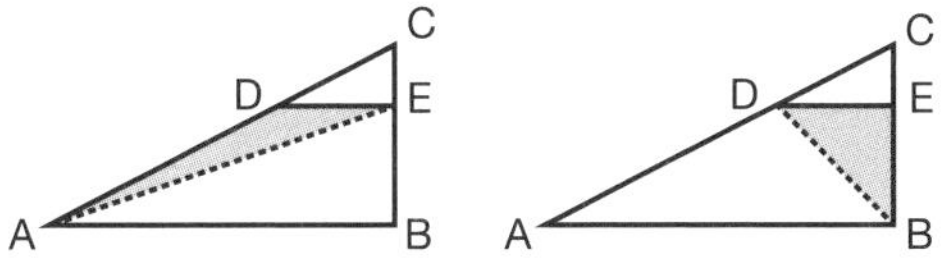

세 삼각형 DFE, DGE, DHE도 넓이가 같다.

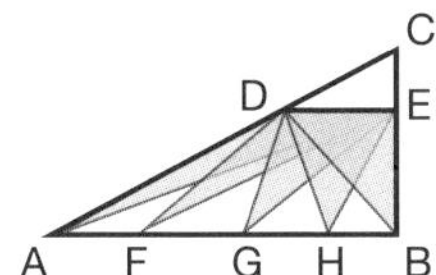

$$\text{삼각형 } \mathbf{DEA} = \text{삼각형 } \mathbf{DEB}$$

이고, 따라서 다음이 성립한다.

$$\frac{\text{삼각형 } \mathbf{DEA}}{\text{삼각형 } \mathbf{DEC}} = \frac{\text{삼각형 } \mathbf{DEB}}{\text{삼각형 } \mathbf{DEC}}$$

이때 삼각형 DEA는 밑변이 AD, 꼭짓점이 E인 삼각형이고 삼각형 CDE는 밑변이 CD고 꼭짓점이 E인 삼각형이다. 따라서 두 삼각형 DEA와 CDE의 높이가 같다. 그 높이를 h라 하면 위 비례식은 이렇게 쓸 수 있다.

$$\frac{\frac{1}{2}\mathbf{AD} \times h}{\frac{1}{2}\mathbf{DC} \times h} = \frac{\text{삼각형 } \mathbf{DEB}}{\text{삼각형 } \mathbf{DEC}}$$

마찬가지로 두 삼각형 DEB와 삼각형 DEC에도 공식을 유도할 수 있다. 대신 높이가 h와 다를 수 있으니 g라고 쓰겠다.

$$\frac{\frac{1}{2}\,AD \times h}{\frac{1}{2}\,DC \times h} = \frac{\frac{1}{2}\,BE \times g}{\frac{1}{2}\,EC \times g}$$

약분하면 다음을 얻는다.

$$\frac{AD}{DC} = \frac{BE}{EC}$$

이로부터 다음 사실을 알게 된다.

$$\frac{AC}{DC} = \frac{BC}{EC}$$

세 각이 같으면 대응하는 두 변이 비례한다!

사실 이것은 세 번째 기하 여행에서 은우가 이미 밝힌 내용이다. 하지만 굳이 여러분에게 다시 전하는 데에는 여러 이유가 있다. 첫째, 이번에는 넓이의 성질로 닮음의 성질을 밝혔다. 둘째, 같은 사실이라도 다르게 밝히는 것은 좋은 습관이다. 셋째, 은우와 다른 방식으로 답을 찾은 것이 기쁘고 자랑스러웠다. 스스로 생각하는 기쁨을 여러분도 알았으면 좋겠다. 이 책을 읽는 동안에도, 학교에서 수업을 들을 때에도….

직각삼각형의 기하학

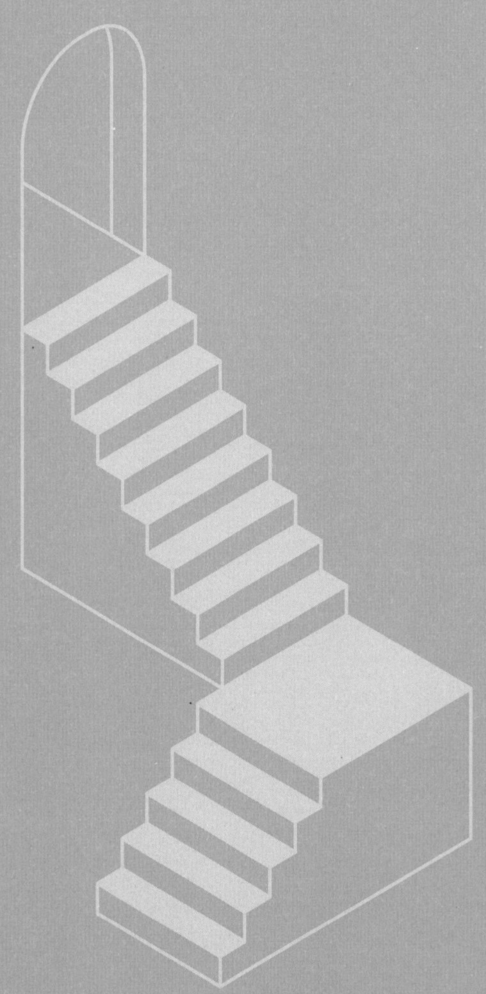

직각삼각형, 피타고라스 정리, 피라미드, $\sqrt{2}$

∞ 직각삼각형의 기하학 안내자
유휘(220년경~280년경)

고대 중국의 수학자. 삼국시대의 위나라 출신으로 중국 수학의 고전인 《구장산술》을 편집하고 해설해서 후세에 크게 영향을 주었다. 육지에서 막대기 하나로 섬에 있는 산의 높이를 재는 방법을 알아냈다. 원주율 파이 값의 계산을 대폭 개선하였다.

다섯 번째 기하 여행의 주인공은 직각삼각형이었다. 아이들이 모여 여러 이야기를 나누는데 '피타고라스 정리가 봉우리'라는 말이 나왔다. 곧 피타고라스는 까마득한 옛날 사람의 이름이라는 것이 밝혀졌다. 이솝이 말했다.

"유클리드 님이 그 이름을 자주 말씀하셨어. 유클리드 님은 '위대한 우리의 피타고라스 님'이라고 하시면서 두 손을 가슴에 얹곤 하셨지. 유클리드 님보다 몇 백 년 전에 살았던 분 같아."

그래서 이번 여행은 유클리드 님의 시간보다 더 옛날로 가는가 보다 했다. 스페이스 머신의 문이 열린 곳은 인적 없는 숲이었다. 담장 너머 멀지 않은 곳에 직사각형 모양의 연못이 나왔다. 사람이 보였다.

수염을 기르고 도포를 입은 사람이 연못 가운데를 보고 서 있었다. 그 사람은 연못 가운데에 머리를 내민 갈대를 갈퀴로 잡아당겼다. 갈대의 끝이 정확하게 연못가에 닿았다.

히파티아 님이 그에게 다가갔다. 그는 돌아서더니 두 손을 맞잡고 정중하게 인사를 했다. 그의 말로는 지금은 위나라, 촉나라, 오나라가 공존하는 중국의 삼국 시대이며, 자신은 위나라 사람이라고 했다.

"내 이름은 유휘야. 반갑다, 은우, 모나, 지호, 이솝."

연못의 직각삼각형

그는 곧장 본론으로 들어갔다.

"우뚝 선 저 나무를 봐. 내 집의 저 담과 기둥도 잘 봐야 해. 저마다 다르지만 공통점이 하나 있지. 그게 뭘까?"

네 번의 기하 여행으로 한껏 성장한 덕분에 '똑바로 서 있다', '수직으로 서 있다'라는 말에 이어 마침내 '선 것이 땅과 직각이다'라는 기하의 언어로 다듬어 말했다. 유휘는 과연 놀랐다.

"오, 직각을 그렇게 쉽게 말로 할 줄 알다니! 제법이야."

갑자기 유휘는 머리에서 날벌레를 털어내는 사람처럼 머리를 흔들었다.

"저기 연못을 봐라. 머리를 물 밖으로 낸 저 갈대를. 나는 물 안에 잠긴 부분의 길이를 알고 싶었다. 갈대를 뽑는 대신 기하의 눈으로 저 갈대를 보고 싶었지. 그리곤 마침내 알아냈다. 얼마나 기쁘던지!"

유휘는 나무판에 먹물로 쓴 것을 보여 줬다. 거기에는 이런 그림과 숫자가 있었다.

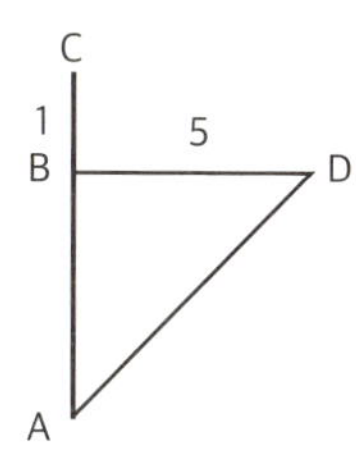

$$BD = 5,\ BC = 1,$$
$$5 \times 5 = 25,\ 1 \times 1 = 1,$$
$$25 - 1 = 24,$$
$$1 \times 2 = 2,$$
$$24 \div 2 = 12 = AB$$

아이들의 표정은 한결같았다.

'뭐가… 뭐지?'

"너희들, 기하의 눈이 다 열리지는 않았구나?"

유휘는 직육면체 모양의 나무통을 가져왔다.

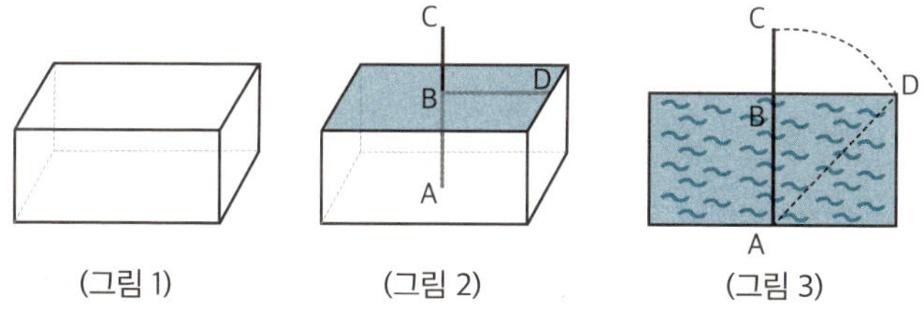

(그림 1)　　　　(그림 2)　　　　(그림 3)

통을 비우고 바닥에 흙을 넣고 물을 채웠다(그림 1). 그다음 직선 막대 하나를 꽂았다(그림 2).

"물에 잠긴 부분의 길이는 AB의 길이일 것이다. 먼저 물 밖으로 나온 부분 BC의 길이를 쟀다. BD의 길이야 옛날부터 알고 있었고 말이야. 이제 이 그림이 무엇인지 알겠지?"

은우를 뺀 셋은 모두 고개를 저었다. 유휘는 씩 웃더니 그림 하나를 더 그렸다(그림 3). 이제 지호와 모나도 알겠다는 표정을 했다. 그러니까 연못을 축소한 것이 직육면체 통이고 이를 옆에서 본 것이 그림 3인 것이다. 그러나 이솝은 아직 이해가 되지 않았다. 이솝의 질문은 C와 D를 잇는 점선이 뭐냐는 거였다.

"바로 호야. 원 둘레의 일부. 뿌리 A가 중심이고 AC가 반지름인 원 말이야. 내가 갈퀴로 갈대를 끌어오니 갈대 끝이 연못의 끝과 정확하게 일치했거든. 그래서 갈대의 끝이 C에서 D로 원의 호를 그리는 거고."

"그림은 알겠는데 옆의 숫자들은 뭔지 모르겠어요."

모두 모나의 의문에 모두 동감한다는 듯이 고개를 끄덕였다. 유휘는 두 그림을 나란히 놓았다.

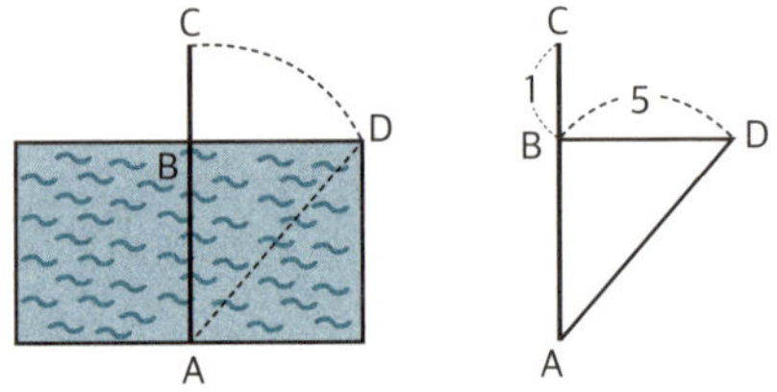

"우리 눈은 물, 갈대, 연못 그 너머를 봐야 해. 기하의 눈으로 보면 오른쪽 그림이 되는 것이고 BC와 BD를 알 때 AB를 구하는 문제가 되는 거야. 여기서 중요한 것은 각 ABD가 **직.각.**이라는 거지. 따라서 두 삼각형 ABD, CBD는 둘 다 **직각삼각형**이야."

기하 탐험대는 직육면체 통에서 길이를 쟀다. 작은 막대를 가져와 그것을 1로 놓고 재니까 BC는 1이었고 BD는 5였다. 유휘의 수치와 동일

했다. 유휘는 노래하듯 흥얼댔다.

BD는 5, BC는 1. BD와 BD를 곱하여라. BC와 BC를 곱하여라. 앞에서 뒤를 빼라. 이것이 분자다. BC를 두 배하라. 이것이 분모다. 분자에서 분모를 나누어라. 그것이 AB이리니."	$BD = 5,\ BC = 1,$ $5 \times 5 = 25,\ 1 \times 1 = 1,$ $25 - 1 = 24,$ $1 \times 2 = 2,$ $24 \div 2 = 12 = AB$

AB의 길이를 확인해 보기로 했다. 정말 12번 만에 작은 막대와 AB의 끝이 정확히 일치했다!

유휘는 이번에 BD의 길이가 10, BC의 길이가 2라면 AB의 길이는 얼마겠냐고 질문했다. "24겠죠."라고들 답했고 유휘가 5와 1 대신 10과 2로 바꿔서 방금 전 그 노래를 하니 정말 결과가 24였다. "역시, 제법이야."라고 하면서 유휘는 수를 이렇게 바꿨다.

BD의 길이는 3, BC의 길이는 1로 놓고 노래하며 따라하라고 했다. 함께 흥얼흥얼하니 AB의 길이가 4로 나왔다. BD의 길이를 8, BC의 길이를 2로 놓고 같은 과정을 반복했다. AB의 길이는 15였다.

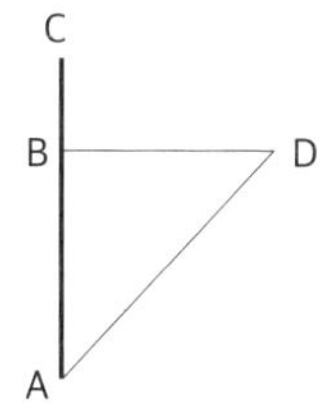

$$BD=3,\ BC=1 \quad \rightarrow \quad AB=4$$
$$BD=5,\ BC=1 \quad \rightarrow \quad AB=12$$
$$BD=8,\ BC=2 \quad \rightarrow \quad AB=15$$

유휘는 중얼중얼하다가 붓을 들었다. "AB+BC=AC다. 그것은 AD와 같다."라고 말하더니 줄을 맞춰 이렇게 썼다.

BC=1, AB=4 → AD=5	즉,	BD=3, AB=4, AD=5
BC=1, AB=12 → AD=13	즉,	BD=5, AB=12, AD=13
BC=2, AB=15 → AD=17	즉,	BD=8, AB=15, AD=17

아이들은 전혀 모르는 눈치였지만 사실 나는 짐작했다. 아니나 다를까, 유휘가 마저 쓰자 내 짐작이 맞았다는 걸 알게 됐다.

BD=3, AB=4, AD=5	따라서	9+16=25
BD=5, AB=12, AD=13	따라서	25+144=169
BD=8, AB=15, AD=17	따라서	64+225=289

잠시 후 은우의 눈동자가 두 배로 커졌다. 유휘가 덧붙였다.

"BD는 3, 그것을 변으로 만든 정사각형의 넓이는 9요, AB는 4, 그것을 변으로 만든 정사각형의 넓이는 16이요, AD는 5, 그것을 변으로 만든 정사각형의 넓이는 25요, 작은 정사각형 9와 중간 정사각형 16을 더하면 큰 정사각형 25고…."

지호가 말을 가로챘다.

"에이, 유휘 삼촌. 언제 다할래요? 우리는 이렇게 말해요." 그러더니

'제곱'이라는 말을 넣어 유휘를 흉내 내며 흥얼대면서 한 열을 더 썼다.

$$BD=3,\ AB=4,\ AD=5 \quad\rightarrow\quad 9+16=5 \quad\rightarrow\quad 3^2+4^2=5^2$$
$$BD=5,\ AB=12,\ AD=13 \quad\rightarrow\quad 25+144=169 \quad\rightarrow\quad 5^2+12^2=13^2$$
$$BD=8,\ AB=15,\ AD=17 \quad\rightarrow\quad 64+225=289 \quad\rightarrow\quad 8^2+15^2=17^2$$

마무리까지 똑 떨어지게 했다.

$$\mathbf{BD}^2 + \mathbf{AB}^2 = \mathbf{AD}^2$$

유휘가 말했다. "이것이 바로 직각삼각형의 힘이다!"

피라미드의 직각삼각형

담장 너머에서 개 짖는 소리가 들렸다. 유휘와 나이가 비슷해 보이는 두 사람이 나타났다. 한 사람은 나일, 한 사람은 티그리스라고 했다. 먼저 나일이 말했다.

"반가워요. 유휘 저 친구가 또 무슨 장난을 치나 궁금해서 왔죠."

티그리스가 끼어들었다.

"저 친구 어찌나 잘난 척하는지. 올까 말까 했다니까요. 그래도 기하 탐험대가 방문한다는데 그냥 지나칠 수는 없죠."

나일이 유휘의 그림과 숫자를 보며 말했다.

"아하, 직각삼각형의 힘을 말하고 있군!"

티그리스도 눈을 동그랗게 뜨고 똑같이 말했다.

"맞네. 직각삼각형의 힘! 그거라면 나도 할 말이 있는데."

나일과 티그리스는 서로 먼저 말하겠다고 다시 티격태격했다. 결국 나일이 먼저 하는 것으로 정해졌다. 나일은 자신이 이집트 나일 강의 딸이므로 위대한 건축물 **피라미드**로 직각삼각형의 힘을 소개하겠다고 말했다. 다음은 나일의 말을 정리한 것이다.

모든 위대한 건축은 직각을 중시한다. 이집트의 건축도 그렇다. 나일은 피라미드를 축소한 모형을 보여 줬다.

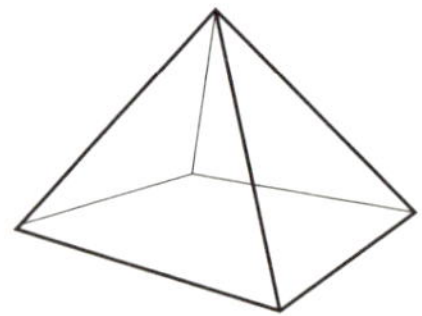

언뜻 보면 직각삼각형이 없는 것 같지만 기하의 눈으로 보면 다르다. 먼저 이 피라미드를 위에서 내려다보자고 했다.

대각선이 꼭짓점에서 교차하는 정사각형 모양이었다. 정사각형은 네 변이 모두 같고 네 각이 모두 직각인 사각형이다. 그래서 정사각형 안에 이런 직각삼각형들이 존재한다.

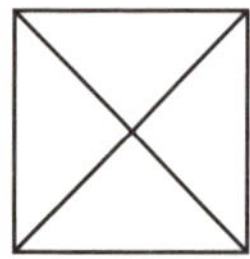

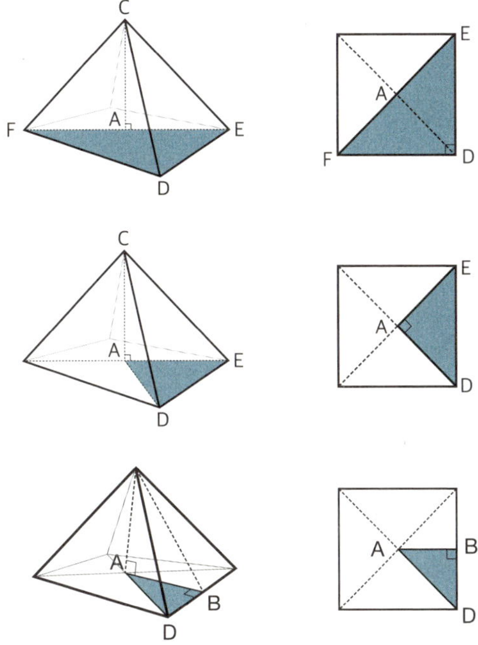

지금까지 본 직각삼각형들은 모두 이등변삼각형이자 직각삼각형이므로 크기는 다르지만 모양은 같다. 즉, 닮음이다. $2 \times \triangle ABD = \triangle EAD$이고, $2 \times \triangle EAD = \triangle EDF$이다.

그게 다가 아니다. 피라미드를 반으로 뚝 자른다면 단면은 삼각형일 것이다.

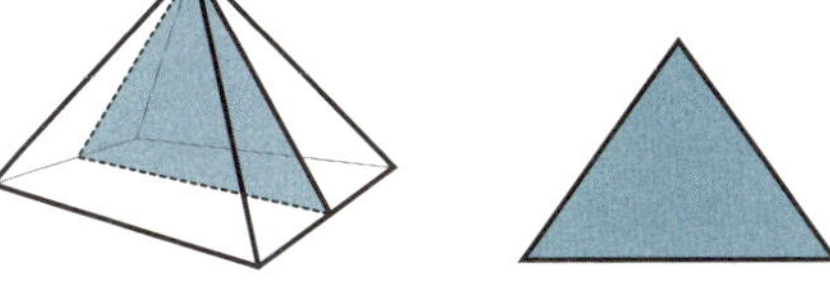

그 삼각형을 다시 반으로 자르면 직각삼각형 CAB가 된다. 직각삼각

형은 이렇게 피라미드 속에 꼭꼭 숨어 있다.

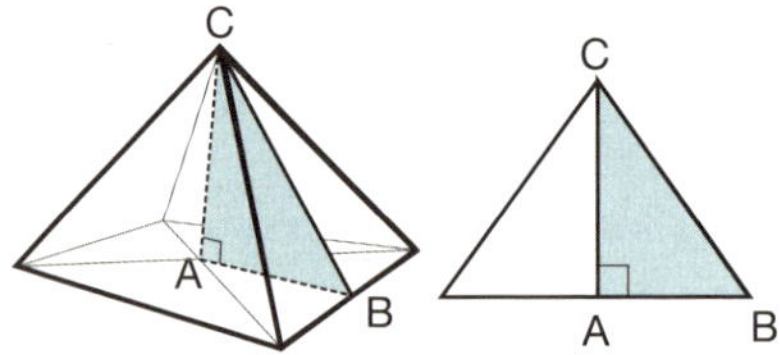

아직 끝이 아니다. 직각삼각형이 여기저기에 있다.

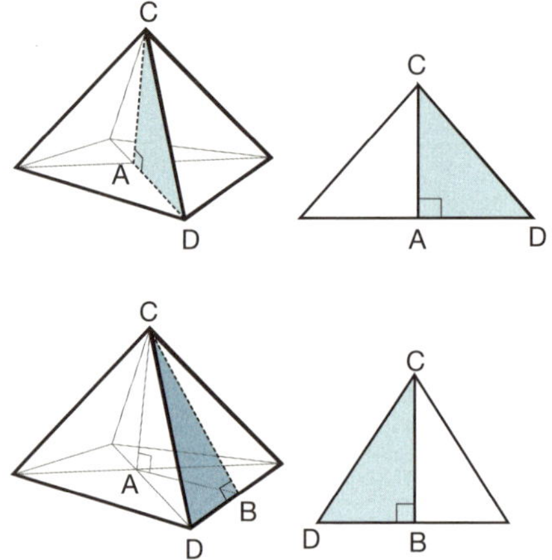

"언제 끝나요?"

모나가 나일에게 물었다. 궁금해서 묻는 건 아닌 것 같았다.

"그래서요? 직각삼각형이 많다는 게 직각삼각형의 힘이에요?"

은우도 질문했다. 나일은 적지 않게 실망한 표정이었다.

"됐어, 그만할래."

나일은 피라미드를 챙겼다. 기하 탐험대는 이 이야기를 들어야 기하 여행이 모두 끝나면 시험을 볼 수 있을 거라고, 제발 끝까지 이야기해 달라고 부탁했다. 그제서야 식식대던 나일도 한숨을 길게 쉬고 다시 피라미드를 제자리에 놓으며 말을 이어갔다.

"좋다. 그렇다면… 지금까지 말한 직각삼각형들만 따로 보겠다."

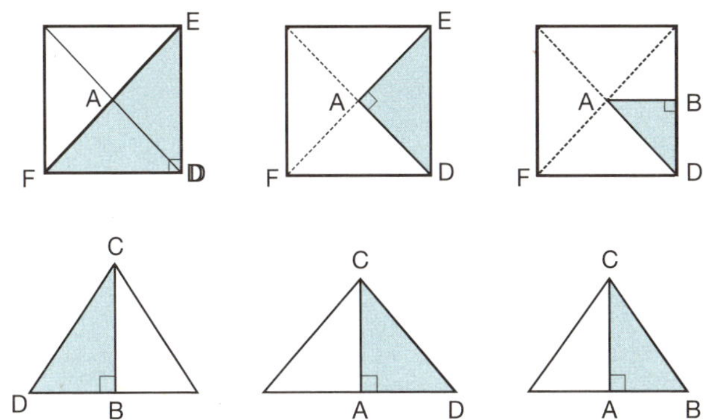

기하 탐험대는 나일의 설명을 더 열심히 듣는 척했다. 이솝이 정중하게 질문했다.

"나일 님. 위대한 피라미드에 직각삼각형이 많다는 것을 알았습니다. 그런데요, 그것 말고도 중요한 것이 남은 거죠? 유클리드 님께서도 '위대한 피라미드'에 대해 말씀하셨지만 자세히 듣지 못했습니다. 말씀해 주세요."

나일은 피라미드 모형과 그동안 보여 줬던 직각삼각형을 하나씩 가리키며 말했다.

"결론부터 말하면 이것이다. 피라미드의 밑면인 정사각형의 한 변 FD와 피라미드의 높이 CA만 결정하면 다른 모든 변의 길이를 알 수 있다.

딱 한 가지 원리만 쓰면!"

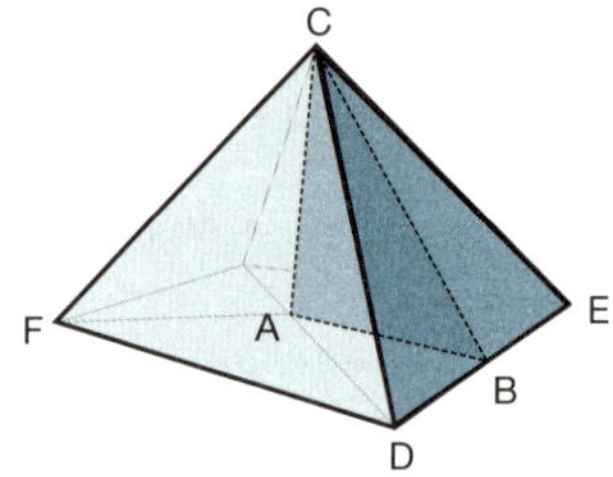

나일은 기하 탐험대가 탄성을 지르며 박수를 칠 줄 알았는데 아이들의 표정을 보니 기대와 딴판이었다.

"무슨 말인지…요?"

모나가 조심스럽게 질문했다. 나일은 조바심을 내며 말했다.

"여기 높이 CA와 밑변 FD만 결정하면 남은 변들의 길이를 모두 알 수 있다고! 먼저 AB는 FD의 반이니까 AB를 아는 거고, 그래서 AB와 높이 CA로부터 BC를 알 수 있고, 또….”

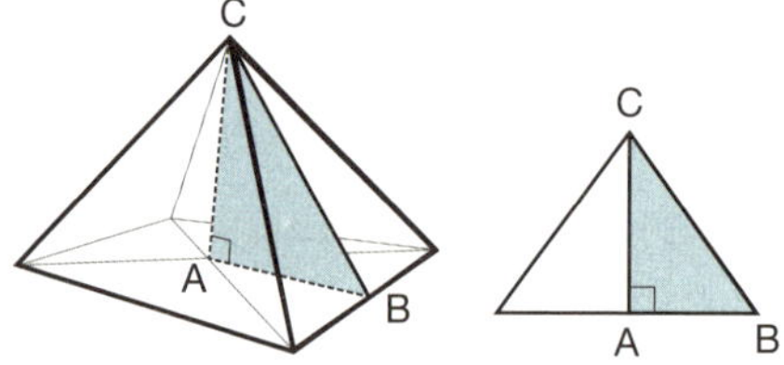

"재면 되는 것 아니에요?"

나일은 지호의 질문이 실망스러웠지만 아무 반응이 없는 것보다는 나은 것 같았다.

"좋아. 더 자세히 말하지. 피라미드가 이미 만들어졌다면 잴 수도 있지. 사실 피라미드는 매우 거대해서 재는 건 불가능할 거야.”

이제서야 주변에 열기가 느껴졌다.

“설계자 입장이 돼 봐. 변의 길이를 알아야 넓이, 부피를 알고 그래야 돌을 얼마나 준비하고 어느 정도의 각도로 쌓을지 결정할 것 아니야!”

멀리서 보면 삼각형 모양이지만 실제로 피라미드를 만들 때는 이렇게 계단 모양이고, 엄청나게 크고 무거운 돌을 쌓아 올려야 하며 피라미드의 구석구석이 맞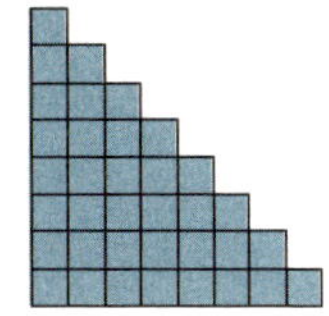아떨어져야 아름다운 모양이 나오기 때문에 미리 각의 크기와 변의 길이를 모두 알아야 한다. 직각삼각형의 높이 CA와 밑변 FD만 결정하면 모든 것이 ‘계산만으로’ 나온다는 것이었다. 게다가 딱 한가지 원리만 쓰면 된다는 것!

“그 하나의 원리가 혹시… 피타고라스 정리인가요?”

조심스러운 은우의 질문에 나일은 어리둥절하며 되물었다.

“뭐? 피타고 무슨 정리?”

피타고라스는 사람의 이름이고 그 분의 이름을 딴 정리라고 지호가 말했지만 소용없었다. **피타고라스 정리**는 직각삼각형에서 **밑변의 길이의 제곱과 높이의 제곱의 합은 빗변의 길이의 제곱과 같다**는 사실이라고 말하자 그제서야 유휘, 티그리스, 나일은 알겠다는 표정을 지었다. 유휘가 그림을 그리면서 말했다.

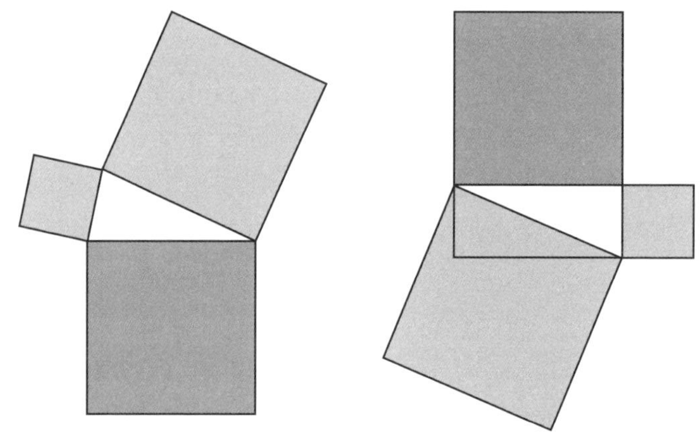

　"변의 제곱은 정사각형의 넓이니까 그 말도 맞다. 직사각형이 있을 때 두 변으로 만든 정사각형 둘을 더하면 대각선으로 만든 정사각형과 같다는 말도 되지. 이걸 피타고 정리라고 부른다는 말이지?"

　"피타고 정리 아니고 피타고라스 정리요."

　지호의 지적에도 유휘는 고집을 꺾지 않았다.

　"피타고 정리는 불세출의 정리다. 아니 불(不), 세상 세(世), 나갈 출(出). 즉, 좀처럼 세상에 나오지 않을 정도로 탁월한, 견줄 게 없을 만큼 훌륭한 정리라는 말이지."

　나일은 지금은 자기가 말을 하는 시간이니 집중해 달라고 하며 설명을 이어갔다.

　"직각삼각형이면 밑변의 길이 제곱 + 높이의 제곱 = 빗변의 길이 제곱이 성립한다. 이때 '직각삼각형' 이라는 조건이 중요하다."

나일은 질문할 틈을 주지 않고 계속했다. "다른 각이 무엇이든 상관없다. 한 각이 직각이고 직각과 마주 보는 변이 빗변이고 남은 두 변이 밑변과 높이라고 하면 항상 그 법칙이 통한다."

그러면서 땅에 나뭇가지로 온갖 직각삼각형을 그렸다.

"처음에 밑변 AB와 높이 CA를 결정했고 각 CAB는 직각이니까

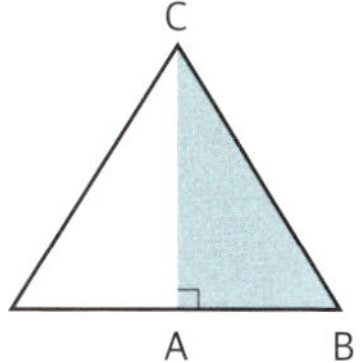

$$AB^2 + CA^2 = CB^2$$

이고, 모르는 CB를 계산으로 알 수 있다. 예를 들어 AB가 3, CA가 4면 $3^2 + 4^2 = 5^2$으로부터 CB는 5다."

유휘가 거들었다. "AB가 5, CA가 12면 CB는 13이다. $5^2 + 12^2 = 13^2$!"

나일의 말이 이어졌다.

"뭐라고 했지? 아, 피타고 정리! 그것을 쓰면 이제 BC를 알 수 있지."

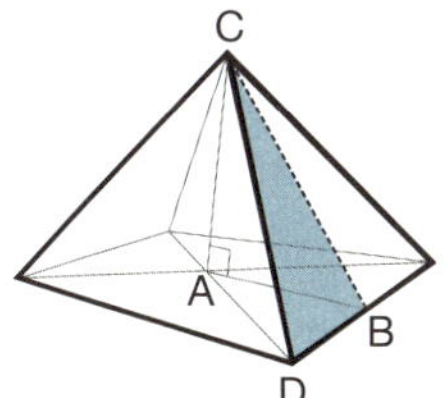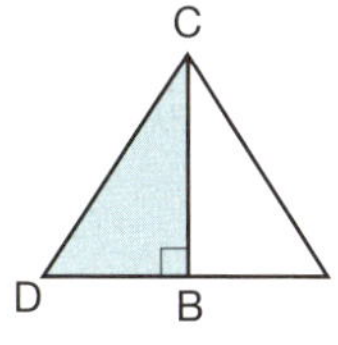

"그리고 BD를 아니까 CD도 계산할 수 있다. CD는 피라미드의 모서리의 길이다. 게다가 CD와 BD를 알면 '삼각형은 각과 변들이 끈끈하게 연결돼서' 경사각 CDB의 크기도 알 수 있다."

모나가 "어떻게 BD를 알아요?"라고 물었고, 지호가 귓속말로 속삭이자 모나는 바로 알아챘다(밑면이 정사각형이므로 BD와 AB가 같다).

"AD도 알 수 있다. AB, BD를 아니까

$$AB^2 + BD^2 = AD^2$$

으로 AD를 알 수 있고, $AD^2 + CA^2 = CD^2$ 으로도 AD를 알 수 있다. 이미 CA, CD를 아니까 말이다."

'따라서 피라미드의 모서리가 어느 정도로 기울었는지, 즉 경사각 CDA의 크기도 안다'라고 나일이 말했으나 누구도 그 말에 주목하지 않았다. 9

ED를 알고 있고 AD와 AE가 같으니까

$$AD^2 + AE^2 = ED^2$$

으로 AD를 알 수 있겠다고 유휘가 거들었다.

결국 밑면인 정사각형의 대각선의 길이도 알게 된 것이다. AD의 두 배가 대각선의 길이이기 때문이다. 물론 대각선의 길이는 다음 그림으로부터 바로 알 수도 있다.

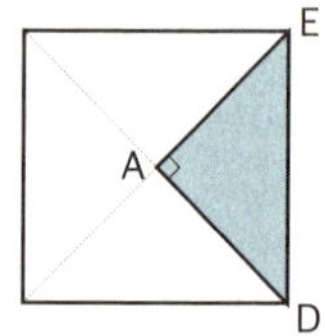

---

9 여러분, 이 사실은 정말 중요합니다. 기하 탐험대는 이제 곧 '삼각비의 기하' 여행을 가게 되는데요. 거기서 이 사실을 다시 다룹니다. 지금은 아무도 나일의 말을 기억하지 못했지만 여러분은 기억해 주세요!

$$FD^2 + DE^2 = FE^2$$

"계산이 쉽지는 않아. 예를 들어 FD가 100이면 DE도 100이니까

$$100^2 + 100^2 = FE^2$$

에서 20000 = FE^2 인 FE를 알아야 해. 어떤 수를 제곱해야 20000이 될까? 140의 제곱은 19600이고, 150의 제곱은 22500이야. 140의 제곱이 150의 제곱보다 20000에 훨씬 가까우니까 FE는 아마 140보다 약간 큰 어떤 수일 거야. 지금 중요한 것은 바로 이거야. 처음에 밑변의 길이와 높이만 결정하면 모든 것이 정해진다는 것! 이걸로 위대한 피라미드를 만든 거지."

그때 이솝이 "밑변하고 높이는 어떻게 정했는데요?"라고 질문했다.

"그건 선조들께서 판단하셨을 거야. 밑변과 높이가 어떤 모양일 때 가장 안전하고도 가장 아름다운가, 그것을 생각한 후 결정하셨겠지."

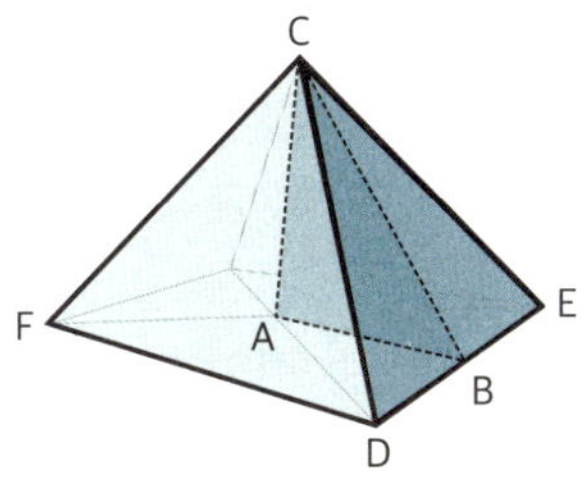

"밑면을 정사각형으로 결정했다고 하자. 밑변이 결정됐다는 말이다. 그렇다면 정사각형의 두 대각선이 교차하는 점 A에서 직각으로 높이를 올렸을 때 CA가 너무 짧으면, 즉 각 ABC이나 각 ADC의 크기가 작다면

그런 피라미드는 만들기는 쉬울지 몰라도 만들고 나면 멋은 없을 거야.”

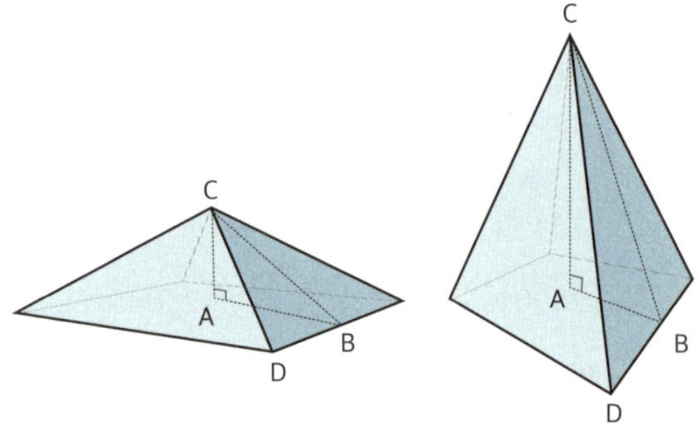

“반대로 AB에 비해 CA가 너무 길면 만들기 매우 어려울 것이다. 돌을 쌓다가 돌이 너무 무거워 어느 순간 와르르 무너질지 모르지. 그래서 안전과 아름다움을 동시에 고려해서 결정하지 않았을까?”

잠시 후 탄성과 박수 소리가 터져 나왔다. 나일이 뒤로 물러서자 티그리스는 콧방귀를 뀌며 한발 앞으로 나왔다.

바빌론의 직각삼각형

“감사합니다, 나일 님. 그런데 좀 길었네요. 저는 짧게 말씀드리렵니다. 바빌론의 직각삼각형 이야기입니다.”

티그리스는 톡톡 끊어서 이야기했다.

“첫째, 정사각형의 변의 길이를 알면 대각선의 길이를 알 수 있다고 했죠? 정사각형의 한 변의 길이가 1일 때 대각선의 길이가 얼마인지 아는 것은 중요합니다. 이걸 보십시오."

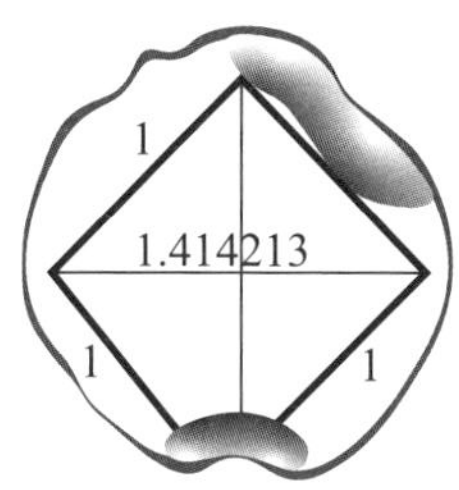

티그리스는 군데군데 깨져 있는 둥근 조각을 꺼냈다. 가운데에 있는 1.414213이 대각선의 길이다! 정사각형의 한 변의 길이가 1이면 말이다. 1.414213의 제곱은 1.999999 정도다. 정확히 2는 아니지만 거의 2다. 갑자기 지호가 끼어들었다.

"대각선의 길이가 d면 $1^2 + 1^2 = d^2$인데 그건 $2 = d^2$이라는 말이죠. 그래서 대각선의 길이 d는 제곱해서 2가 되는 수를 찾으면 됩니다. 그 수는 소수점으로 완전히 나타낼 수 없어요. 그래서 $\sqrt{2}$라는 기호를 쓰죠."

모나와 이솝은 부러운 듯 지호를 쳐다봤고, 티그리스는 지호의 말을 무시하며 말을 이어갔다. 이어진 티그리스의 말은 이랬다.

1.414213이라고 하는 수는 아주 좋은 수다. 우리 위대한 바빌론에서 바벨탑을 높게 올릴 때도 그 값을 써서 만들었다. 아까 나일이 피라미드에서

$$100^2 + 100^2 = \mathbf{FE}^2$$

을 말하면서 FE가 140에 가까운 값이라고 했었다. 바빌론의 선조들에 따르면 이 값은 141.421이다. 이 수를 제곱하면 199.999다. 얼마나 정

확한가?

그 값을 알면 정사각형의 변의 길이가 얼마든 대각선의 길이를 구할 수 있다. 티그리스의 설명이 계속됐다.

"둘째, 땅의 넓이를 잴 때도 직각삼각형을 썼습니다. 바빌론의 선조들은 땅을 이렇게 잘라서 넓이를 계산했습니다."

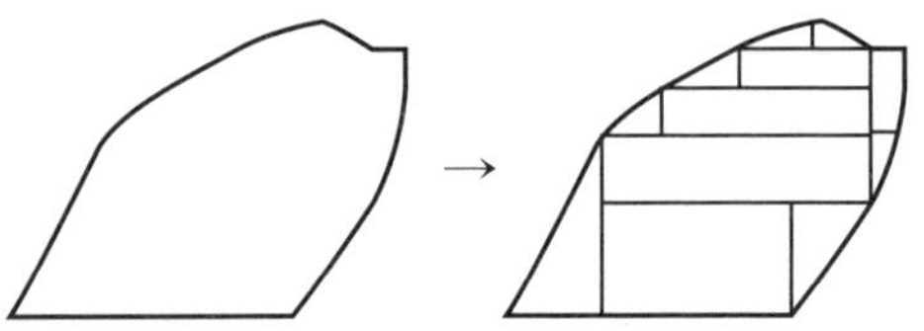

"가운데에는 직사각형들로, 주변의 휜 부분들은 직각삼각형들로 본 것입니다. 실제와의 차이도 크지 않죠. 직각삼각형의 두 변은 밑변과 높이로 구성되어 있으므로 넓이 계산이 쉽습니다.

셋째, 위대한 바빌론 선조들은 사막 한가운데에 거대한 도시를 건설했습니다. 신전과 성벽을 지을 때도 직각이 중요했죠. 자, 이 세 각 중 직각은 어느 것이죠?"

모두 제각각으로 답하자. 티그리스가 가소롭다는 듯이 조소를 보냈다.

"이런, 이런…. 바빌론 선조들의 방법을 전수해 드리겠습니다."

티그리스는 세 각을 삼각형으로 만들며 말을 이었다.

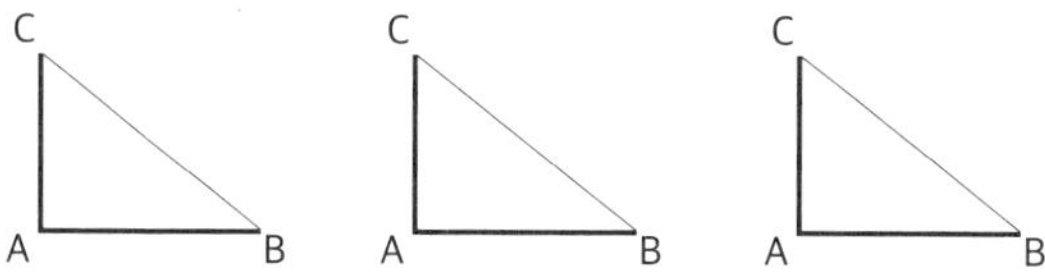

"이렇게 놓은 후 변의 길이를 잰 다음 정확히

$$AB^2 + AC^2 = BC^2$$

이면 각 A가 직각이고 조금이라도 아니면 직각이 아닙니다. 삼각형 CAB가 직각삼각형이면 $AB^2 + AC^2 = BC^2$이므로 $AB^2 + AC^2 = BC^2$이면 삼각형 CAB가 직각삼각형이고 그래서 바로 그때, 오로지 그때만이 각 A가 직각입니다. 좌변과 우변의 차이가 적을수록 직각에 가깝고, 클수록 직각과 멀죠."

여기까지라고 말하면서 티그리스는 도도하게 인사를 하고 자리로 돌아갔다. 곧 나일이 한 마디 했는데 요약하면 이렇다.

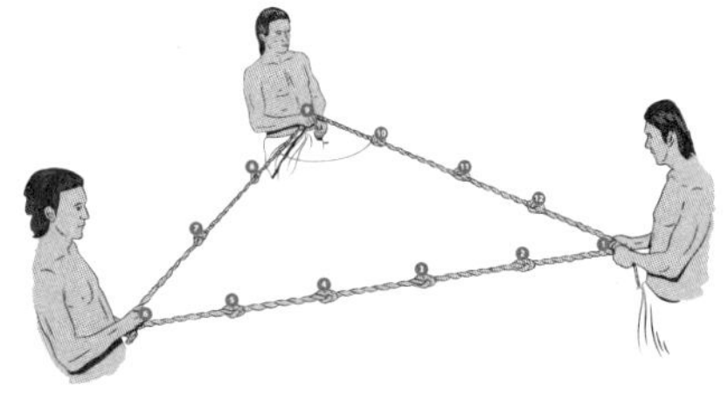

수로 직각을 재는 건 이집트 피라미드에도 있었다는 것이다.

옛날 이집트 사람들은 이렇게 매듭으로 12등분되는 밧줄을 들고 다녔다.

밧줄을 이렇게 놓으면 그때의 각을 직각으로 해서 썼단다. 직각삼각형의 세 변이 3, 4, 5면 $3^2 + 4^2 = 5^2$이니까 틀린 말은 아닌 것 같았다.

나일의 말이 끝나자마자 나일과 티그리스가 서로 맞다고 야단법석을 떨었다. 모나와 지호는 하품을 하면서 '직각자를 대서 확인하면 되는 것 아닌가?'라는 생각이 들었다. 은우도 처음에는 그렇게 생각했다가 바로 생각을 바꿨다.

'직각자를 믿는 것은 위험해. 길이를 재고 피타고라스 정리를 써서 직각인지 확인하는 게 안전할 것 같아.'

은우 생각이 맞다. 나도 그런 경험을 한 적이 있다. 어느 날 직각자 두 개를 맞댔다가 적잖이 실망했다. 사진까지 찍어 뒀다.

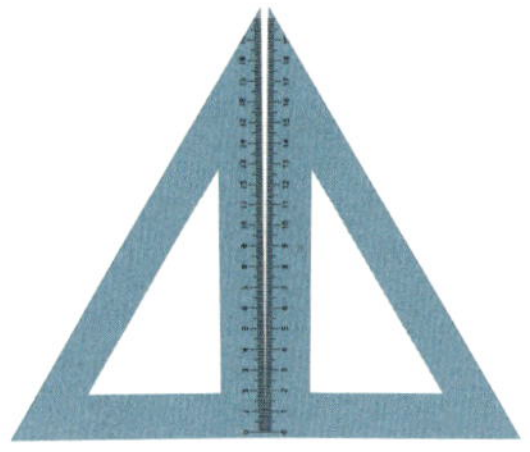

밑변의 길이가 고작 15cm인 자에서도 틈이 이 정도로 벌어졌는데, 만약 15000cm였다면 틈이 얼마나 벌어지겠는가! 그 이후로 밑변의 길이, 높이, 빗변을 제곱해서 직각을 확인하는 버릇이 생겼다.

중국의 직각삼각형

보다 못한 유휘가 겨우 둘을 떨어뜨렸다. 유휘는 은근슬쩍 자기 자랑으로 넘어갔다.

"뭐가 그렇게 거창해요? 우리 중국인은 매일 직각삼각형을 생각하고 아주 작은 것으로부터 직각삼각형을 찾아냅니다."

마당을 쓱 둘러보며 말을 이었다.

"저는 연못에 잠겨 있는 직각삼각형도 찾았는데요. 아, 저거면 되겠네요."

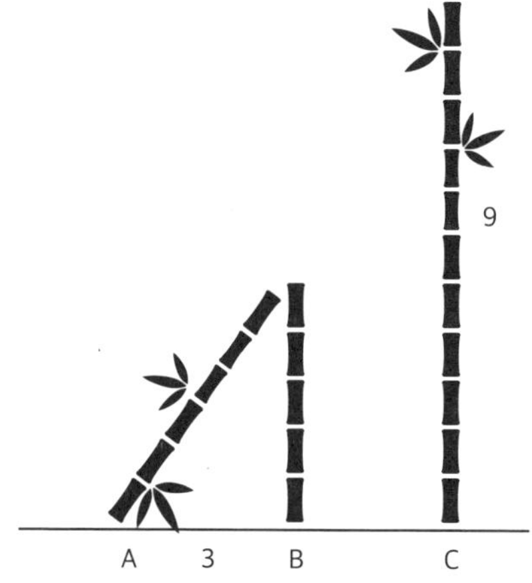

유휘는 사람 키의 몇 배는 돼 보이는 대나무를 가리켰다. 그 옆에 대나무 하나가 뚝 꺾여 있었다. 이 대나무의 원래 키는 9였다고 한다. 대나무가 꺾여 땅에 닿은 A부터 B까지의 거리를 재 봤더니 3이었다. 유휘는 나일과 티그리스를 향해 물었다.

"9와 3이라는 수치로부터 BC를 알 수 있을까요?"

유휘는 연못의 갈대의 높이를 구할 때처럼 흥얼흥얼하더니 "4입니다."라고 답했다. 나일과 티그리스는 곧 벌떡 일어나며 둘이 동시에 말했다.

"AB가 3이고, 대나무 전체 길이가 9니까 대나무는 5와 4로 꺾여야 직각이 되지.

$$3^2 + 4^2 = 5^2$$

이니까! 그래서 높이는 4여야 해. 당연한 거잖아"

유휘는 듣는 둥 마는 둥 고개를 느리게 저었다.

"저희 중국 선조들의 방식을 따라했을 뿐입니다. 에헴."

유휘는 이렇게 노래했다.

> AB를 제곱하라. 삼삼은 9. 이것은 분자.
>
> 전체 길이는 분모. 전체 길이는 9. 분자 나누기 분모는 1.
>
> 전체 길이 빼기 그 수. 9 빼기 1. 여기까지 8.
>
> 그것을 반으로 나누기. 8 나누기 2는 4. 답은 4.

그러더니 떨어진 나뭇가지 하나를 집어 뚝 분질렀다. 꺾인 대나무와 같은 모양으로 놓고 나일과 티그리스를 향해 물었다.

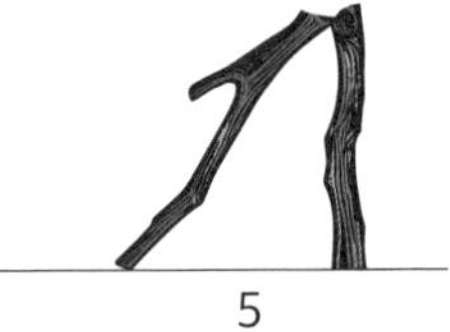

"자, 두 분. 이 나뭇가지가 저 커다란 감나무라고 해 봅시다. 원래 높이는 25였고요. 그런데 이렇게 부러져서 땅에 닿았어요. 나무가 너무 높아 높이는 못 잰다고 합시다. 땅에 닿은 부분만 재 봤더니 5였습니다. 그럼 부러지기 전의 높이 25와 땅에서 잰 길이 5

만 가지고 서 있는 부분의 길이를 알아보시지요.”

나일과 티그리스는 꼬리를 내리고 가만 앉았다. 유휘는 다시 노래했
다.

증명

세 사람이 한참 투닥거리다가 정신을 차렸을 땐 우주 여행 소년소녀
단은 온데간데없었다. 종소리가 나는 곳으로 가 보니 아이들이 모여 있
었다.

“저희끼리 토론을 해 봤는데 답을 내릴 수가 없네요. 세 분은 답을 아
시는가 해서 모셨어요.”

그제서야 유휘, 나일, 티그리스는 점잔을 빼며 어디 들어 보자고 했
다. 이솝이 질문했다.

“질문은 두 가지입니다. 첫 번째, 세 분께서는 삼각형
ABC가 **직각삼각형이면 $AB^2 + BC^2 = AC^2$**이라 말씀하

셨습니다.

그런데 직각삼각형 여러 개가 성립한다고 해서 **모든** 직각삼각형이 그 성질을 만족할까요? 즉, 삼각형 ABC에서 각 ABC가 직각이면 **항상** $AB^2 + BC^2 = AC^2$이 성립할까요?"

이솝은 "두 번째 질문은 모나가 말씀드릴게요."라며 물러섰다. 모나가 나왔다.

"티그리스 님께서 그러셨잖아요, 삼각형 ABC에서 각 ABC가 직각이면 $AB^2 + BC^2 = AC^2$이므로 $AB^2 + BC^2 = AC^2$인 AB, AC, BC로 삼각형을 만들면 각 ABC가 **반드시** 직각이라고요. 왜 그렇죠? $AB^2 + BC^2 = AC^2$이면 삼각형 ABC는 반드시 각 ABC가 직각인 직각삼각형인가요?"

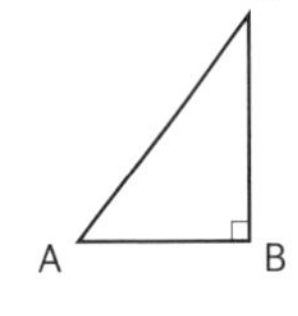

유휘, 나일, 티그리스는 당황했다. 이솝의 질문은 이해했지만 모나의 질문은 질문 자체가 잘 이해되지 않았다. 모나는 예를 하나 들었다.

"두 삼각형이 합동이면 세 각이 각각 같다고 해서 세 각이 각각 같은 삼각형이 항상 합동인가요?"

세 사람은 동시에 "물론 그건 아니지….."라고 답하다가 그제서야 모나의 질문이 무엇인지 알겠다는 듯 고개를 끄덕였다.

다음 날 아침, 화로를 켜고 둘러앉았다. 유휘가 나섰다.

"너희 질문이 아주 흥미롭다. 먼저 이솝 질문부터 시작하자."

이솝을 보고 천천히 물었다.

"삼각형 ABC에서 각 ABC가 직각이면 **항상** $AB^2 + BC^2 = AC^2$인가?"

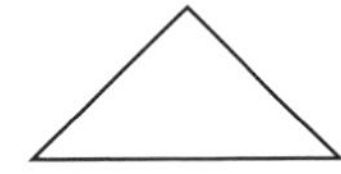

이솝이 맞다고 하자 나일이 밧줄을 꺼내 각 하나가 직각이 되도록 줄을 이런 모양으로 놓았다.

"직각을 이루는 두 변의 길이가 같게 놓았어. 뭐든지 단순하게 시작하는 게 좋으니까."

그러면서 직각을 표시하고 꼭짓점에 이름을 붙였다.

티그리스가 나섰다.

"이건 그렇게 어렵지 않아 보여. 좋은 생각이 났어."

나일도 보탰다.

"맞아. 직각삼각형에서 두 변의 길이가 같은 경우는 간단해. AB^2은 한 변이 AB인 정사각형의 넓이를 뜻하니까."

먼저 티그리스가 자신의 생각을 말했다.

"정사각형이라고 하는 것 보니 나랑 같은 생각인 것 같군."

그러면서 그림을 이렇게 그렸다.

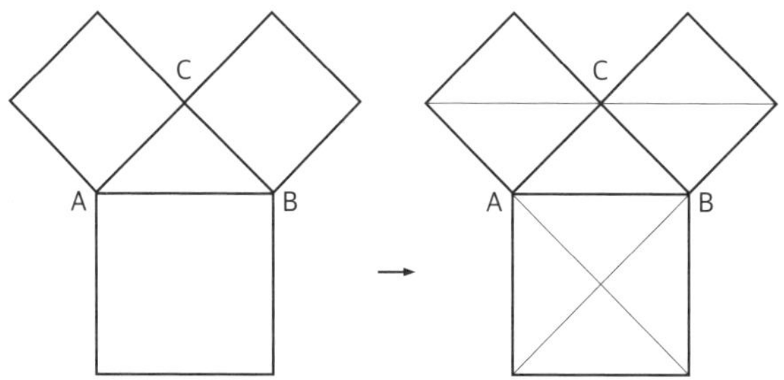

대각선을 긋자마자 모나가 작게 탄성을 질렀다.

'위에 있는 네 개의 작은 직각삼각형이 아래에 있는 네 개의 작은 직각
삼각형과 같다! 즉, $AC^2 + BC^2 = AB^2$이다. 정말 간단하다!'

나일은 "이렇게도 할 수 있겠다."라면서 그림을 살짝 바꿨다.

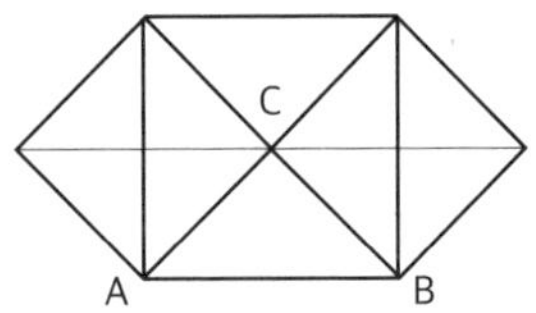

여기저기서 탄성이 나왔다. 은우, 이솝, 모나, 지호도 아이디어를 냈
다. 그 중 유휘의 생각을 여러분에게 전해야 할 것 같다.

유휘는 이런 그림을 그렸다.

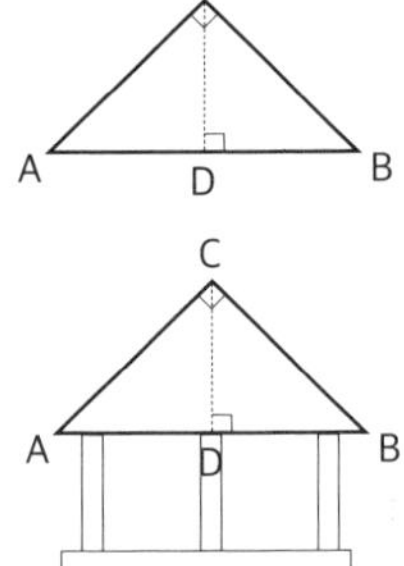

"이렇게 쪼개니까 어떤가? 삼각형이 여럿인데
모두 닮지 않았는가? 이 생각을 이으면…."

"어떻게 이런 생각을 했어요?"

유휘가 말을 끝내지도 않았는데 은우가 놀란 목소리로 말했다.

"우리 중국 건축물의 지붕은 삼각형 모양이라서 이런 형태를 종종 봤
다. 지붕 끝에서 수직선을 내렸다고 상상하면 그게 그거니까."

그렇게 말하며 유휘는 닮음인 삼각형들을 늘어놓았다.

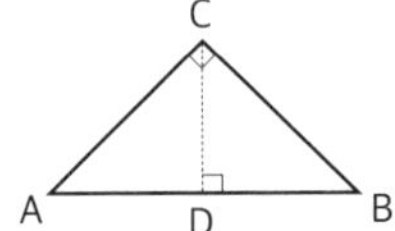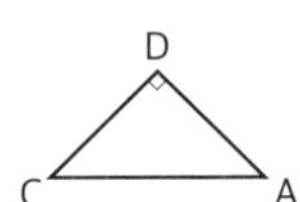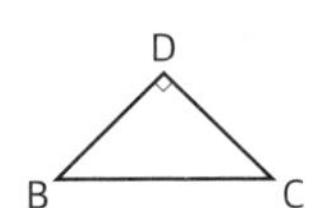

세 삼각형은 모두 닮음이므로 변들의 길이가 비례한다.

즉, $\dfrac{AB}{AC} = \dfrac{CA}{CD}$ 에서 CD=AD이므로 $\dfrac{AB}{AC} = \dfrac{AC}{AD}$ 다. 양변에 $AD \times AC$ 를 곱한다.

$$AD \times AC \times \frac{AB}{AC} = \frac{AC}{AD} \times AD \times AC$$

간단히 정리하면 $AD \times AB = AC^2$이다.

$\dfrac{AB}{BC} = \dfrac{BC}{CD}$ 에서 CD=DB이므로 $\dfrac{AB}{BC} = \dfrac{BC}{DB}$ 다. 양변에 $DB \times BC$ 를 곱한다.

$$DB \times BC \times \frac{AB}{BC} = \frac{BC}{DB} \times DB \times BC$$

간단히 정리하면 $DB \times AB = BC^2$이다. 즉,

$$AD \times AB = AC^2$$

$$DB \times AB = BC^2$$

이고, 두 식을 더하면 다음과 같다.

$$AD \times AB + DB \times AB = AC^2 + BC^2$$

이때 좌변에서 AB가 공통이다. 그래서

$$(AD + DB) \times AB = AC^2 + BC^2$$

으로 바뀌고 AD + DB이므로 다음을 만족한다.

$$AB^2 = AC^2 + BC^2$$

따라서 각 ACB가 직각인 직각삼각형에서는 항상 $AC^2 + BC^2 = AB^2$ 이 성립한다.

기하 탐험대는 박수를 치고 환호했다. 그러나 찜찜한 것은 있었다. 직각이등변삼각형인 경우만 봤을 뿐 모든 직각삼각형에 대해서 본 것이 아니니까 말이다.

이제 스페이스 머신에 오를 시간이었다. 문을 열고 나가니 마당에 옆집 개가 와서 꼬리를 흔들고 앉아 있을 뿐이었다.

그때 히파티아 님이 문 안으로 들어왔다. 히파티아 님의 한 손에는 책한 권, 다른 손에는 황동이 번쩍이는 도구가 들려 있었다. 책을 펼치자이런 그림이 나왔다. 옛날 중국인들이 피타고라스 정리를 증명하는 그림이라고 했다.

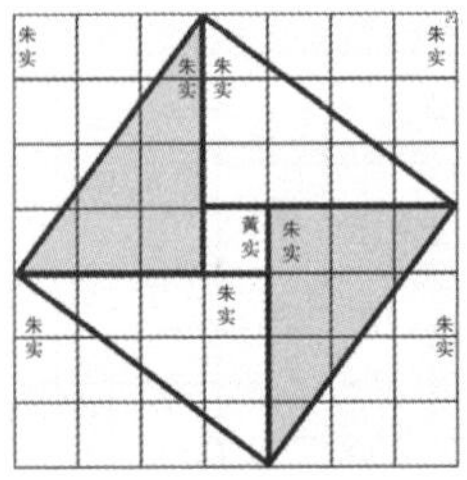

황동판은 정사각형의 밑판에 원이 그려져 있었고 직각삼각형이 세워져 있었다. 직각삼각형에 드리운 그림자가 시간을 말해 준다고 했다. 유휘는 책과 황동 해시계를 높이 들며 말했다.

"우리 위대한 중국 선조의 지혜입니다."

나일과 티그리스도 위대한 이집트의 책을, 위대한 바빌론의 도구를 들고 오겠노라며 당장 집으로 달려갈 태세였다.

유휘가 마지막 말을 건넸다.

"모나 질문은 꺼내 보지도 못했네요. 생각을 밝혀 그 안개를 걷어 내기 바랍니다. 여러분과 이 소중한 도형을 함께하여 커다란 영광이었습니다. 안녕히 가십시오."

유쾌한 세 사람이 즐겁게 손을 흔들어 주니 스페이스 머신도 깃털처럼 움직였다.

【기록자의 보충: 나는 모나가 질문했던 것, 직각이등변삼각형이 아닌 일반 직각삼각형에 대해서도 티그리스의 방법, 유휘의 방법이 모두 가능하다는 것을 알려 주고 싶었다. 다른 건 몰라도 꼭 하나 말하고 싶은 게 있다. 바로 이것이다.

티크리스의 방법은 합동을 이용해 피타고라스 정리가 참이라는 사실을 밝힌 것이다.

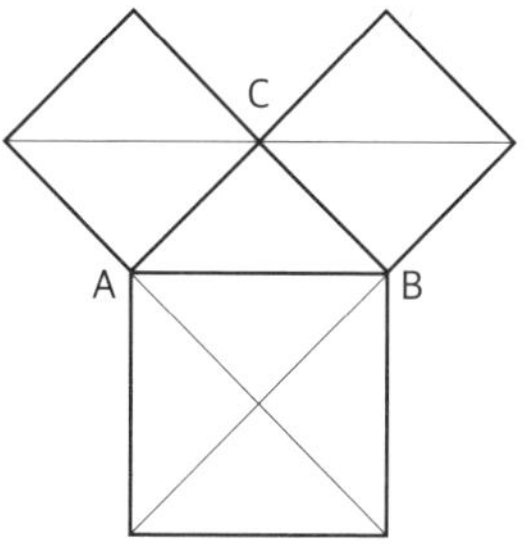

위에 있는 작은 삼각형들 하나하나가 아래에 있는 작은 삼각형들 하

나하나와 합동이라는 사실에 기대서 밝혔으니까 말이다. 반면, 유휘는 닮음을 이용해 피타고라스 정리가 참임을 보였다.

　넓이를 이용해 피타고라스 정리가 참이라는 사실을 밝힐 수도 있을 것 같다. 이 방법은 유클리드 님의 책을 읽다가 알게 된 방법이다. 내가 아는 방법 중 가장 아름답고 정교한 방법이다.

　가장 단순한 경우인 직각'이등변'삼각형으로 살펴보자. 직각이등변삼 각형이 아닌 경우는 여러분에게 선물로 남겨 두고… 자, 출발!

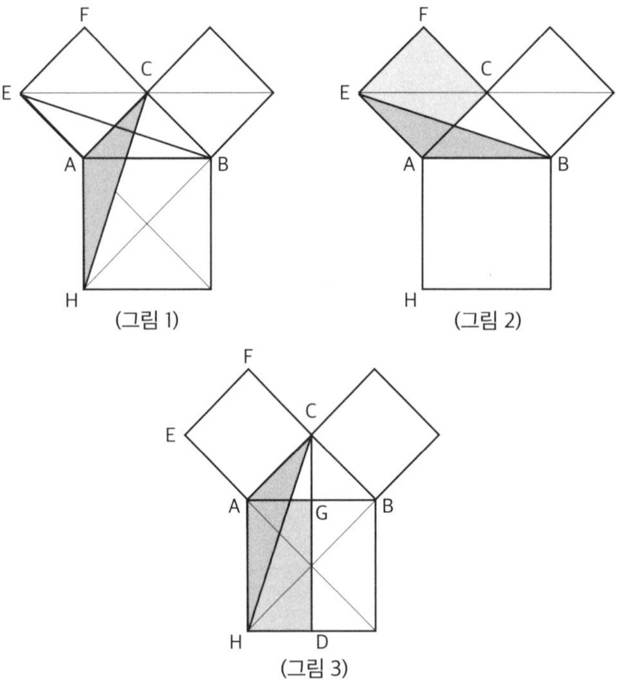

(1) 직각이등변삼각형의 세 변에 정사각형을 하나씩 그린다(그림 1).

(2) CH를 잇고 EB를 잇는다. (그림 1, 그림 2)

(3) 삼각형 EAB는 삼각형 CAH와 합동이다(SAS 합동). 따라서 두 삼각형의 넓이가 같다. (그림 1, 그림 2)

(4) 주목! 삼각형 EAB의 넓이는 AC가 한 변인 정사각형 넓이의 반. (EA가 FB와 평행함으로 삼각형 EAB에서 밑변이 EA일 때, 높이는 정사각형 ACFE의 한 변과 같다)

(5) 꼭짓점 C에서 변 AB와 수직인 직선을 그어서 두 점 D, G를 얻는다(그림 3).

(6) 주목! 삼각형 CAH의 넓이는 AH와 HD로 둘러싸인 직사각형의 넓이의 반이다. (AH가 CD와 평행함으로 삼각형 CAH에서 밑변이 AH일 때, 높이는 직사각형 AHDG의 변 HD와 같다.)

(7) 따라서 AC가 한 변인 정사각형의 넓이는 AH와 HD로 둘러싸인 직사각형의 넓이와 같다.

$$\triangle EAB \quad = \quad \triangle CAH$$
$$\parallel \qquad\qquad \parallel$$
$$\triangle EAB = \frac{1}{2}\, \square ACFE \qquad \triangle CAH = \frac{1}{2}\, \square AHDG$$

따라서 $\frac{1}{2}\, \square ACFE = \frac{1}{2}\, \square AHDG$ 이므로

$$\square ACFE = \square AHDG$$

(8) 같은 이유로 BC가 한 변인 정사각형의 넓이는 BI와 ID로 둘러싸인 직사각형의 넓이와 같다(그림 4).

$$\triangle BCJK = \triangle BIDG$$

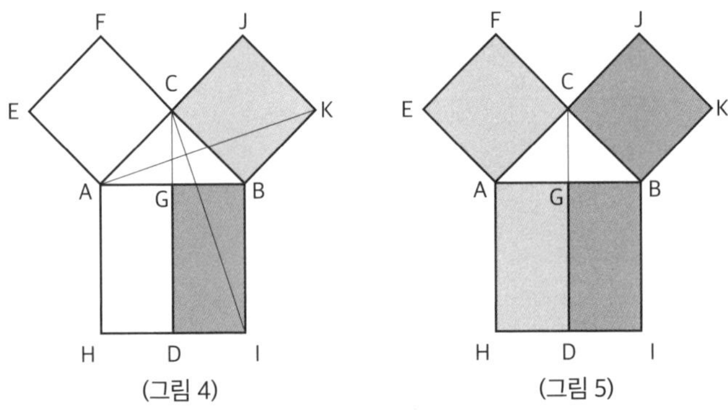

(그림 4)   (그림 5)

(9) 왼쪽 정사각형은 왼쪽 직사각형과 같고 오른쪽 정사각형은 오른쪽 직사각형과 같다(그림 5).

$$\square ACFE = \square AHDG \ [(그림\ 3)에서]$$

$$\square BCJK = \square BIDG \ [(그림\ 4)에서]$$

이고 각각을 더하면

$$\square ACFE + \square BCJK = \square AHDG + \square BIDG$$

$$= \square AHIB$$

이로써 증명 끝!】

원의 기하학

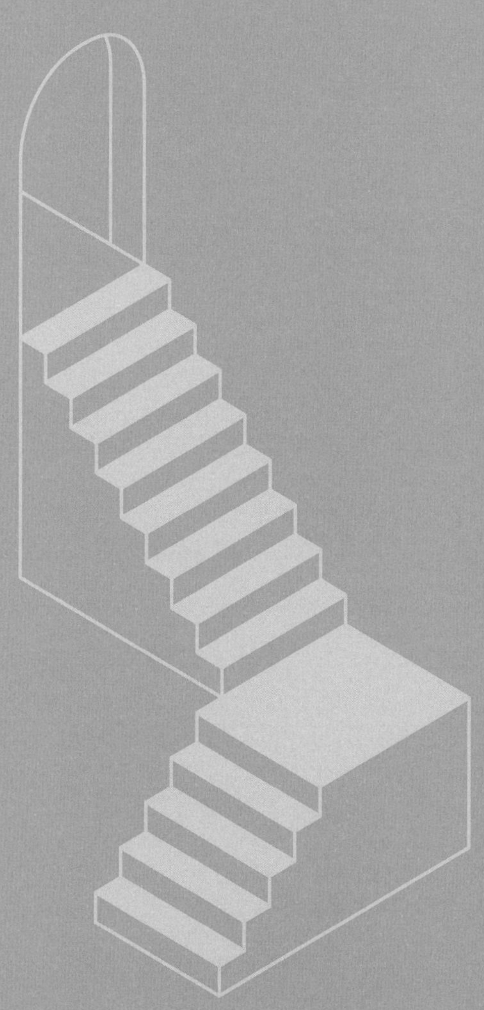

원의 중심, 현, 삼각형의 외심, 원주각과 중심각, 원의 접선

∞ 원의 기하학 안내자
이븐 알 하이삼(965년~1039년)

중세 이슬람 세계의 수학자, 과학자, 천문학자. 유클리드와 아르키메데스의 연구를 발전시켰고 빛의 원리를 탐구한 저술 《광학》은 유럽의 학문에 크게 영향을 주었다. 프톨레미의 천동설이 가진 약점을 지적하고 우주의 새로운 모델을 제시했다.

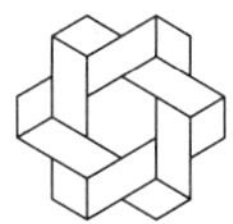

생각에 잠긴 이솝이 스페이스 머신의 원탁 주위를 천천히 돌았다. 참다 못한 지호가 말했다.

"어지럽다. 곧 출발할 텐데, 좀 앉지 그래?"

이솝이 멍하게 섰다가 자리에 앉았다. 모나가 무슨 생각을 그렇게 하냐고 묻자 이솝이 말했다.

"직각삼각형 말이야. 어떻게 만드는 건지 궁금해서…."

다들 어이가 없어서 "뭐?"라고 하는 것조차 잊었다.

"직각을 만들고 자르면 되지!"

지호가 원탁에 손가락으로 점 하나를 찍고 직각 모양을 그린 후 직각을 이루는 두 선을 교차하도록 빗변을 쭉 그었다. 이솝은 고개를 저었다.

"아니, 빗변 하나가 주어질 때 두 점에서 변을 들어 올려서 말이야."

이솝의 말은 이것이었다.

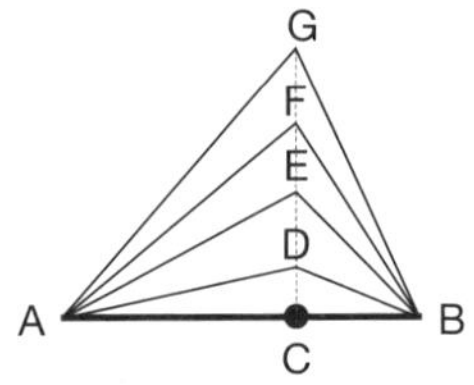

AB가 주어졌을 때 AB 위에 있는 어떤 점 C가 AB와 직각을 이루는 직선 위에 D, E, F, G가 있다고 상상해 보자. 어느 점에서 직각삼각형을 이루는지 아는 방법은 없을까?

지난 기하 여행에서 유휘가 직각인 꼭짓점에서 직각과 마주 보는 변에 수선을 내렸다. 어쩌면 지금 이솝은 그 반대를 생각하는지 모른다.

잠시 이야기가 오갔다. 일단 AD+DB는 AB보다 크겠다, AE+EB는 AD+DB보다 크겠다, 그러다가 AG+GB로 커지면 각 AGB의 크기가 작아지고, 두 변이 길어질수록 각의 크기가 0에 가까워지겠다. 반대로 AD+DB처럼 변 AB에 가까울수록 각의 크기는 180도에 가까워지겠다, 그렇다면 어딘가에 각도가 90도인 지점이 딱 하나 나오겠다, 등.

결론이 나지 않은 채 시간이 흘렀다. 히파티아 님의 모습이 희미한 빛으로 드러나며 스페이스 머신이 꿈틀했다. 동시에 이솝의 질문은 수면 아래로 가라앉았다.

"오늘은 999년 12월 31일이야."라고 히파티아 님이 말씀하시며 자리에서 일어섰다.

밖으로 나가니 이슬람 학교인 마드레스 앞이었다. 기하 문양이 현란했다. 사람이 보이지 않아 스페이스 머신은 산을 향해 날았다.

찬 바람 속에 터번을 두른 어른과 아이가 보였다. 어른이 커다란 원 모양의 물건을 받치고 섰고 아이는 그 원을 가로지르는 막대의 한쪽 끝에 눈을 댔다.

막대의 뾰족한 다른 쪽 끝은 수평선을 향했다. 아이는 눈을 떼고 눈금을 보더니 숫자를 썼다. 장소를 조금씩 옮기면서 같은 행동을 반복하고 있었다.

히파티아 님이 다가갔다. 어른과는 허리와 고개를 숙여 인사를 나누었고 소년과는 잠깐 대화가 오갔다. 소년이 은우, 모나, 지호, 이솝에게 다가와 서로 인사를 했다.

원형 도구는 각도기라고 했다. 산꼭대기에서 수평선을 내려 보는 각도가 얼마인지 측정하는 중이라고 했다. 은우, 지호, 모나, 이솝도 한 번씩 해 봤다. 각자 조금씩 달랐지만 모두 0.5도보다 약간 작게 측정했다. 그런데 소년이 이 말을 하자 모두 말문이 막혔다.

"그 각도를 정확히 알아야 해. 그래야 지구의 크기를 잴 수 있거든."

원의 중심 찾기: 첫 번째 방법

다 함께 스페이스 머신을 타고 산을 내려왔다. 둥그런 마당 가운데에 원형 모래판이 있었다. 건물의 지붕은 반구 모양이고 높다란 탑들은 원기둥 형태였다. 한마디로 여기는 원의 나라였다.

산에서 본 어른은 소년의 아버지였다. 아버지의 이름은 '아부 알리 알 하산 이븐 알 하산 이븐 알 하이삼 알 바스리'라고 했다.

"뭐, 뭐라고? 무슨 이름이 그렇게 길어?"

모나가 물음에 소년은 웃으면서 답했다.

"우리 이름은 원래 그래. 사람들은 아버지를 '알 하이삼'이라 불러. 나는 알리라고 불러 줘."

알리의 아버지 알 하이삼은 '아르키메데스의 부활'이라고 칭송을 받는 분이다. 어느 날 알 하이삼은 히파티아 님으로부터 기하 탐험대의 여섯 번째 기하 여행을 안내해 달라는 부탁을 받았다고 한다. 알 하이삼은 알리에게 그 수업을 양보했다.

알 하이삼은 막막해 하는 알리에게 귀띔을 해 줬다.

"원의 마당에 가거라. 마당의 정중앙에 쪽지 하나를 남겼다."

은우, 모나, 지호, 이솝, 알리는 원의 둘레에 서서 원의 내부를 살펴봤다. 어디에도 쪽지 같은 것은 보이지 않았다.

"쪽지가 정중앙에 있다고 하셨으니까 먼저 원의 중심부터 찾자."

원의 둘레에서 **원의 중심** 찾기다. 다들 그 반대만 알고 있었다. 중심에서 반지름만큼 컴퍼스를 돌리면 원이 나온다. 그런데 지금은 둘레만 있고 중심이 숨어 있다.

"중심아, 어디 있니?"

모나는 두 손바닥을 펼쳐서 나란히 놓으며 말했다. 무심코 한 모나의 행동에 지호 가슴 속에 번개가 쳤다.

"그거다, 그거! 원의 중심, 나 알았어."

모나는 자기가 힌트를 주고도 무슨 말을 하는지 알아듣지 못했다. 은우는 두 손바닥을 폈다가 접으면서 말했다.

"맞아. 원의 중심은 지름에 있지. 지름의 중점이 중심!"

벌써 중심 찾기 문제가 다 풀린 것처럼 아이들은 하이파이브를 했다. 그러다가 이솝이 말했다.

"원에는 지름이 너무 많아. 하나라도 찾아야 하는데… 어떻게 찾지?"

모나가 다시 두 손바닥을 폈다 접었다 하면서 말했다.

"지름을 따라 접으면 양쪽이 딱 접히니까, 그걸 이용하면 답을 찾을 것 같은데?"

그때부터 아이들은 손바닥, 책, 나뭇잎을 접으면서 양쪽이 딱 접힌다는 것이 무엇인지 말을 주고받았고, 곧 결론에 도달했다. 즉, 지름이 있을 때, 그 지름에 **직각**인 직선들을 그으면 지름과의 교점으로부터 양쪽 둘레까지 두 선분의 길이가 똑같다. 그것이 딱 접히는 것이다. [10]

10 나는 아이들의 그 발견이 놀라워서 움찔했고 아이들이 결론으로 말한 이 문장을 들을 때는 나도 모르게 '오, 이런. 또 직각이야!'라고 소리쳤다.

원에 지름은 '무한히' 많이 있지만 모든 지름은 이 성질을 만족한다.

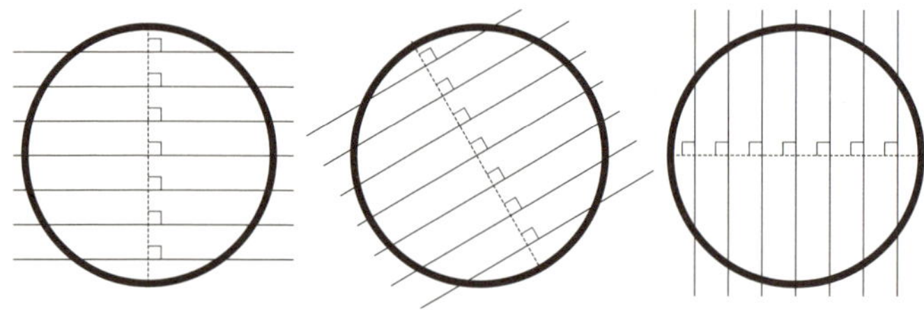

이 성질을 이용하면 원의 중심을 찾을 것이다. 지름을 하나만 찾으면 되므로 둘레에 있는 두 점을 직선으로 잇기로 했다.

먼저 용어를 통일하자.

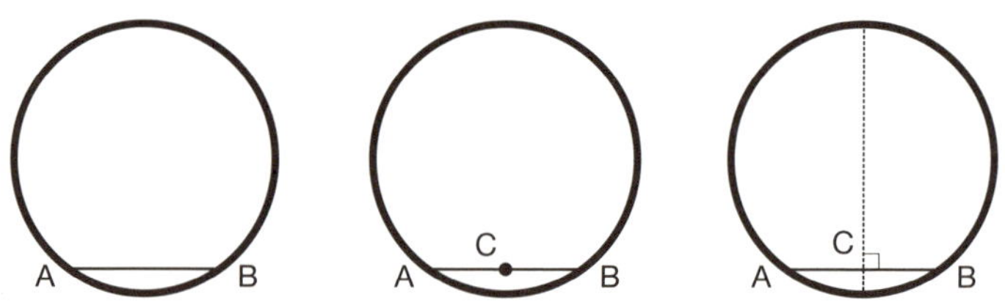

원의 둘레의 두 점을 잇는 선분 AB를 **현**이라고 부른다. 활대에 걸린 팽팽한 줄을 현이라 부르니까 말이다. 그리고 현으로 잘린 도형은 **활꼴**이라고 한다.

부채꼴은 중심을 지나는 반지름 두 개와 원의 둘레로 이루어진 원의 부분이고, 활꼴은 현 하나와 원의 둘레로 이루어진 원의 부분이다.

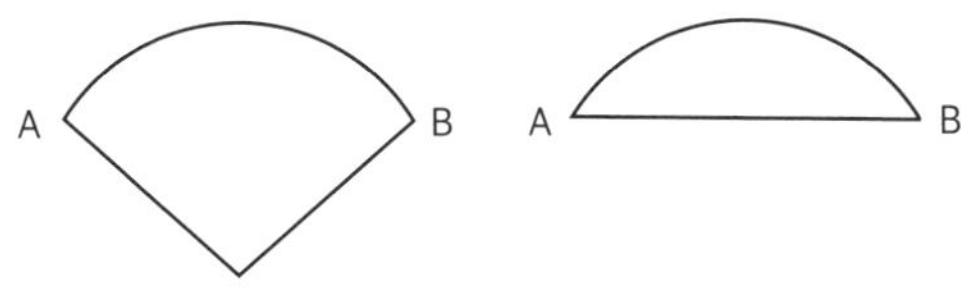

활꼴인 동시에 부채꼴인 유일한 도형이 바로 반원이겠다. 은우의 생각이었다.

이제 중심 찾기는 시간 문제! 먼저 원의 둘레 중 A 지점에 이솝이 서고 B 지점에 모나가 서서 현 AB를 이었다. 그다음 AC=CB인 점, 즉 중점 C를 찾았다. 거기에 은우가 섰다. 알리와 지호가 C에서 AB에 직각인 직선을 그으며 걸었고, 원의 둘레와 만나는 점 D와 E에 섰다. 마지막으로 DO=OE인 점 O를 찾았다!

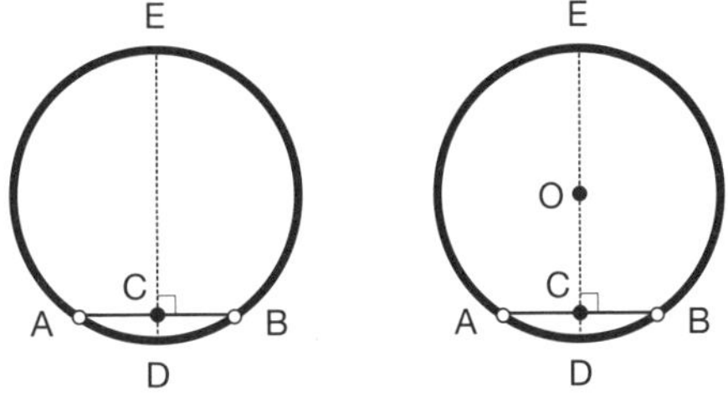

여러 번 확인하며 다시 해 봤다. 마침내 중심을 찾아 그 지점에 모두 모였다. 그 자리에 있는 벽돌에 보일 듯 말 듯한 스마일 표시가 있었다. 알리는 그 돌을 조심스럽게 들어 올렸다. 아니나다를까 정말 천 조각이 포개 있었다. 아랍어로 무언가 써 있어서 알리가 번역을 해 줬다.

1) 다른 방법은?　　　　　2) 거꾸로 가면?

원의 중심 찾기: 두 번째 방법

현을 하나 긋고 그 중점을 찾은 다음, 지름이라는 현을 또 하나 그어 그 중점을 정해 중심을 찾았다. 아이들은 "방법이 또 있어?", "있을 거야."라며 떠들었다. 모두 원의 중심에 서서 원의 둘레를 봤다. 그것이 거꾸로 간다는 말일 테니까 말이다. 이솝과 모나가 원의 둘레의 각기 다른 점을 향해 갔다. 모나와 이솝이 있는 지점 사이를 직선으로 그었다.

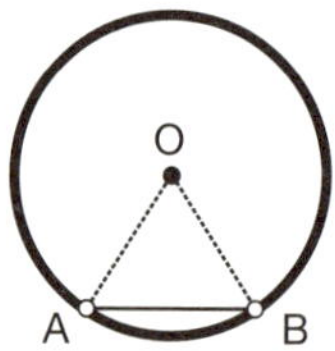

그래도 뾰족한 수가 생각나지 않았다.

"아까처럼 똑같이 하고 있으니까 생각이 안 나는 것 같아."

지호가 그렇게 말하면서 원의 둘레로 갔다. 다만 모나와 이솝의 '반대쪽'에 있는 점 E에 섰다.

아이들은 눈을 반짝이며 원형 모래 칠판 주위로 모였다. 은우가 알리에게 지팡이를 건넸고, 알리가 원을 그리며 말했다.

"이걸 지도라고 하자. 그러니까 이 원이 마당이고. 아까 모나, 이솝이 있던 자리는 점 A와 점 B, 지호가 있던 자리는 점 E인 거지. 자, 내가 이 점들을

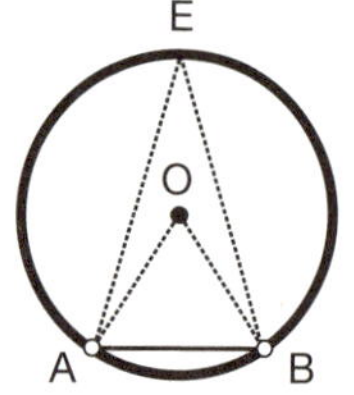

직선으로 연결할게. 삼각형이 나왔어?"

알리는 조금 전에 중심을 찾았던 방식을 지도에 빠르게 요약했다.

원의 둘레에 두 점 A, B를 찍고

현 AB를 그어 그 현의 중점 C를 찍고

점 C에서 현 AB와 직각으로 교차하는 직선을 긋고

지름인 DE를 얻어서 현 DE의 중점 O를 찾는다.

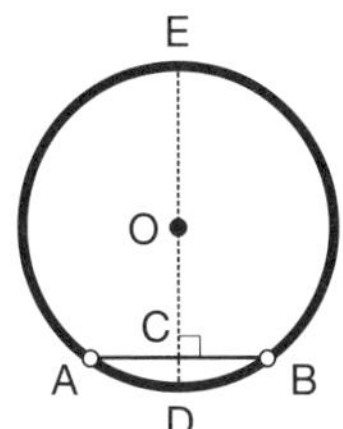

"이것이 첫 번째 방법이었어. 그런데 지금은 세 점이야. 그래서 삼각형이 나왔고. 자, 은우?"

그러면서 은우에게 지팡이를 넘기려고 했지만 은우는 알리에게 계속하라고 했다.

"두 점 A, B는 우리가 마음대로 정한 점이었어. 모나는 모나가 원하는 점에 갔고 이솝은 이솝이 원하는 점에 갔잖아. 그러니까 두 점 A, B 대신 두 점 B, E나 두 점 A, D에서 시작해도 원의 중심이 나온다는 말이지. 물론 다른 지름이겠지만 중심은 같을 거야. 그렇다면…."

알리는 문제 해결에 공이 가장 큰 지호에게 지팡이를 넘겼다.

"자, 그럼 결론입니다. AB의 중점 C에서 AB에 수직인 직선을 그으면 지름을 얻습니다. BE의 중점 F에서 BE에 수직인 직선을 그으면 또 다른 지름을 얻습니다. 중심은 두 지름이 교차하는 곳에 있으며 그럴 수밖에 없습니다. 이것이 알 하이삼 님이 말씀하신 다른 방법으로 중심 찾기 아닐까요?"

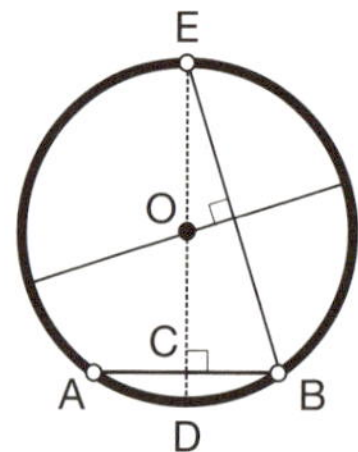

박수가 쏟아졌다. 지호는 정중하게 인사했다.

원의 중심과 현

막혔던 생각이 뚫리자 아이디어가 거침없이 흘러나왔다.

"어라? 두 번째 질문도 뭔지 알겠는데?"

은우는 모래판을 깨끗이 지우고 원을 다시 그렸다.

"우리는 이 원의 중심을 알아. 여기 O가 중심이야. 이제 현을 3개 그려서 이렇게 삼각형이 됐다고 하자. 세 변의 중점 C, F, G를 찍어. 중심 O와 세 중점 C, F, G를 이을 거야. 자, 봐. 세 중점과 중심을 연결하니까 직각으로 만나지?"

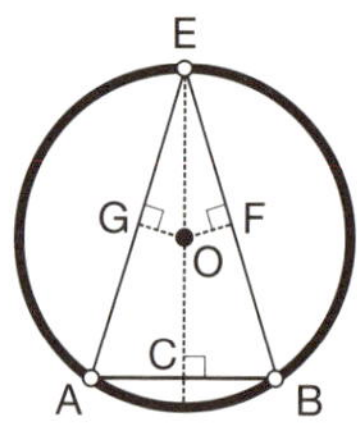

은우는 중심에서 현을 바라보면서 말했다.

"중심에서 현의 중점을 직선으로 이으면 그 직선은 현과 직각이다."

"중심 O와 현의 중점을 직선으로 이었는데 그게 수선이다, 그 말이지?"

이솝은 그렇게 묻고 모래판을 보며 말을 계속했다.

"아까는 '현의 중점에서 직각으로 직선을 그으면 원의 중심을 지난다'였고, 지금은 '원의 중심에서 현의 중점으로 직선을 그으면 직각으로 만난다'라는 말이잖아."

다들 골똘히 생각을 했다. 잠시 후 지호가 지팡이를 갖고 중심 O에서 점 A, 점 B를 이었다.

"이렇게 하면 뭔가 되지 않을까 싶은데… ."

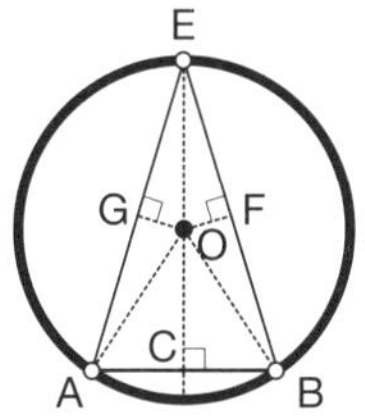

지호가 고작 선을 2개 추가했을 뿐인데 다시 상황이 급변했다. 여기저기서 말이 쏟아졌고 결론을 내는 데 그리 오래 걸리지 않았다.

대화를 요약해 보겠다. 그림을 좀 더 간단히 바꿔 보자.

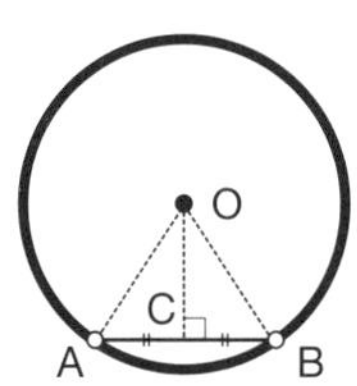

보여야 할 것은 이것이다.

중심 O와 현 AB의 중점 C를 직선으로 이으면 각 OCB는 직각이다.

도형 AOB는 삼각형이다. 더 나아가 OA와 OB는 둘 다 원의 반지름이므로 OA = OB다. 삼각형 AOB는 두 삼각형 AOC와 BOC로 나누어진다. 그런데 점 C가 현 AB의 중점이므로

$$AC = CB$$

이기도 하다. OC는 공통변이다. 따라서 삼각형 AOC와 삼각형 BOC는 세 변의 길이가 각각 같다. 즉, SSS 조건을 만족하므로 서로 합동이다. 세 각의 크기도 각각 같다. 그 중 각 OCA와 각 OCB의 크기도 같다. 이 두 각은 직선 AB가 직선 OC로 나뉘어 생긴 것이므로 모두 직각이다. 따라서 각 OCB는 직각이다. 증명 끝!

완벽하다. 여기서 끝나지 않고 질문과 토론 및 발견이 계속됐다. 그 현장을 다 옮기면 책이 너무 두꺼워질 것 같으니 몇 개만 추려 요약하겠다. 방금 밝힌 게 첫 번째 사실이며

둘째, 거꾸로도 된다. 중심 O에서 현 AB와 직각이 되도록 선분을 그으면 현 AB의 중점에 닿는다.

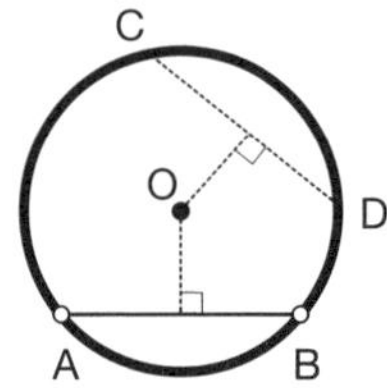

셋째, 길이가 같은 현들은 모두 원의 중심으로부터 같은 거리에 있다.

넷째, 거꾸로도 된다. 원의 중심으로부터 같은 거리에 있는 현들은 길이가 같다.

중간에 이런 대화도 나눴다.

"중심에서 현까지의 거리를 알고 싶으면 현의 중심까지 이으면 되겠네."

"중심에서 현까지의 거리를 알면 현의 길이도 알 수 있지 않을까?"

"그렇다면 중심에서 현으로 벌어진 각도도 알 수 있다는 말이네?"

"부채꼴의 중심각을 알면 현의 길이도 알 수 있다는 거야…? 되겠는걸?"

이로부터 곁가지로 밝힌 것이 두 가지 더 있다.

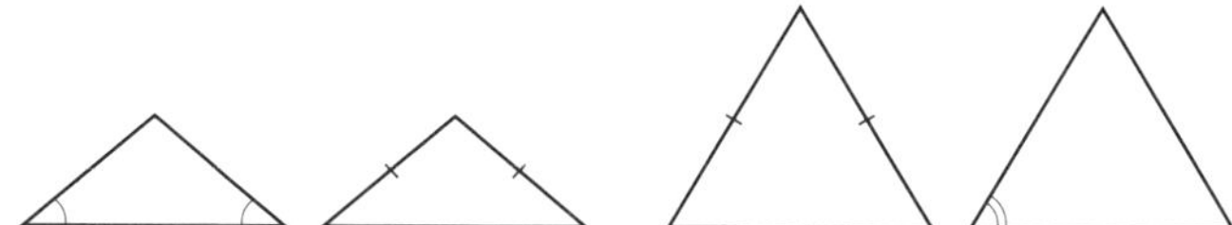

다섯째, 이등변삼각형은 이등각삼각형이기도 하다.

여섯째, 거꾸로도 된다. 이등각삼각형은 이등변삼각형이기도 하다.12

---

12 사실 다섯째와 여섯째 발견은 유클리드 님과 함께했던 기하 여행 때 이미 나온 말이다. 그러나 이야기에 푹 빠져서 모두 깜박했다. 발견도 이상하게 했다. 그림과 같은 부채꼴을 그려 놓고 '직선과 원 둘레가 이루는 '각'이 같으니까 공통인 활꼴을 빼내면 삼각형의 양쪽 각은 같다.' 이런 식이었다. 나는 적잖이 놀랐다. 어떻게 직선과 원 둘레가 '각'을 이룬다는 생각을 할 수 있지?

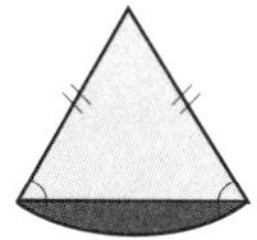

"정삼각형은 세 각의 크기도 같아. 각각 60도!"

알리었나 모나었나 이렇게 말했다.

"직선에 서서 두 사람이 같은 각으로 별을 올려 본다면 두 사람으로부터 별까지의 거리가 같아."

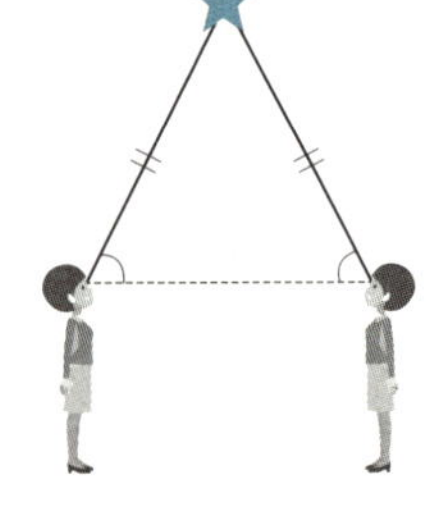

이 말에 모두 "오호!"라고 하며 하늘을 올려다봤다. 언제 이렇게 시간이 지났는지 하늘이 어둑어둑했다. 나무 아래에서 알 하이삼이 손을 흔들었다. 아이들은 그제서야 여기가 원형 마당이고 999년 12월 31일의 밤이 저물고 있다는 사실을 깨달았다.

삼각형의 외심

1월 1일의 발견 역시 지호의 공이 컸다. 무엇이든 시도해 보는 게 백 배 낫다는 것을 입증한 것이다.

기하 탐험대가 마당에서 중심 찾기를 다시 하고 있을 때 알리는 그 행동을 따라 원형 모래판에 '지도'를 그리고 있었다. 그러다가 이상한 점을 발견하여 아이들을 향해 어서 오라는 신호를 보냈다.

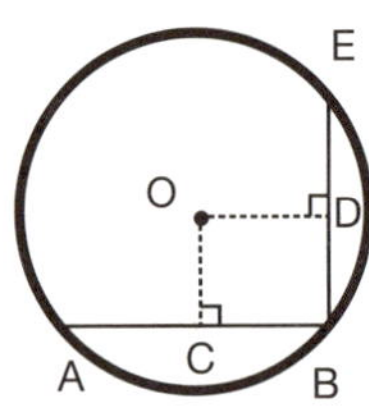

은우와 이솝이 두 번째 현을 그을 때 하필 현 AB에서 직각으로 현 BE를 그어서 비롯된 것이었다.

"어, 이건?"

"뭐야? E와 A의 중간에 중심 O가 있는 것 같은데?

알리는 천천히 A와 E를 직선으로 이었다. 정말 중심 O를 지나갔다!

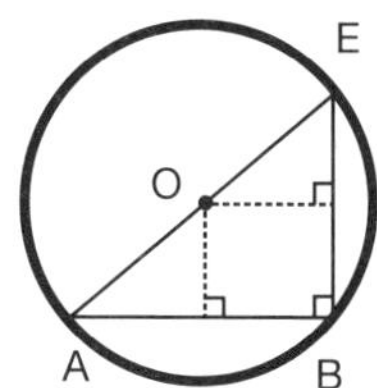

"이럴 수가! 그럼 현 EA도 지름이야?"

"왜 그렇지? 현 AB와 현 BE가 직각으로 있으면 이렇게 되나?"

"현 AB와 현 BE가 길이가 같은 것 같은데, 그래서 중심을 지나나?"

모래판을 깨끗하게 지우고 다시 원을 그려서 길이가 다른 현 2개를 직각으로 그렸다.

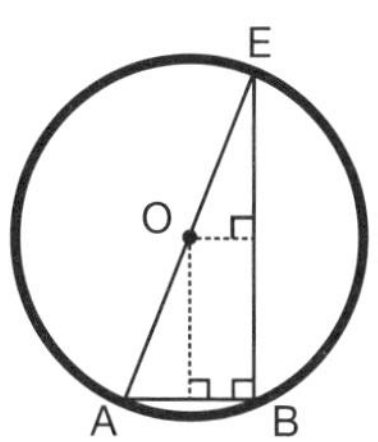

이번에도 중심을 지났다!

"현 AB와 현 BE가 직각을 이루면 현 AE가 항상 중심을 지나나 봐!"

"직각이 아니면 어떻게 될까? 아, 어제는 두 현이 예각이었는데 그때는 중심이 안에 있었어.”

　알리는 다른 원을 그리고 두 현이 예각을 이루는 경우와 둔각을 이루는 경우를 나란히 그렸다.

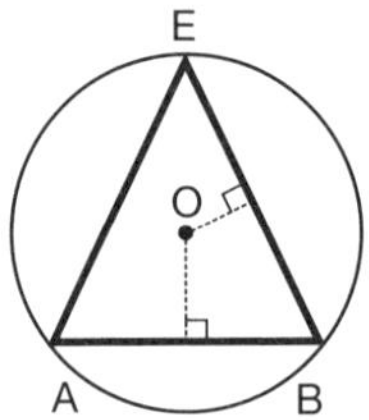
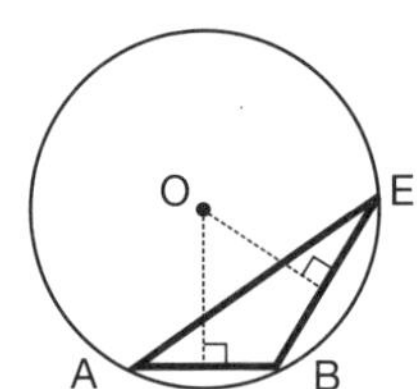

이어서 남은 현에서도 중점을 찾아 중심과 이었다.

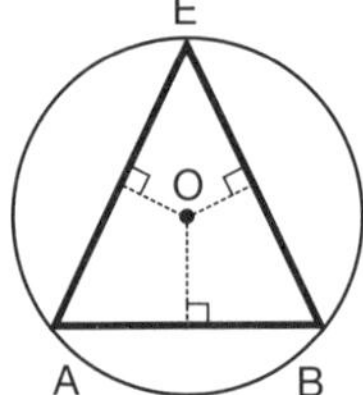
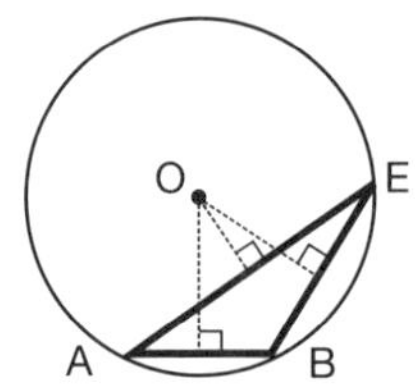

예각이 더 날카롭게 작은 경우와 둔각이 더 둔하게 큰 경우도 그렸다.

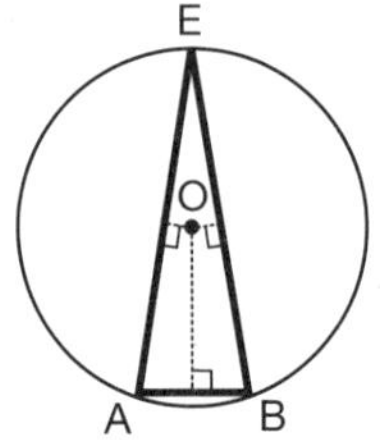
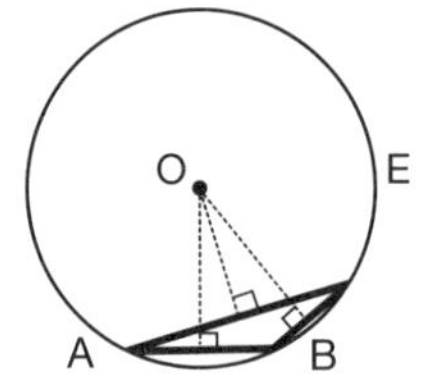

은우가 명쾌하게 정리했다.

"원의 둘레에 있는 세 점을 연결하면 삼각형이 생길 거야. 그때

- 예각삼각형인 경우 원의 중심은 그 삼각형의 안에,
- 직각삼각형인 경우 원의 중심은 그 삼각형의 빗변에,
- 둔각삼각형인 경우 원의 중심은 그 삼각형의 밖에 놓여. 일단 여기까지."

우리는 삼각형의 세 꼭짓점을 지나는 원을 **삼각형의 외접원**이라 부르고 그 **외**접원의 중심을 **외심**이라 부른다.

분위기가 조금 가라앉자 이솝이 질문했다.

"그럼 어떤 삼각형이든 세 꼭짓점을 지나는 원을 그릴 수 있다는 말이네?"

모나와 지호가 어떻게 그렇냐고 묻자 이솝이 풀어서 다시 말했다.

"원 위의 세 점으로 만들어진 삼각형이 예각삼각형이면 원의 중심은 안에 있고, 직각삼각형이면 빗변에 있다며? 둔각일 때는 밖에 있고."

알리가 이솝의 말을 먼저 알아챘다.

"이솝 말이 맞겠다. 원의 둘레 위에 세 점을 찍어 삼각형이 나오기도 하지만 거꾸로도 돼! 즉, 삼각형이 있으면 그 삼각형의 세 꼭짓점을 지나는 원도 있는 거지."

알리가 모래판을 지우고 지팡이를 이솝에게 건넸다.

"이 삼각형의 세 변이 원에서 현의 역할을 한다고 생각하자. 일단 한 변의 중점을 찍고 거기에서 변과 수직이 되도록 직선을 그어."

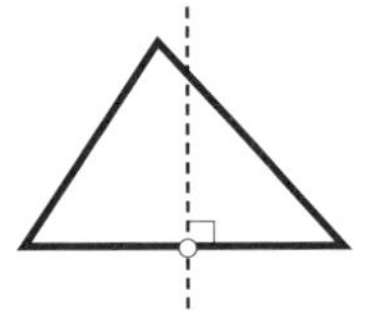

지호가 지팡이를 받아서 두 번째 변에서도 똑같이 했다.

"두 직선이 한 점에서 만나잖아. 이 삼각형이 예각 삼각형이니까 두 점이 삼각형 안에서 생기는 거겠지? 음… 아무튼 이 점이 바로 원의 중심이야. 그 점에서 꼭짓점을 향해 이렇게 반지름을 긋고… 아, 그림이 점점 복잡해진다. 점에다가 이름을 붙이자."

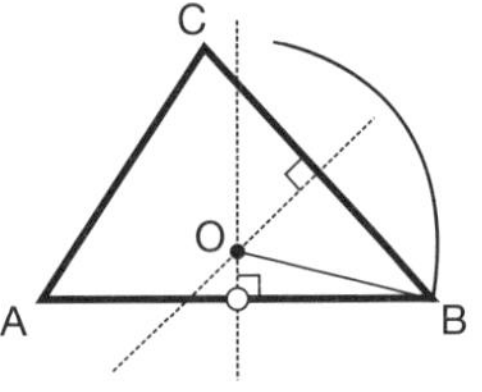

지호는 반지름이 OB인 원을 그리기 시작했다. 그러다가 손이 떨려 결국 멈췄다. 정말 저 원이 다른 두 꼭짓점 C와 A를 지날까?

알리가 컴퍼스로 정확하게 원을 그렸다. 즉, 중심이 O이고 반지름이 OB인 원을 그린 것이다. 그러자 원이 정확하게 두 점 C와 A를 지났다!

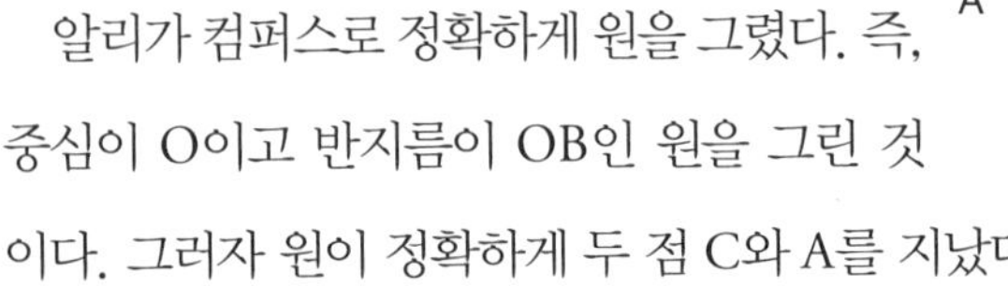

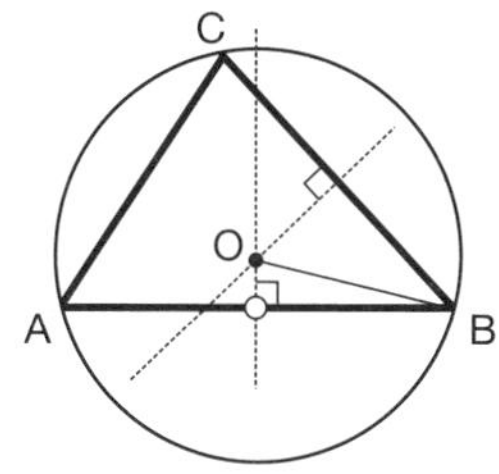

모나는 어리둥절한 표정으로 박수를 치다가 결국 질문했다.

"변 AC도 원의 현이니까 중점을 잡고 중점에 수직인 직선을 그리면 원의 지름이 되고, 그래서 중심 O를 지나겠네."

마침내 이솝도 품고 있던 질문을 꺼냈다.

"모래판에 그린 원은 세 꼭짓점을 지났지만, 사실은 안 지날 수도 있잖아? 모래판에 그린 그림만으로는 믿기 어려워."

이솝은 하나 더 덧붙였다.

"그게 다가 아니야. 다른 삼각형의 경우 원이 세 꼭짓점을 지나지 않을 수도 있지 않아?"

은우가 "그럴 수는 없어."라고 말하자 모두 은우를 바라봤다.

"그래, 세 꼭짓점을 정확하게 지나."

알리도 거들었다. 알리와 은우가 각자의 생각을 말한 후 질문이 이어지며 알리와 은우가 미처 생각하지 못한 것들이 다듬어져서 마침내 모두 이해하게 됐다. 요약하면 이렇다.

원의 중심을 찾을 때처럼, 변 BC의 중점 E에서 수선을 긋고 변 AB

의 중점 D에서도 수선을 긋는다. 두 수선은 한 점에서 만날 텐데, 그 점을 O라고 하자.

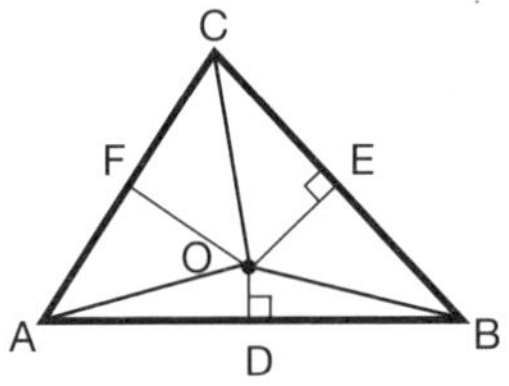

그다음 어제 지호가 했듯이 '무턱대고 이어 보기'를 했다. AC의 중점과 점 O를 이은 것이다. 아직 CFO가 직각인지는 모른다.

삼각형 OAD와 삼각형 OBD가 합동이다. 즉, OB=OA다.
삼각형 OBE와 삼각형 OCE가 합동이다. 즉, OB=OC다.

따라서 OB=OA=OC다. 이는 점 O에서 A, B, C가 같은 거리에 있음을 뜻한다. 그래서 중심을 O로, 반지름을 OB로 원을 그리면 세 점 B, C, A를 지난다. 이 과정에서 예각삼각형이나 직각삼각형이나 둔각삼각형이라는 성질을 쓰지 않았다. 따라서 삼각형의 세 꼭짓점을 지나는 원은 항상 존재한다!

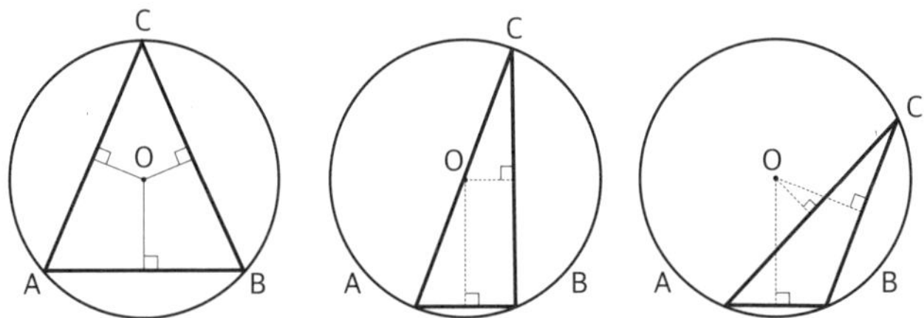

- 예각삼각형의 외심은 삼각형의 안에 있다.

- 직각삼각형의 외심은 빗변에 있다.

- 둔각삼각형의 외심은 삼각형의 밖에 있다.

아이들의 이 발견은 아주 유용하다. A, B, C가 세 마을이라 하고, 세 마을로부터 같은 거리에 우물을 만들고 싶다고 해 보자. 그러면 우물의 위치인 점 O를 정해야 한다. 즉, AB, BC, CA를 연결하고 각각의 중점을 찾아 수선을 그어 세 수선이 만나는 점을 찾으면 된다. 모두에게 공평한 거리에 뭔가를 만들려면 O의 위치를 찾아야 한다.

우주로 나가도 된다. 어떤 별이 지구를 중심으로 원 궤도를 따라 돌고 있다고 상상해 보자. 그 별의 움직임을 관측하여 세 지점만 정확하게 알아낸다면 별의 전체 궤도를 알 수 있다.[11] 그러면 며칠 뒤 별이 어느 자리에 있는지 예측할 수 있다! 이건 정말 대단한 발견이다!

중심각과 원주각

다음 발견은 모나에게서 나왔다. 모래판에 원과 현을 그리면서 모나

---

[11] 지구는 원운동을 하지 않는다. 케플러라는 위대한 수학자가 밝힌 사실이다. 케플러 이전에는 모두 원운동을 한다고 생각했다. 지구를 중심으로 태양이 돌고 있다고 생각하는 사람들은 태양이 원운동을 한다고 여겼고, 태양을 중심으로 지구가 돌고 있다고 생각한 사람들은 지구가 원운동을 한다고 여겼던 것이다. 그러나 케플러는 지구의 위치를 여섯 개의 점 A, B, C, D, E, F로 나타냈고, A, B, C의 외심과 D, E, F의 외심이 다르다는 것을 알아냈다. 지구가 태양을 중심으로 원운동을 한다면 두 외심이 다를 수는 없는데 말이다! 케플러는 몇 년 동안 계산하여 지구가 태양 주위를 돌되, 궤도가 원과 비슷할 뿐 정확히 원은 아니라고 밝혀 세상을 깜짝 놀라게 했다.

가 말했다.

"스페이스 머신에서 이솝이 했던 질문 생각나? 나 답을 알 것 같아."

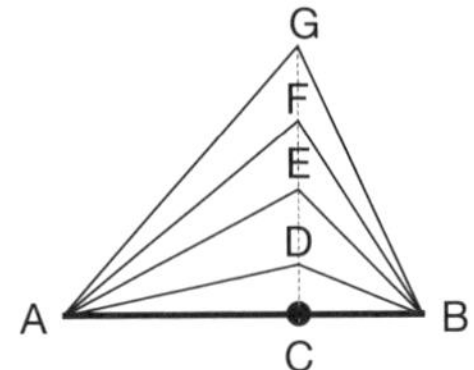

AB가 주어졌을 때 AB 위에 있는 어떤 점 C가 AB와 직각을 이루는 직선 위에 D, E, F, G가 있다고 상상해 보자. 어느 점에서 직각삼각형을 이루는가?

알리도 감을 잡은 표정으로 모나를 봤다. 곧 은우, 지호, 이솝도 고개를 끄덕였다.

"원을 그려야 해. AB가 지름인 원!"

지호가 모나에게 눈짓하자 모나가 마무리했다.

"그래. 점 C에서 그린 수선이 원과 만나는 점 E가 우리가 찾던 점이야. 거기서 직각이 될 테니까. 만약 E보다 아래에 있는 점을 선택하면 거기서 각은 둔각일 거고, E보다 위에 있는 점을 택하면 예각이 나오겠지."

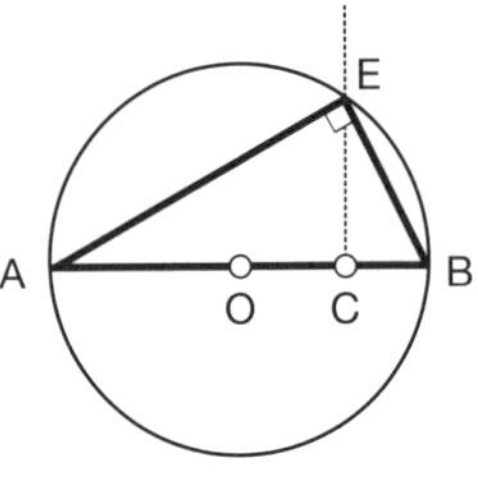

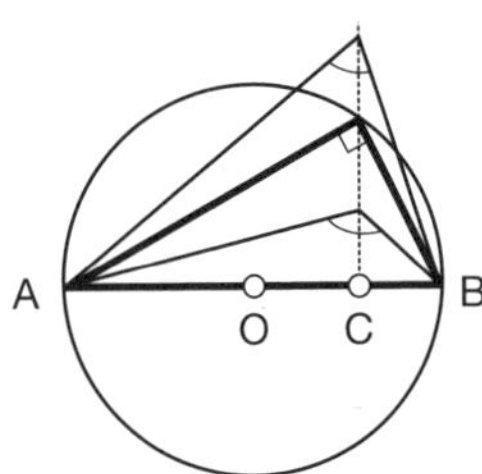

그렇게 직각삼각형에 대한 질문도 답을 찾았다. 그러나 이솝은 미심쩍었다. 빗변이 지름인 원을 만들고 원 위의 아무 점이나 찍으면 항상 직각삼각형이 나온다는 것이니 말이다. 정말 그럴까?

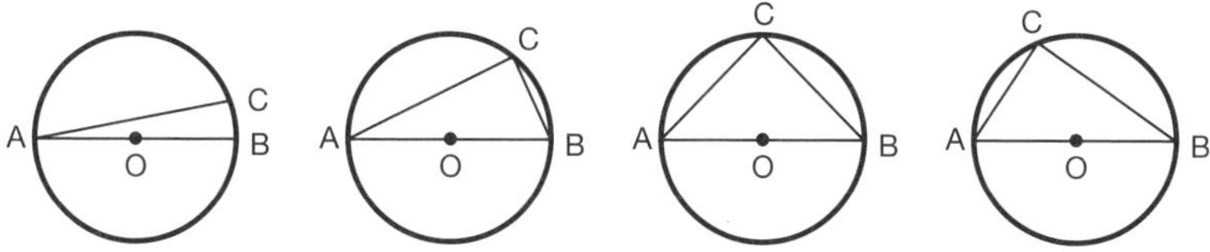

이솝은 네 경우 모두 각 ACB가 직각이 맞냐고, 어떻게 그럴 수 있냐고 물었다.

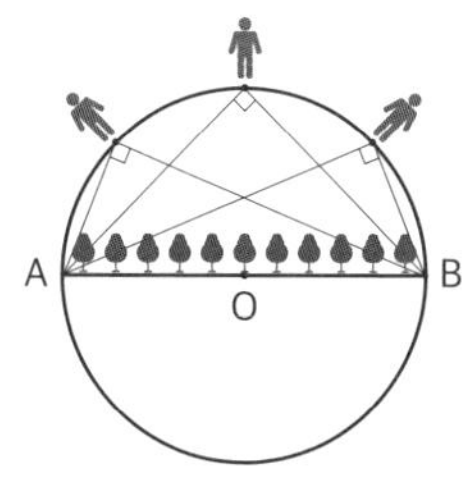

"이 원을 여기 마당, AB를 마당의 어떤 지름이라고 하자. 거기에 나무를 한 줄로 죽 심었다고 해봐. 내가 B에서 출발해서 원의 둘레를 따라 걸으면서 나무를 봐. 근데 경주마 눈가리개 같은 걸 써서 시야각을 직각으로 제한했다고 해 봐. 그럼 A까지 가는 내내 그 나무 전부를 본다는 것 아니야? B에 섰을 때는 한 그루만 보일 거고 A에 도착해서도 한 그루 밖에 안보일 텐데, 원을 따라 한 발짝만 떼도 지름 전체가 다 보일 거라는 거지? 더도 덜도 아니고?"

이솝이 그린 그림에 알리가 선을 몇 개 더 그었다.

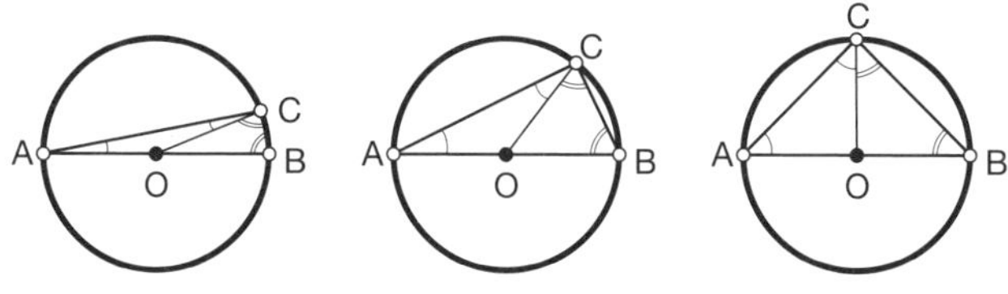

알리의 주장은 이랬다. 점 C가 어디에 있든 각 ACB는 직각이다. 예를 들어 두 번째 그림을 보자. 여기서

∠ACO의 크기가 x면 ∠COB의 크기는 $2x$다. 삼각형 ABC만 똑 떼어 놓고 보면 알 수 있다.

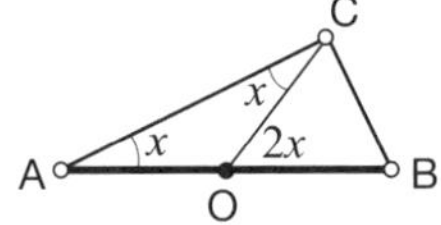

그러면 $x + x + \angle COA = 180°$, $\angle COB + \angle COA = 180°$이므로 $x + x = \angle COB$인 것이다.

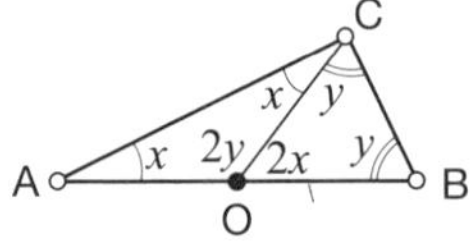

같은 이유로 ∠BCO의 크기가 y면 ∠COA의 크기는 $2y$다. 즉,

$$x + x + 2y = 180°$$
$$y + y + 2x = 180°$$

이므로 C가 어디에 있든

$$2x + 2y = 180°, \text{ 즉 } x + y = 90°$$

이다. 따라서 각 ACB는 항상 직각을 유지한다.

"이솝이 반원의 둘레에 서 있는 한, 지름을 90도의 각도로 볼 수밖에 없다."

모나가 두 주먹을 꽉 쥐어 올리며 말했다.

"지름만 그럴 것 같지는 않은데?"

은우는 모래 칠판을 지우고 컴퍼스로 똑같은 원을 두 개 그린 다음, 두 원에서 현 AB 길이가 같도록 점을 찍고 현의 양 끝에 A, B라고 썼다.

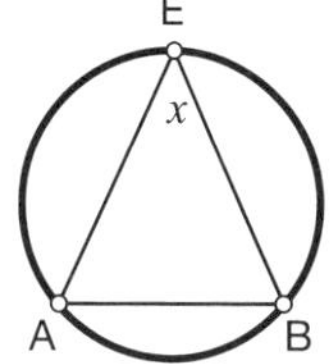
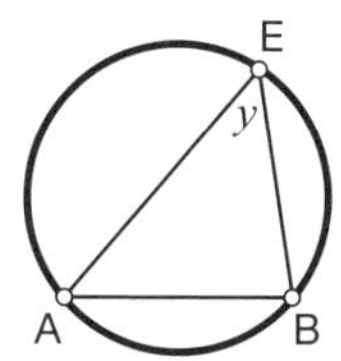
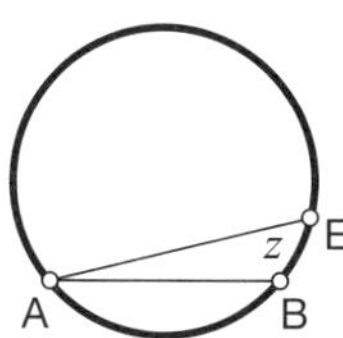

"각AEB의 크기인 x와 각 y가 서로 같을 거야. AB가 정해지면 AB와 둘레에 있는 점이 이루는 각의 크기는 모두 같아."

그때 지호가 나섰다. 컴퍼스로 똑같은 원을 하나 더 그린 후, ∠AEB 에 z라 쓰고는 물었다.

"에이, 그건 아니지. 너무 나간 것 같은데? 그럼 z도 x, y와 같다는 말이야?"

지호답지 않게 자못 진지한 표정이었다. 마침내 은우가 답했다.

"그래, 맞아. 여기서도 중심각이 원주각의 두 배야. 그래서 현이 정해지면 원주각은 항상 같아. 지름과 마주보는 각이 직각이었던 것도 그래. 중심각이 180도여서 원주각이 항상 90도였던 거야."

물론 그 자리에서 은우가 '중심각'이니 '원주각'이니 하는 그런 용어를 쓰지는 않았다. 기록자인 내가 요약하면서 현대 용어로 다시 쓴 것이다.

중심각은 현 AB와 중심 O로 이루어진 각 AOB
다. 즉, 부채꼴의 각이다. **원주각**은 현 AB와 원의 둘
레에 있는 어떤 점 C로 이루어지는 각 ACB다.

은우가 하는 말은 이것이다.

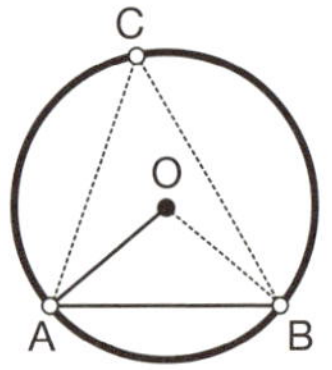

- 원의 둘레에 두 점 A와 B가 고정되면 중심각 AOB는 하나뿐이다.
- 점 C가 원의 둘레의 어디에 있든 원주각 ACB의 크기는 중심각 AOB의 크기의 절반이다.
- 따라서 점 C가 원의 둘레의 어디에 있든 원주각 ACB의 크기는 항상 같다.

조심할 것이 하나 있다. 이 성질은 점 C가 현 AB의 '위'쪽에 있다고 가정한 것이다. AB의 '아래'쪽으로 내려오면 각도는 달라진다. 다만 점 D가 AB의 '아래'쪽에 있기만 하면 점 D가 어디에 있든 원주각 ADB의 크기는 항상 같다.

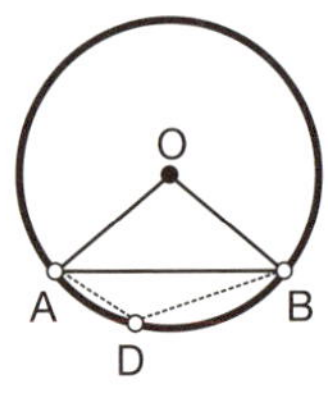

이로부터 다음 결론이 나온다.

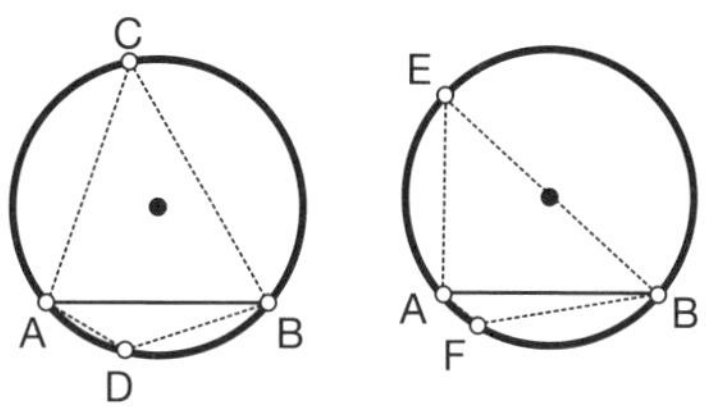

$$\angle ACB + \angle ADB = \angle AEB + \angle AFB$$

즉, 두 점 A, B가 정해지는 순간 원에 있는 사각형이 ABCD든 AFBE 이든 상관 없이 마주 보는 두 각의 크기의 합이 같다. 항상! 원 위의 네 점으로 사각형을 만들면 마주 보는 각들의 합이 항상 같다니…. 신기하다! 그러면 마주 보는 두 각의 크기의 합은 몇 도로 같은 것일까?

질문을 받으면 가장 간단한 예로 시작하자고 했던 유휘, 나일, 티그리스를 기억하자. 그 원칙에 따라 원에 네 꼭짓점을 두고 있는 가장 단순한 사각형을 상상하면 바로 정사각형일 것이다. 이 경우 역시 마주 보는 두 각의 크기의 합은 180도다. 항상!

지금까지 내용을 정리하면 이렇다. 삼각형은 항상 세 꼭짓점을 지나는 원이 있다. 물론 모든 사각형에 대해 네 꼭짓점을 지나는 원이 항상 있다고는 말할 수 없다. 그러나 마주 보는 두 각의 크기의 합이 180도인 사각형은 항상 네 꼭짓점을 지나는 원이 있다.

지금까지 알아본 것이 정말 사실일까?

원에서 현이 정해지면 중심각의 크기가 원주각의 크기의 두 배다.
주춧돌인 이 문장을 먼저 증명해야 한다.

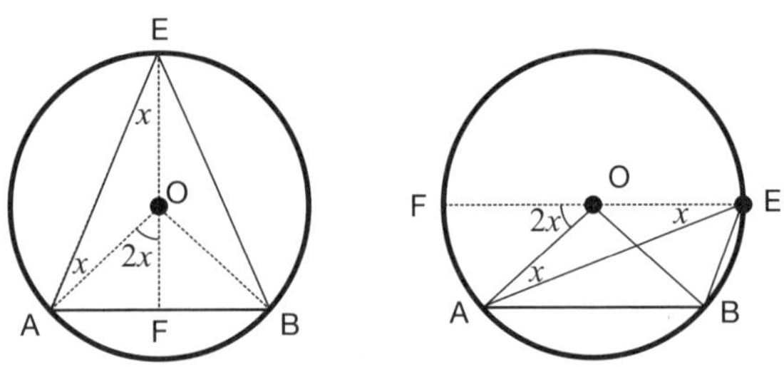

은우는 왼쪽 그림을, 알리는 오른쪽 그림을 그리며 설명했다. 오른쪽
그림에서 점 E는 점 B에 좀 더 가까이 있다. 점 E가 왼쪽 그림의 위치
에 있든 오른쪽 그림의 위치에 있든 상관없이 ∠AEB가 ∠AOB의 절반
이라고 한다. 처음에는 믿지 않는 분위기였지만 은우와 알리가 친절하
게 설명해 줬다.

【기록자의 보충: 자, 독자 여러분께 제가 요약해 보겠습니다. 저를 따
라해 보세요.

- ∠OEB와 ∠OBE에 y라고 쓰세요.
- ∠BOF는 $2y$라고 쓰세요.

삼각형 OEB는 이등변 삼각형이므로 ∠OEB = ∠OBE = y니까요.
왜 ∠BOF가 $2y$일까요?

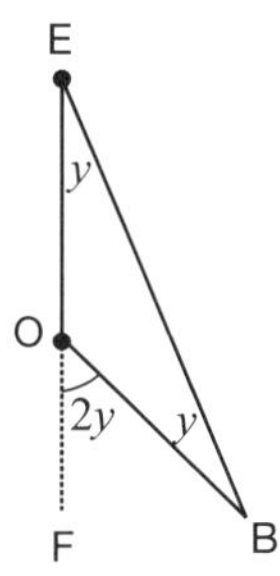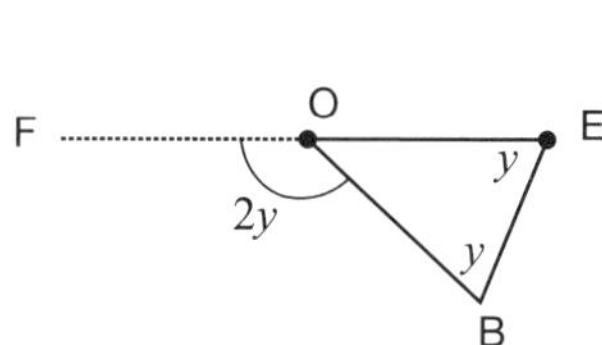

$$\angle \mathbf{BOE} + y + y = 180°$$

$$\angle \mathbf{BOE} + \angle \mathbf{BOF} = 180°$$

따라서 ∠BOF는 $2y$입니다. 왼쪽 그림에서는

중심각: $\angle \mathbf{AOB} = 2x + 2y$

원주각: $\angle \mathbf{AEB} = x + y$

이고, 오른쪽 그림에서는

중심각: $\angle \mathbf{AOB} = 2y - 2x$

원주각: $\angle \mathbf{AEB} = y - x$

그렇죠? 현 AB가 정해지면 점 E가 현 AB의 위쪽의 호 어디에 있든 원주각이 중심각의 절반입니다.

이솝은 역시 여기에 만족하지 않고 질문을 하나 더 던졌어요. 이솝의 질문을 무엇이었을까요? 힌트는 우리가 살펴본 이것입니다.

"두 점 A, B가 고정되어 있을 때, 점 C가 원의 둘레 위에 있으면 각 ACB의 크기는 모두 같다."

이솝의 질문이 짐작가나요? 네, 맞습니다.

"두 점 A, B가 주어졌을 때, 각 ACB의 크기가 같은 모든 점 C를 이으면 원이 될까?"

그림으로 나타내면 이렇게 되겠죠.

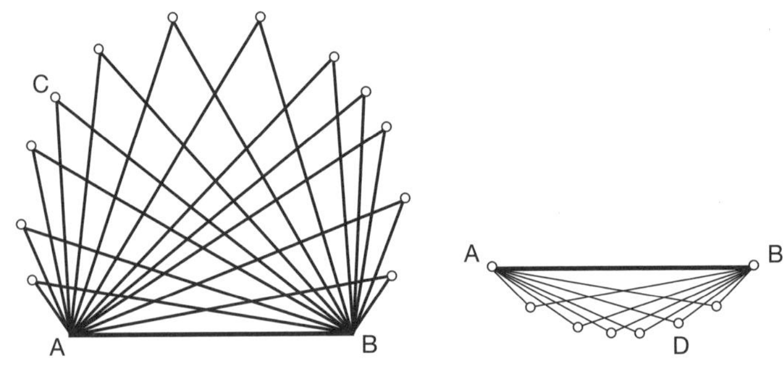

각 ACB의 크기가 같은 모든 점 C를 모두 이으면 원이 된다는 것입니다. 정확하게 말하면 원의 일부겠죠. 즉, 호 ACB와 현 AB로 둘러싸인 도형은 활꼴 ACB! 원의 나머지 부분인 '아래'쪽도 봐야겠죠? 각 ADB의 크기가 같은 모든 점 D를 이으면 마찬가지로 호 ADB가 될 것입니다. 따라서 호 ACB와 호 ADB를 이으면 전체 원이 되고요. 기하 탐험대는 어떻게 했나 보겠습니다.】

모나의 설명으로 원주각 사건은 가볍게 마무리됐다.

"원주각의 크기가 각 ACB의 크기와 같은데 점 C가 원 위에 없다면 말도 안 되는 일이 벌어지겠지….”

모나가 다시 설명했다.

“그러니까 아무 삼각형이나 하나 만들어서 밑변을 고정해 놓고 밑변과 마주 보는 각의 크기가 같도록 삼각형을 계속 그리면 원이 만들어져. 중심이야 찾으면 될 거고. 직각삼각형으로 만들면 반원이 그려지겠지.”

지호가 “아무렴, 그렇고 말고.”라며 호응했다. 은우가 이솝에게 말했다.

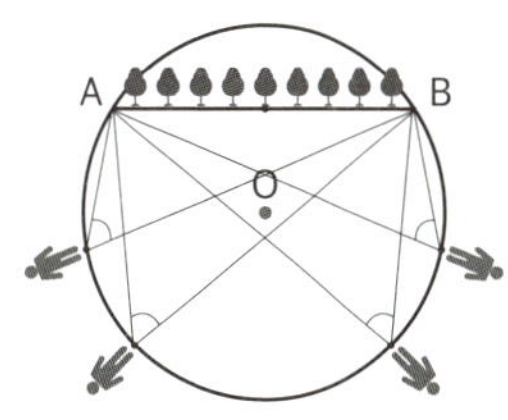

“나무를 ‘지름에’ 심을 때만 그런 게 아니었어. 원 마당에서 아무렇게나 현 AB를 만들고 거기에 나무를 심었다고 해 봐. 양 끝 A, B를 보면서 원의 둘레를 따라 걸으면 항상 원주각의 시야만큼만 보는 거야. 더도 덜도 말고.”

원의 접선

이제 떠날 시간이다. 원, 그리고 알리와 이별이다. 우주 여행 소년소녀단은 스페이스 머신이 마치 이별 머신처럼 느껴졌다. 히파티아 님은 점심을 함께하자는 알 하이삼의 부탁을 받아들였다. 아이들의 마음은 다시 밝게 부풀었다.

점심을 먹고 헤어지기 전, 모나가 알리에게 물었다.

“어제 산에서 수평선을 보면서 각을 쟀잖아? 어떻게 지구의 크기를 잴 수 있게 돼?"

알리의 말을 요약하면 이렇다.

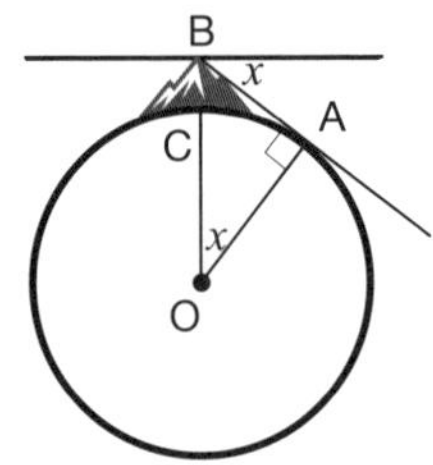

B가 산꼭대기고, 거기서 바라본 수평선이 A 지점이라고 하자. 어제 그 거대한 각도기로 내려다볼 때 각도가 x였다. 지구의 중심 O에서 A까지 직선을 이으면 OA는 지구라는 거대한 구의 반지름이 된다. 중심이 O고 두 점 A, C를 지나는 원의 반지름이기도 하다. 각도기의 직선 막대를 정확하게 수평선에 맞췄으니까 상상의 직선은 B에서 A를 스치고 지나간다. 직선 BA가 중심이 O이고 반지름이 OA인 원에 접하는 것이다. 여기서 원은 비밀을 간직하고 있다. 바로 원의 접선 BA와 선분 OA가 접점 A에서 직각을 이룬다는 사실이다.

"선분 OA와 접선 BA는 직각이야. 그래서 수평선을 내려다보는 각 x와 ∠AOB의 크기가 같아. 즉, ∠AOB = x인 거야. 그렇다면 한 각도가 x고 한 각도가 직각인 닮은 삼각형을 만들어서 OA를 알 수 있겠지. OA만 알면 그것이 지구라는 거대한 구의 반지름이니까 지구의 크기도 알 수 있게 되지. 그런데 OA = OC이고 OC = OB−BC잖아. BC는 산의 높이니까 우리가 알고 있고 말이야. 결국 OB의 길이만 알면 된다는 말씀!"

알리는 두 삼각형을 그리며 설명을 이었다.

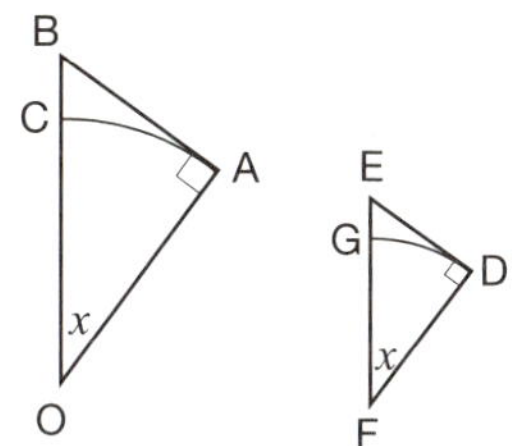

"그 OB의 길이는 이렇게 원래 삼각형 ABO와 닮은 작은 삼각형 DEF를 만들어서 닮은비를 쓰면 될 거야 ."

각도기와 계산만으로 지구의 크기를 잴 수 있다니! 비밀은 간단히 풀렸다. 그나저나 선분 OA와 접선 BA는 왜 직각일까?

처음에 원의 중심을 찾았던 생각을 적용한 것이다. 중심 O로부터 현 AB가 멀어지다가 마침내 **원의 접선**이 되었을 때에도 접선은 반지름 OA와 직각을 이룰 것이다.

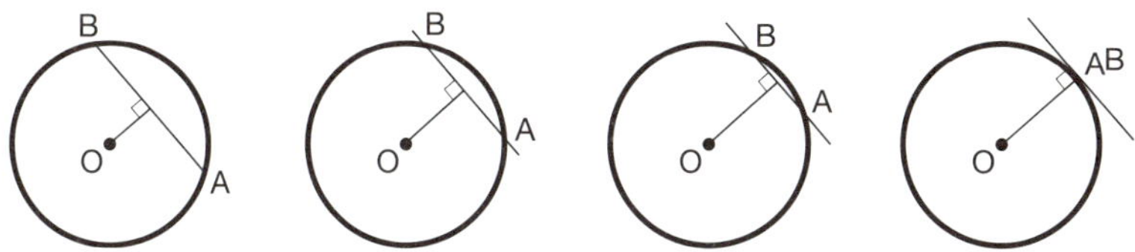

한 번에 나타내면 이렇게 된다. 알리의 말은 도무지 끝날 것 같지 않았다.

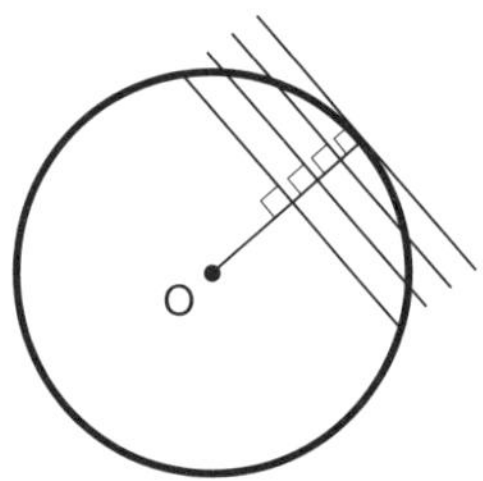

그 순간 아이들의 눈이 마주쳤다. 알 하이삼 님과 대화를 나누고 있던 히파티아 님을 향해 있는 힘껏 소리쳤다.

"히파티아 님! 우리 늦었어요. 알리는 우주 갔다 와서 다시 만날게요. 어서 가요. 빨리요!"

삼각비의 기하학

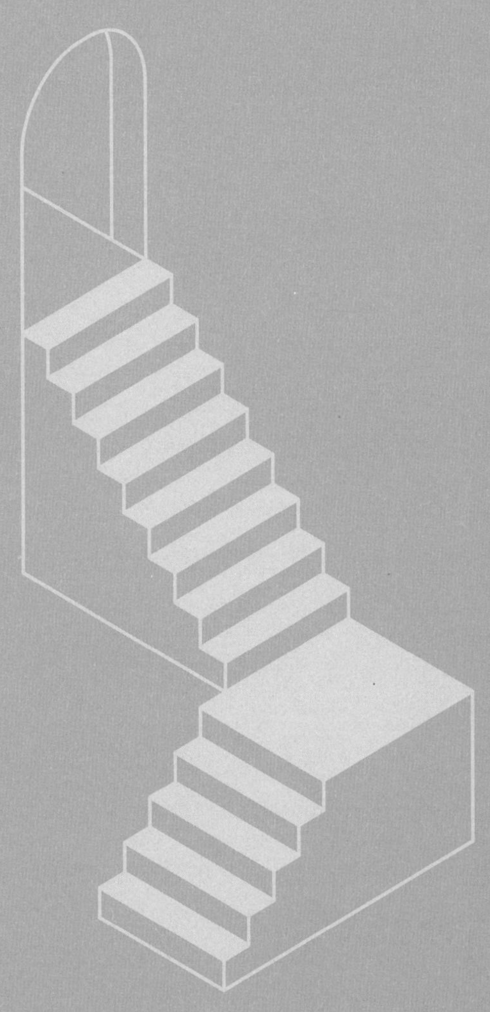

삼각비 sin, cos, tan, 삼각비의 성질, 삼각비의 표

∞ 삼각비의 기하학 안내자
브라마굽타(598년경~668년경)

고대 인도의 수학자, 천문학자. 수 0의 의미와 그것의 4칙 연산을 확립하여 수학의 역사에 한 획을 그었고 기하학과 대수학에도 업적을 남겼다. 천문 대장을 하면서 천문학에 적용할 수학 계산을 대폭 개선했다.

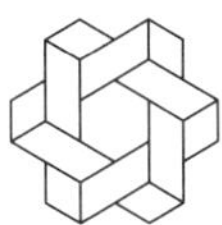

종이 울리자 모나, 지호, 은우, 이솝은 정해진 자리에 섰다. 스페이스 머신이 형체를 드러냈다. 벌써 일곱 번째 기하 여행이다.

"이번에 갈 스페이스는 600년경 인도, 이번 기하 여행을 도와줄 분은 브라마굽타 님이셔. 지금은 천문대에서 일하시고 몇 년 후에 중요한 수학 책을 쓰실 거야. 오늘 너희와 함께할 이야기가 그 책에 담길 텐데, 물론 이제 만날 브라마굽타 님은 그 사실을 모르지."

모나는 천문대에서 일하고 싶었기 때문에 기대가 한껏 부풀었다. 그러나 도착한 곳은 상상 속 천문대와 딴판이었다. 망원경은 눈 씻고 봐도 없었고, 벽돌로 지어진 거대한 직각삼각형뿐이었다. 히파티아 님이 모나와 눈을 맞추며 말했다.

"이런. 모나가 실망했구나? 하지만 지금은 600년경이잖아. 망원경이 발명되려면 앞으로 천 년은 더 있어야 해. 저 거대한 직각삼각형 건물들과 저쪽에 보이는 원판들로도 우주와 많은 대화를 나눌 수 있었지. 브라마굽타 님이 알려 주실 거야. 기대해도 좋아.”

직각삼각형의 끝에서 브라마굽타가 손을 흔들었다. 마른 몸에 키가 커서 대나무 같았다.

“어서 오세요, 히파티아 님. 어서 와, 얘들아. 난 브라마굽타야. 브라흐마라고 불러 줘.”

일단 먹고 시작하자며 먹을 것을 꺼내 왔다. 빙 둘러 앉아 모두 신나게 먹었다. 자리를 깨끗이 치우고 브라흐마는 곧장 질문을 시작했다.

“너희가 그동안 어디어디로 기하 여행을 다녀왔는지 말해 주겠니?”

아이들은 생각나는 대로 상세히 말했다. 지난 세 달 동안 이렇게 많은 것을 했다니, 아이들은 말하면서 스스로 놀랐다.

“대단한걸? 모르는 게 없겠구나. 내가 할 게 없네, 뭐.”

모나는 울상이 되어 말했다.

“그럴 리 없어요. 브라흐마 님이 곧 중요한 책을 쓸 거라고, 오늘 할 것도 그 안에 있을 거라고 히파티아 님이 그렇게 말씀하셨단 말이에요!”

“내가 책을 쓰게 된다고? 오호… 그렇다면 막혔던 것이 풀린다는 뜻!”

브라흐마가 자세를 고쳐 앉으며 말했다. 이전의 브라흐마와 다르게 사뭇 진지해졌다.

“너희가 기하 여행을 하면서 그렇게 많은 것을 배웠다니 놀랐어. 아까 누가 그랬지? 기하 공부가 영혼을 깨운다고 했던 사람이?”

아무도 그 말을 하지 않아서 서로 눈치를 보는데 모나가 천천히 손을 들었다.

"맞아. 그런데 영혼을 깨우기만 해서 뭐하니? 세상도 깨워야지."

합동, 닮음, 넓이를 넘어서

아이들은 뒤통수를 얻어 맞은 듯한 표정이었다.

"무슨 말이냐 하면… 각, 평행, 삼각형, 원 같은 것들을 아는 것도 좋지만 그것들이 세상 일에 도움이 되도록 해야 한다는 거야."

"삼각형과 원, 넓이와 닮음만으로도 많은 걸 알 수 있긴 하지. 하지만 그걸로는 부족해. 틀림없이 더 좋은 게 있을 거야."

"뭘 좀 알아냈나요?"

은우의 물음에 브라흐마가 피식 웃었다.

"아직 충분치 않아."

"알려 주세요!"

기하 탐험대가 큰 소리로 합창했다. 브라흐마는 이내 기대감, 기쁨, 설렘을 담아 말했다.

"역시 기하 탐험대구나! 처음으로 말하는 거야, 영광으로 알아라."

브라흐마의 생각은 이것이었다. 기하의 원리를 이용하되 그보다 쉽게 계산할 수 있는 방법을 찾자. 예를 들어 저 직각삼각형 모양의 천문대의 높이를 어떻게 알 수 있을까? 꼭대기에 올라가 줄을 내려서 잴까? 그건 기하가 아니다. 게다가 아주 높다면 그 방법은 아예 소용이 없다. 다음 그림처럼 직각삼각형의 꼭짓점이 바다에 위치한다면 C에서 B로 줄을 대는 건 불가능할 것이다.

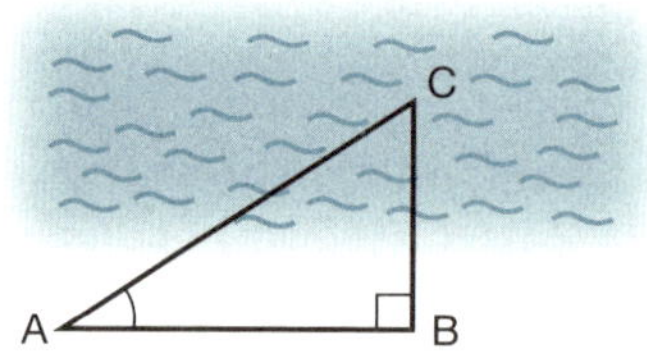

물론 합동의 원리를 쓰면 문제를 해결할 수 있다.

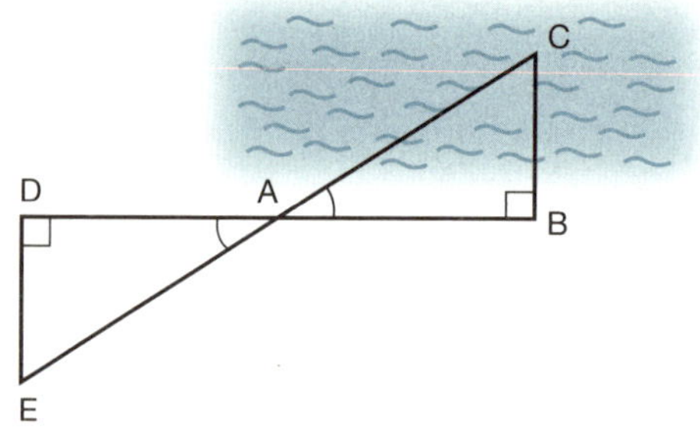

삼각형 ABC와 합동인 삼각형 ADE를 만들면 된다. 선분 CA와 선분 BA를 각각 연장한 후, AB = DA가 되도록 점 D를 잡고, 점 D에서 수선을 긋는다. 구하려고 하는 BC의 길이는 DE의 길이와 같으니까 바다가 아닌 땅에서 DE를 재면 된다. 그러나 이 과정이 소용없을 때도 있다. 세 지점 A, B, C가 세 산의 꼭대기라면 그것과 합동인 삼각형 ADE를 어떻게 만들 것인가?

다른 방법도 있다. 삼각형 ABC와 닮은 내 손바닥 안에 들어갈 법한 삼각형을 하나 만드는 방법이다. 각을 아니까 말이다.

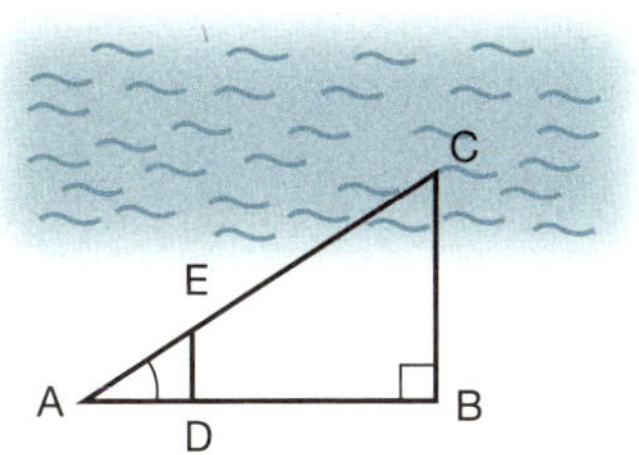

삼각형 ABC와 닮은 삼각형 ADE를 만들어 놓고12 두 선분 AD와 DE의 길이를 잰다. AD가 8이고 DE가 4라고 하자. 이제 육지 부분의 AB가 34라고 하면 구하는 BC는 17이다. 왜냐하면

12 육지 위의 한 점 B에서 C 지점을 향해 직선 막대를 놓는다. 그다음 그 막대와 직각인 방향을 알아내어 그 방향으로 적당히 이동한다. 육지 위의 그 지점을 A라 하자. A 지점에서 C 지점을 향해 직선 막대를 놓으면 각 CAB의 크기를 알 수 있다.
이제 선분 AB 위의 적당한 점 D를 잡고, 점 D에서 올린 수선과 AC 방향의 막대가 만나는 점을 E라 하자(이때 점 E가 육지 위에 있도록 D 지점을 잡는다). 그러면 육지 위의 네 점 A, B, D, E로부터 AB, AD, DE를 구할 수 있다.

$$\frac{AD}{AB} = \frac{DE}{BC}, \quad 즉 \frac{8}{34} = \frac{4}{BC}$$

이므로 곱셈, 나눗셈만 잘하면 거리를 잴 수 있다. D에서 E 지점까지 거리를 재는 순간 물에 빠질 것 같기도 하다. 그러면 이런 식으로 닮은 도형을 만들어도 된다.

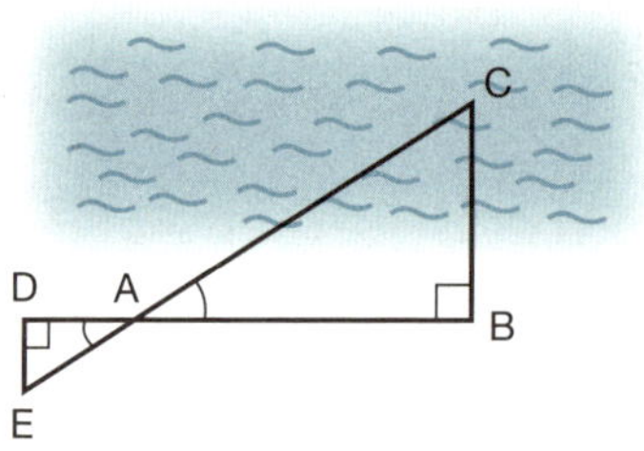

그러나 닮은 도형을 만드는 것도 실제로 해 보면 꽤 어렵고 번거롭다. 합동과 닮음의 기하를 그대로 쓰는 것만으로는 직각삼각형에서 변의 길이 하나를 구하는 것도 쉽지 않다. 넓이를 구할 때도 넓이의 기하를 그대로 쓰면 상당히 불편할 때가 많다.

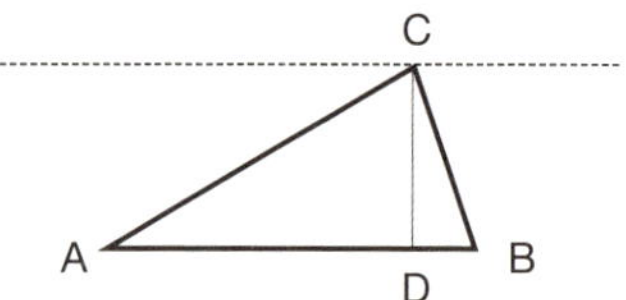

예를 들어 두 변 AC와 AB의 길이를 알고 끼인각 CAB의 크기를 안다고 하자. 이때 삼각형의 넓이를 구하려면 어떻게 할까? 넓이의 기하에서 넓이는 밑변의 길이와 높이를 곱한 값의 반이라고 한다. 그런데 높이를 알려면 C에서 AB에 수선을 내려서 선분 CD의 길이를 재야 한다. 꼭 그래야 할까? 두 변의 길이와 끼인각의 크기로 쉽게 넓이를 얻을 수 없을까?

직각삼각형의 높이

브라흐마는 거기서 말을 멈추고 어깨를 으쓱했다.

"그래서요? 더 좋은 방법을 찾았나요?"

"음, 찾은 것 같아. 아직 끝까지 가지는 못했지만."

브라흐마는 기하 탐험대를 직각삼각형 천문대의 계단이 시작하는 곳으로 데려갔다. 가까이서 보니 직각삼각형의 벽에는 눈금과 숫자들이 촘촘히 새겨 있었다. 브라흐마는 닮음의 원리를 이용하되 매번 닮은 삼각형을 만드는 번거로움과 거기서 비롯되는 실수를 없애고 싶었다고 했다.

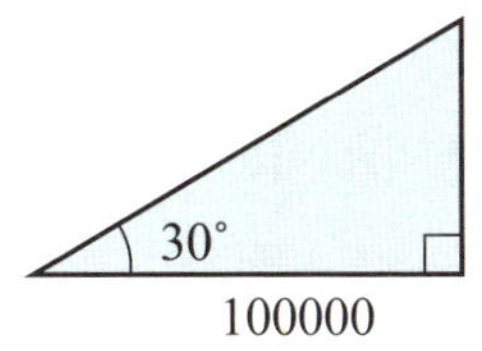

먼저 각을 나타내는 눈금을 보라고 했다. 직각삼각형의 각은 30도였다. 이어서 밑변을 따라 걸었다. 끝까지 가서 숫자를 보니 100000이라고 써 있었다.

"밑변이 100000이고 각이 30도, 이것으로 직각삼각형의 높이를 알 수 있지. 빗변의 길이도 알 수 있고."

"각도 하나, 변의 길이 하나만 갖고 어떻게 다 알아요?"

지호가 질문하자 브라흐마는 소 같은 눈을 껌벅껌벅했다.

"아니야. 세 각도를 다 알아. 직각삼각형이잖아! 한 각은 90도. 여기 이 각은 30도, 그러니까 저 위의 각은 60도."

"그렇네. 그리고 밑변의 길이 하나, 오케이!"

모나와 이솝까지 끄덕끄덕했다.

세 각이 30도, 60도, 90도인 삼각형은 모두 이 직각삼각형과 닮았다. 그래서 이런 세 내각을 가진 직각삼각형 중 익숙한 직각삼각형을 만들어 변의 길이를 구한 후, 그것과 밑변이 100000인 직각삼각형을 비교해서 높이를 구하면 된다. 이런 삼각형 말이다.

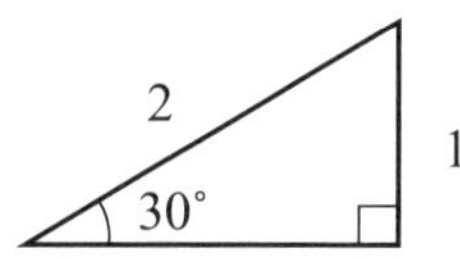

피타고라스 정리를 쓰면 밑변의 길이도 구할 수 있다. 밑변을 x로 놓으면

$$2^2 - 1^2 = x^2$$

이고 $2^2 - 1^2$은 3이다. 제곱해서 3이 되는 수는… 일단 $\sqrt{3}$ 이라고 써서 나란히 놓고 보자.

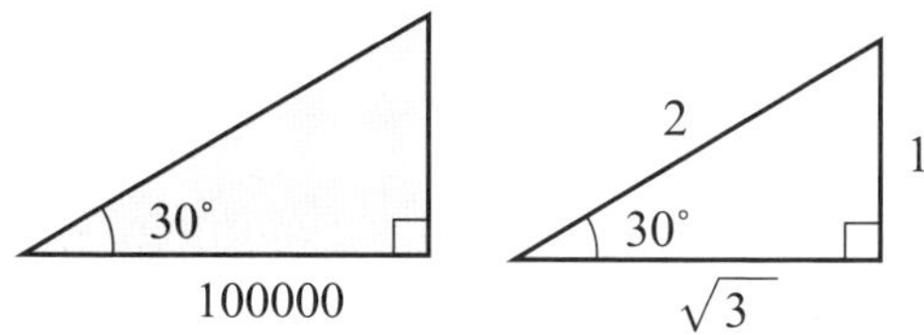

이제 닮음비를 쓰면

$$\frac{높이}{1} = \frac{100000}{\sqrt{3}}$$

을 얻는다. 브라흐마는 엄지손가락으로 손가락 마디를 짚으면서 중얼 중얼했다. 아이들은 영문을 몰랐지만 나는 알았다. 그건 인도식 '손가락 계산기 방법'이었다.

"제곱해서 3이 되는 수라… 1.5보다는 커. $1.5^2 = 2.25$니까. 2보다는 작겠지. $2^2 = 4$니까. 1.5와 2의 중간쯤이겠군. 어디… $1.7^2 = 2.89$. 좋아! $\sqrt{3}$ 은 1.7보다 약간 크겠어."

그러더니 아이들을 보면서 싱긋 웃고 말했다.

"사실 $\sqrt{3}$ 이 1.732와 아주아주 비슷하다는 것을 이미 알고 있어. 그러니까 저 직각삼각형 천문대의 높이는 100000을 1.732로 나눈 값과 아주아주 비슷하다. 비슷한데…."

브라흐마는 계속 중얼댔다.

"물론 50000보다 크지? 흠… 60000보다는 작겠네."

브라흐마는 결국 손가락 셈을 포기하고 쪼그리고 앉아 나무 막대로 땅에 숫자를 쓰며 계산했다. 말이 빠르고 행동은 방정맞았지만 계산은 결코 서두르지 않았다.

"휴, 나왔다. 거의 57735야."

브라흐마는 아이들을 데리고 직각삼각형의 빗변을 따라 난 계단으로 올라갔다. 계단의 끝에서 보니 57735라고 써 있었다!

기하 탐험대의 질문과 브라흐마의 답변을 요약해 놓았다.

질문: 브라흐마는 처음부터 답을 알고 있었다. 거기에다 계산을 꿰맞춘 것 아닌가?

답변: 절대 아니다. 계산해서 알아낸 사실이다.

질문: 30도, 60도, 90도 삼각형에서 빗변의 길이가 2면 왜 높이가 1인가?

답변: 원 안에 한 변의 길이가 2인 정삼각형을 생각해 보자. 정삼각형의 세 내각의 크기는 각각 60도다.

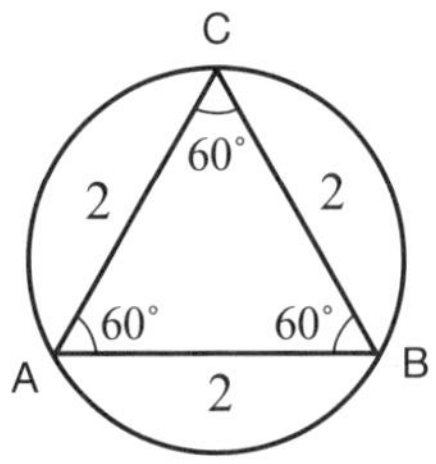

AB의 중점 D를 찾고 수선을 긋자. 그것은 중심 O를 지나는 지름인 동시에 정삼각형의 각 ACB를 이등분한다. 그래서 이렇게 30도, 60도, 90도인 직각삼각형이 나온다.

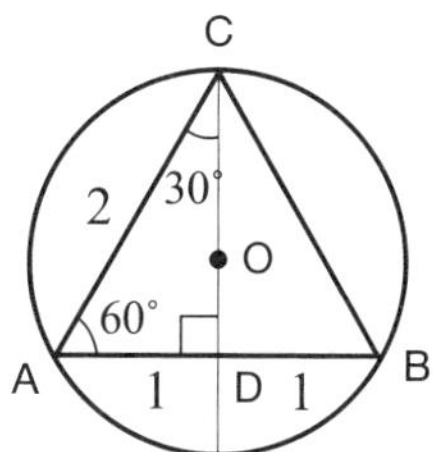

빗변의 길이가 2면 높이가 1인 걸 알 수 있다. 피타고라스 정리를 써서 CD를 구할 수도 있다.

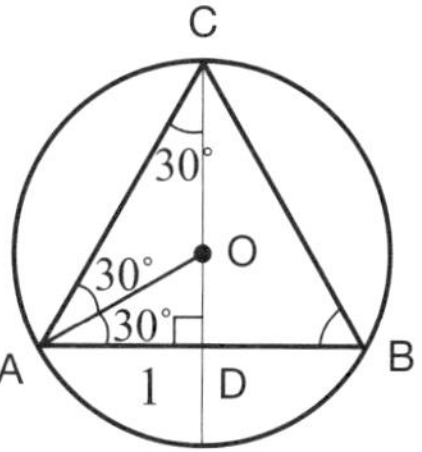

이렇게 OA를 이어 보면 OC = OA니까 삼각형 AOC는 이등변삼각형이다. 이등변삼각형은 이등각삼각형이기도 하므로 각 OAD의 크기도 30도다. 즉, 삼각형 ADO도 30도, 90도, 60도인 직각삼각형이다. 따라서 OD와 OA도 구할 수 있다.

질문: 어떻게 이런 그림을 생각할 수 있는가?

답변: 기하 공부를 하면 이 정도는 금방 생각난다. 원에는 신비한 질서가 있어서 가능하면 원으로 생각하는 게 좋다. 정다각형도 마찬가지다.

브라흐마를 따라가니 계단이 훨씬 가파른 직각삼각형 천문대가 있었다. 45도, 90도, 45도 직각삼각형이었으며, 마찬가지로 밑변의 길이가 100000이었다.

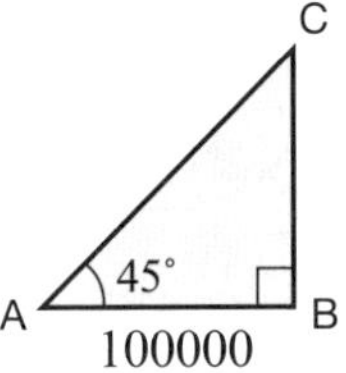

그러면 높이는 '당연히' 100000이다. 이등변삼각형이기 때문이다. 원과 정사각형을 이용해서 닮은 도형을 생각하면 된다.

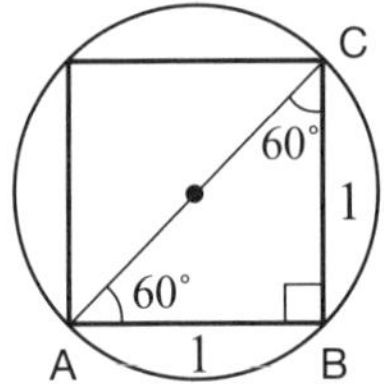

빗변은 원의 지름과 같다. 그래서 빗변은 $\sqrt{2}$ 라고 쓰는데 이 수는 1.4142보다 아주 조금 크다. 즉, 45도, 90도, 45도 천문대의 경우 밑변의 길이가 100000이면 높이도 100000이고, 빗변의 길이는 거의 141420이다.

60도, 90도, 30도 직각삼각형 모양의 천문대도 있었다. 역시 밑변의 길이는 100000이었다. 아까 봤던 30도, 90도, 30도 직각삼각형을 세운 것 같았다. 닮은 도형으로 높이를 계산할 수 있다.

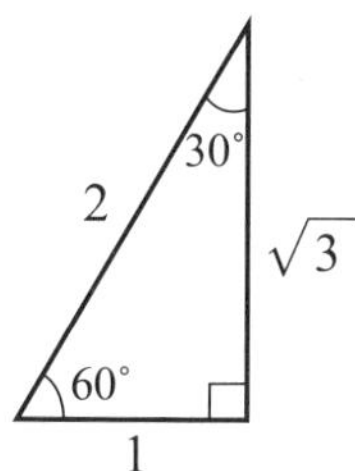

밑변의 길이가 1일 때 높이가 $\sqrt{3}$ 이고 이는 1.732보다 아주 조금 큰 수이므로 밑변의 길이가 100000일 때 높이는 173200보다 조금 클 것이다. 밑변의 2배는 안 되지만 무척 높다.

이번에는 아주 가파른 직각삼각형 천문대가 나왔다. 각이 무려 72도였다.

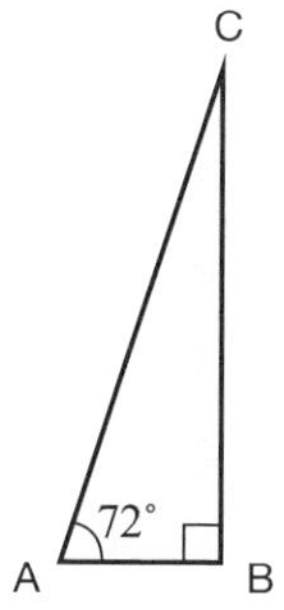

이 천문대는 너무 가팔라서 나선으로 빙글빙글 돌면서 올라가도록 돼 있었다. 브라흐마는 이것의 높이를 알려면 닮은 도형을 찾으면 된다고 말했다. 이번에도 원을 이용했으며, 정다각형 중 정오각형을 떠올려서 찾았다고 한다.

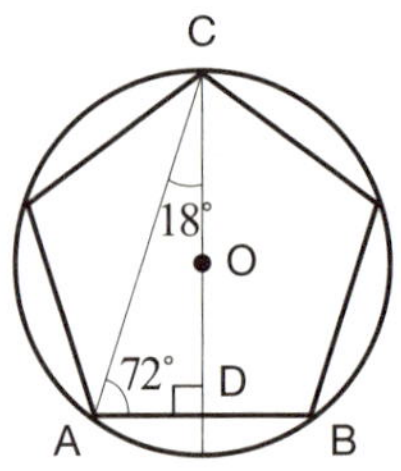

“밑변 AB의 길이를 알 때 높이 DC를 찾는 문제야. 지금까지 했던 방법과 같지. 하지만 계산은 꽤 복잡해….”

높이가 밑변의 길이의 3배가 넘는 것은 확실한데 정확한 값이 기억나지 않는다면서 브라흐마는 꼭대기까지 올라갔다 내려와 숨을 헐떡대며 말했다.

“높이가 307768보다 크다. 빗변의 길이는 높이보다 ‘조금’ 클 텐데….”

그러면서 흙바닥에 쓱삭쓱삭 숫자를 쓰더니 높이는 323607보다 약간 작다고 했다.

삼각비 sin의 탄생

이어서 이솝이 질문했다. 역시 질문 대장 이솝이었다.

“브라흐마 님은 합동과 닮음이 불편해서 새로운 방법을 생각한다고 하셨잖아요. 근데 지금까지 모두 닮은 도형을 만들고 비례법칙을 써서 계산하신 것 같은데요. 뭐가 새롭다는 거예요?”

다들 브라흐마의 계산에 홀려 정작 중요한 것을 놓치고 있었다.

"중요한 차이점이 있어. 아주 중요한 차이."

브라흐마의 생각은 단순하지만 기발했다. 브라흐마의 생각을 두 마디로 요약하면 이것이다.

경우마다 닮은 도형을 만들고 일일이 계산하지 않겠다.
모든 경우에 활용할 수 있는 표를 하나 만들겠다.

직각삼각형 ABC가 있다고 하자.

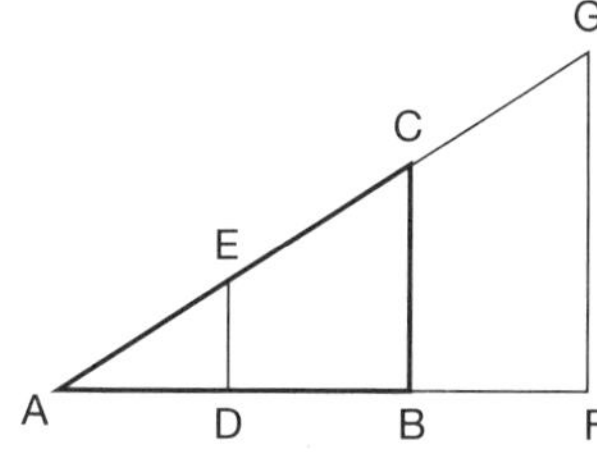

BC에 평행하게 DE를 긋거나 GF를 그어서 직각삼각형을 만들면 이 직각삼각형들은 삼각형 ABC과 서로 닮음이다. 세 각도가 각각 같으니까 말이다. 따라서 다음이 성립한다.

$$\frac{CB}{AC} = \frac{ED}{AE} = \frac{GF}{AG}$$

즉, AC, CB, AE를 알면 ED를 재지 않고도 길이를 알 수 있고 AC, CB, AG를 알면 GF도 알 수 있다. 여기까지가 닮음의 기하다. 직각삼각형에서 각 CAB의 크기가 정해졌고, 닮은 삼각형들의 변의 길이가 달라져도 결코 변하지 않는 것이 있다.

$$\frac{CB}{AC} = \frac{ED}{AE} = \frac{GF}{AG}$$

이 식이 무엇을 뜻하는가? 삼각형 ABC가 작아지거나 커지면서 AE, ED, AG, GF가 달라져도 닮음비인

$$\frac{CB}{AC}, \ \frac{ED}{AE}, \ \frac{GF}{AG}$$

는 변하지 않는다! 이 비가 나타내는 수는 하나다. 그렇다면 각도 하나가 주어졌을 때 이 수를 대응시킬 수 있다. 예를 들어 한 각이 30도인 직각삼각형을 생각해 보자.

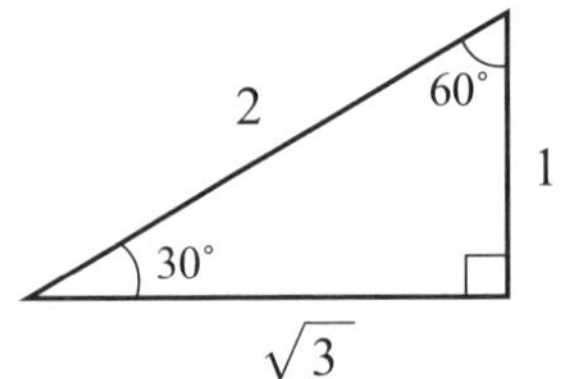

이 직각삼각형이 존재한다는 사실은 정삼각형의 성질과 피타고라스 정리로부터 보장된다. 이 삼각형과 닮음이면서 더 작은 삼각형을 상상해 보자. 그 삼각형의 변들의 길이는 각각 작아질 것이다. 그러나 변들의 비는 변하지 않는다. 즉, 세 변이 2, √3, 1인 삼각형이 이와 닮은 모든 삼각형을 대변한다.

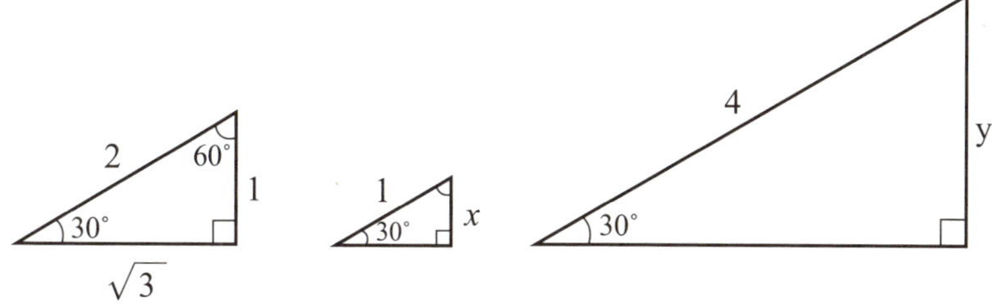

작은 직각삼각형의 빗변이 1이고 높이가 x라면

$$\frac{1}{2} = \frac{x}{1}$$

이고 마찬가지로 큰 직각삼각형의 빗변이 4고 높이가 y라면

$$\frac{1}{2} = \frac{y}{4}$$

이다. 따라서 다음 두 식을 얻는다.

$$x = 1 \times \frac{1}{2}, \quad y = 4 \times \frac{1}{2}$$

만약 한 각도가 30도인 직각삼각형의 빗변의 길이가 a라면 높이는

$$h = a \times \frac{1}{2}$$

일 것이다. 즉, 직각삼각형의 한 각이 30도일 때 삼각비 $\dfrac{높이}{빗변}$ 는 항상 $\dfrac{1}{2}$ 이다. 여기서 브라흐마는 일이 초쯤 쉬더니 유클리드처럼 말했다.

"30도라는 각도는 $\dfrac{1}{2}$ 이라는 수와 대응한다."

그럼 한 각이 60도인 직각삼각형은 어떻게 될까?

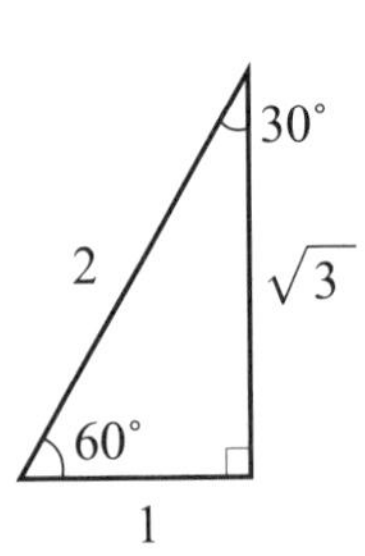

각도 60도에 대응하는 삼각비 $\dfrac{높이}{빗변}$ 는 $\dfrac{\sqrt{3}}{2}$ 이다. 즉, 60도에 대응하는 수는 $\dfrac{\sqrt{3}}{2}$ 이다! $\sqrt{3}$ 이 거의 1.732니까 반으로 나누면 0.866 정도다. 이 직각삼각형의 빗변의 길이가 2000이면 높이는 빗변의 86.6% 정도인 1732에 매우 가까운 것이다.

여기서 주목할 것은 높이 1732를 찾을 때 비례식을 쓰지 않았다는 사실이다.

한 각도가 45도인 직각삼각형은 어떨까?

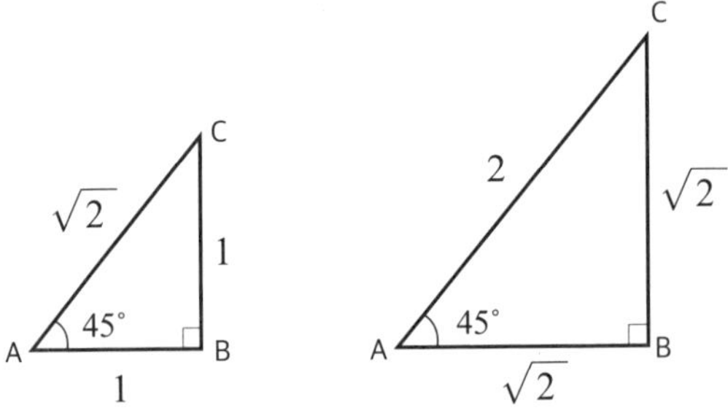

빗변의 길이, 높이가 달라도 삼각비 $\dfrac{높이}{빗변}$ 는 일정하다. 즉,

$$\frac{1}{\sqrt{2}} = \frac{\sqrt{2}}{2}$$

이다. $\sqrt{2}$ 가 1.4142 정도니까 45도에 대응하는 수의 정확한 값은 $\dfrac{\sqrt{2}}{2}$ 이고 비슷한 값은 0.7071이다. 빗변의 길이의 70% 정도가 높이인 것이다.

각도 72도에 대응하는 비율 $\dfrac{높이}{빗변}$ 를 나타내는 수는 약 0.951이다.
높이가 빗변의 길이의 95.1%이므로 높이가 빗변과 맞먹는다. 실제로
72도로 아주 가파른 천문대의 경우 빗변의 길이가 323607, 높이가
307768 정도였다. $\dfrac{307768}{323607}$ 은 거의 0.951다. 여기서 $\dfrac{높이}{빗변}$ 라는 비는
직각삼각형의 각도가 정해지면 확정된다.

이 삼각비는 아주 유용하므로 브라흐마는 그 삼각비에 '지야'라는 이
름을 붙였다. (지금 우리는 sin이라 쓰며 '사인'이라 읽는다.)

삼각비 사인 표 만들기

각이 0도라면 높이는 0에 가까우니 sin 값은 0에 가까울 것이고, 각이
90도에 가까울수록 빗변과 높이는 비슷해지니 sin 값은 1일 것이다. 따
라서 각도와 sin 값을 일대일로 대응시키면 이렇게 된다.

sin 값 \ 각도	0도	30도	45도	60도	90도
정확한 값	0	$\dfrac{1}{2}$	$\dfrac{\sqrt{2}}{2}$	$\dfrac{\sqrt{3}}{2}$	1
비슷한 값		정확히 0.5	0.7071	0.8660	

브라흐마는 귀에 입을 대고 "이렇게 외우면 잘 외워져."라며 속삭였
다.

각도 sin 값	0도	30도	45도	60도	90도
정확한 값	$\dfrac{\sqrt{0}}{2}$	$\dfrac{\sqrt{1}}{2}$	$\dfrac{\sqrt{2}}{2}$	$\dfrac{\sqrt{3}}{2}$	$\dfrac{\sqrt{4}}{2}$

사실 0도부터 90도까지 그 많은 각도에 대하여 사인 표를 완성하는 것은 불가능하다. 그래도 최소한 1도 단위로 표를 만들면 좋을 것 같다. 브라흐마는 오랜 연구 끝에 다음 사실을 알아냈다.

첫째, 두 각도에 대한 sin 값을 알면 두 각도의 **합**인 각도에 대응하는 sin 값을 찾는 방법이 있다. 덧셈과 곱셈만 쓴다.

둘째, 두 각도에 대한 sin 값을 알면 두 각도의 **차**인 각도에 대응하는 sin 값을 찾는 방법이 있다. 곱셈과 뺄셈만 쓴다.

셋째, 한 각도에 대응하는 sin 값을 알면 각도의 **반**에 대응하는 sin 값을 찾는 방법이 있다. 제곱근을 이용한다.

예를 들어 45도와 30도의 sin 값을 알 때, 45 + 30인 75도에 대응하는 sin 값을 알 수 있다. 한 각도가 75도인 직각삼각형을 그려서 길이를 재지 않고도 말이다!

물론 72도와 60도의 sin 값을 아니까 12도의 sin 값, 즉 $\sin 12°$도 알 수 있다. 각도의 반에 대한 sin 값을 아는 방법도 찾았다고 했으니까 $\sin 6°$도 알고 다시 그것의 반인 $\sin 3°$도 알고, 다시 그것의 반인 $\sin 1.5°$도 아는 것이다 그러면 1.5도에서 1.5도씩 계속 더해 가면서 그 각도에 대응하는 sin 값을 계속 알 수 있다. 0, 30, 45, 60, 90도에 대한 표만으로 브라흐마는

1.5	→	3	→	4.5	→	6	→	7.5	→
9	→	10.5	→	12	→	13.5	→	15	→
16.5	→	18	→	19.5	→	21	→	22.5	→
24	→	25.5	→	27	→	28.5	→	30	→
31.5	→	33	→	…	→	88.5	→	90	

이 모든 각도에 대한 sin 값을 알아냈다. 이 표를 얻기까지 꼬박 1년이 걸렸다고 했다. 브라흐마는 허리춤에서 그 표가 적힌 가죽 두루마리를 꺼내 펼쳤다.

삼각비 코사인 표 만들기

브라흐마는 사인 표만 만든 게 아니었다. 어떤 직각삼각형에서 각도가 정해졌을 때 비율

$$\frac{밑변}{빗변}$$

의 표도 만들었다. 빗변의 길이나 밑변의 길이를 알고 싶을 때가 있으니까 말이다. 이 비율도 중요하므로 이름을 붙였다. cos이라 쓰며 '코사

인'이라 읽는다.

cos 값 \ 각도	0도	30도	45도	60도	90도
정확한 값	0	$\dfrac{\sqrt{3}}{2}$	$\dfrac{\sqrt{2}}{2}$	$\dfrac{1}{2}$	0
비슷한 값		정확히 0.5	0.7071	0.8660	

외우기 좋게 나타낸 표는 이것이다.

cos 값 \ 각도	0도	30도	45도	60도	90도
정확한 값	$\dfrac{\sqrt{4}}{2}$	$\dfrac{\sqrt{3}}{2}$	$\dfrac{\sqrt{2}}{2}$	$\dfrac{\sqrt{1}}{2}$	$\dfrac{0}{2}$

"어라? 이상해요! 거꾸로예요. 둘이 완전히 뒤집어진 것 같아요."

모나는 사인 표와 코사인 표를 나란히 놓으며 소리쳤다.

	0도	30도	45도	60도	90도
정확한 sin값	$\dfrac{\sqrt{0}}{2}$	$\dfrac{\sqrt{1}}{2}$	$\dfrac{\sqrt{2}}{2}$	$\dfrac{\sqrt{3}}{2}$	$\dfrac{\sqrt{4}}{2}$

	0도	30도	45도	60도	90도
정확한 cos값	$\dfrac{\sqrt{4}}{2}$	$\dfrac{\sqrt{3}}{2}$	$\dfrac{\sqrt{2}}{2}$	$\dfrac{\sqrt{1}}{2}$	$\dfrac{0}{2}$

루트 안의 값이 사인 표에서는 0, 1, 2, 3, 4고 코사인 표에서는 4, 3, 2, 1, 0이다!

"각도가 커지면 sin 값은 커지고, cos 값은 작아져."

브라흐마는 아주 흡족한 표정을 지었다. 지호도 벌떡 일어나며 "또 있어, 대박!"이라고 소리쳤다. 지호가 발견한 것은 이거였다.

30도에 대응하는 sin 값이 $\frac{\sqrt{3}}{2}$ 이니까 제곱하면 $\frac{3}{4}$ 이고, 그 각도에 대응하는 cos 값은 $\frac{1}{2}$ 이니까 제곱하면 $\frac{1}{4}$ 이다.

따라서 그러니까 $\frac{3}{4} + \frac{1}{4}$ 은 1이다.

45도에 대응하는 sin 값을 제곱하고 cos 값을 제곱하여

더하면 $\frac{2}{4} + \frac{2}{4}$, 즉 1이다.

• 72도의 sin 값과 18도의 cos 값도 같을까?

• 72도의 sin 값을 제곱하고 cos 값을 제곱하여 더하면 1일까?

브라흐마는 활짝 웃으며 가죽 두루마리를 펼쳤다.

"기하 탐험대의 실력이 어느 정도인지 볼까? 어디 보자…."

• sin72°를 보니 0.9511이라고 써 있다. cos18°도 0.9511이다!

• cos72°를 보니 0.3090이라고 써 있다. 이제 $0.9511^2 + 0.3090^2$을 확인하자.

직각삼각형 천문대를 사이에 두고 한쪽에서는 모나가 0.9511을, 다른 쪽에서 지호가 0.3090을 제곱했다. 모나의 계산 결과는

$$0.9511^2 = 0.904691$$

이었고, 지호의 계산 결과는

$$0.3090^2 = 0.095481$$

이었다. 두 수치를 줄에 맞춰 놓았다.

$$0.904691$$

$$0.095481$$

더했더니 1보다 약간 큰 1.000072이었다. 결과 값이 정확한 1이 아니라 다들 갸우뚱했다.

"사실은 정확히 1이야. sin72°를 조금 더 정확하게 쓰면 0.9510565 정도, cos72°를 조금 더 정확하게 쓰면 0.309017 정도거든."

브라흐마는 흙바닥에 계산을 했고 아이들도 몸을 바짝 붙여서 그 모습을 놓치지 않았다. 덧셈까지 마치고 나니

$$0.999\ 999\ 9725$$

가 나왔다! 1과의 차이가 0.000 000 03도 안 된다.

"소수점 아래 네 자리까지 사인 표를 만드는 데만 1년이 넘게 걸렸어. 다행히 이 성질을 깨달아서 코사인 표를 따로 만들 필요가 없었지. 지금은 소수점 아래 여섯 자리까지 정확한 표를 만들고 있어."

아이들은 브라흐마의 엄청난 노력에 가슴이 뭉클해졌다.

열띤 토론을 끝내고 브라흐마 집에 가서 인도 카레를 먹었다. 배불리 먹은 후 힌두교 사원에 가서 힌두교의 신화 이야기를 들었다. 브라흐마는 자신의 이야기가 〈바가바드 기따〉에 있다고 했다. 합동과 닮음을 사인 표, 코사인 표로 간단하게 만들 수 있다는 것도 놀랐지만 사람들이

편리하게 쓸 수 있도록 그렇게 고생해서 표를 만들다니, 브라흐마도 한 명의 신인 것 같다고 생각했다.

삼각비 탄젠트의 표

다음 날, 기하 탐험대가 먼저 천문대로 왔다. 은우가 말문을 열었다.

"어제 sin30°의 제곱과 cos30°의 제곱의 합이 1이었던 것 말이야. 생각해 보니까 그거 당연해. sin15°의 제곱과 cos15°의 제곱의 합도 보나마나 1이야."

"왜?"

지호가 묻자 은우가 지호에게 되물었다.

"'사인'이 뭐지?"

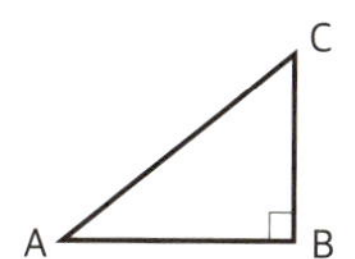

지호는 직각삼각형 천문대를 가리키며 말했다.

"$\dfrac{높이}{빗변}$ 랬지."

은우가 땅에 그림을 그리며 말했다.

"맞아. 직각삼각형이 이렇게 있고 각 CAB의 크기가 정해지면 그 각도에 대응하는 사인은 $\dfrac{BC}{AC}$ 라고 약속했어. 그럼 코사인은?"

"코사인은 $\dfrac{밑변}{빗변}$ 이니까 이 그림에서는 $\dfrac{AB}{AC}$ 겠네."

"그러니까 제곱해서 더해 보면 이렇게 되지."

$$\left(\frac{BC}{AC}\right)^2 + \left(\frac{BC}{AC}\right)^2 = \frac{BC^2 + AB^2}{AC^2}$$

은우가 분자 부분을 가리키며 말했다.

"이거는 높이의 제곱과 밑변의 제곱을 더한 거니까….."

"피타고라스 정리다!"

모나와 이솝이 그렇게 말하며

$$BC^2 + AB^2 = AC^2$$

이라 쓰고 은우가 쓴 수식의 분자 부분을 지우고 이렇게 고쳐 썼다.

$$\frac{AC^2}{AC^2}$$

뒤를 돌아보니 어느새 브라흐마가 와 있었다.

"놀라운데? 그렇게 쉽게 찾아내다니!"

이솝은 브라흐마를 보자 "질문이 있어요."라고 말하면서 왜 $\dfrac{높이}{빗변}$ 와 $\dfrac{밑변}{빗변}$ 만 찾았냐고 물었다. 브라흐마는 빙그레 웃으면서 말했다.

"그럼 또 뭘 찾아야 하는데?"

"어제 직각삼각형 천문대 밑변의 길이와 각도만 알 때 높이를 알아냈 잖아요? 어차피 직각삼각형에서 각도가 정해지면 $\dfrac{높이}{밑변}$ 도 정해지는 거 니까 그 표도 만들어 두면 편리할 것 같은데요?"

브라흐마는 길죽한 몸을 일으켜 세운 후, 허리춤에서 가죽 두루마리 를 꺼냈다.

sin 값이 길게 나열되어 있는 두루마리를 계속 펼치자 표가 하나 더 나왔다. 바로 $\dfrac{\text{높이}}{\text{밑변}}$ 표라고 했다. 접선이라는 뜻의 tangent를 줄여서 tan
이라고 쓰며 '탄젠트'라고 읽는다.

각도 tan 값	0도	30도	45도	60도	90도
정확한 값	0	$\dfrac{\sqrt{3}}{3}$	1	$\sqrt{3}$	
비슷한 값	0	0.5773	1	1.7320	

	0도	30도	45도	60도	90도
정확한 tan 값	$\dfrac{\sqrt{0}}{3}$	$\dfrac{\sqrt{3}}{3}$	$\dfrac{\sqrt{9}}{3}$	$\dfrac{\sqrt{27}}{3}$	

"$\sqrt{\square}$ 안이 3, 9, 27, 즉 $3^1, 3^2, 3^3$이니까 90도에 대한 비율 tan90°는
$\dfrac{\sqrt{81}}{3}$ 아니에요? 왜 비워 뒀어요?"라고 지호가 물었다. 브라흐마 대신 은
우가 답했다.

"아니지. 0도에 대응하는 tan 값인 tan0°가 1이었다면 그럴 수도 있겠
지만." 아이들이 이해를 못하자 은우는 땅에 숫자를 썼다.

$$1, 3, 9, 27, 81$$

그런데 지금은

$$0, 3, 9, 27, ?$$

이다. 그럼 0도에서 tan 값은 왜 0인가? 은우는 이것이 90도의 자리를
비워 둔 것과 연관되어 있을 것이라고 추리했다. 브라흐마가 은우의 머

리를 쓰다듬으며 "맞다. 그런데 더 간단히 알 수 있을 것 같은데?"라고 말하자 은우도 어리둥절했다.

브라흐마가 물었다.

"tan0°는 0도에 대응하는 삼각비 $\frac{높이}{밑변}$ 야. 0도일 때 높이는?"

지호가 "우리가 그것도 모를까 봐요? 당연히 0이죠."라며 으스댔다.

탄젠트 표에서 90도의 자리는 비었다. 대응하는 수가 없기 때문이다. 90도와 엄청 가까운 각도의 경우 $\frac{높이}{밑변}$ 를 상상할 수 있다. 사실 굳이 그런 상상을 할 필요도 없다. 탄젠트는 $\frac{높이}{밑변}$ 인데 이는 두 삼각비 $\frac{높이}{빗변}$ 와 $\frac{밑변}{빗변}$ 으로부터 알 수 있기 때문이다. 즉,

$$\frac{높이}{빗변} \times \frac{빗변}{밑변} \quad \text{또는} \quad \frac{높이}{빗변} \div \frac{밑변}{빗변}$$

으로 해도 $\frac{높이}{밑변}$ 가 나온다. 예를 들어 tan30°는 한 각이 30도인 직각삼각형을 상상하지 않고도 구할 수 있다.

$$\sin30° \times \frac{1}{\cos30°} \quad \text{또는} \quad \sin30° \div \cos30° \quad \text{또는} \quad \frac{\sin30°}{\cos30°}$$

이고, 표에 있는 값을 넣으면 이렇게 된다.

$$\tan30° = \frac{1}{\sqrt{3}}$$

이때 분모에 $\sqrt{3}$ 이 있으면 계산하기 매우 까다로우므로 tan30°를 다르게 나타내는 게 좋다. 분모, 분자에 똑같이 $\sqrt{3}$ 를 곱해도 되고, 닮음

비가 $\sqrt{3}$ 인 큰 직각삼각형을 상상해서

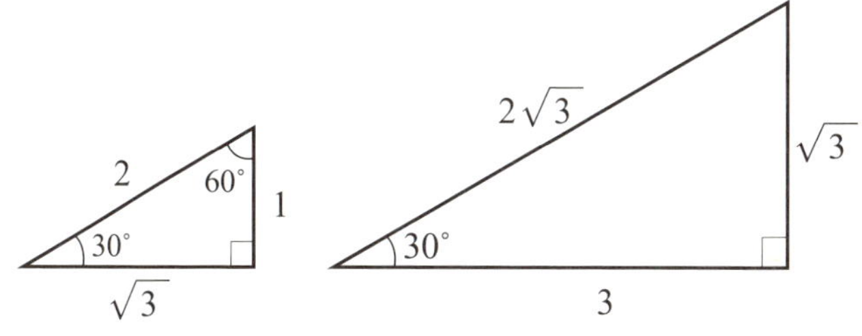

$$\tan 30° = \frac{\sqrt{3}}{3}$$

이라 해도 된다.

즉, 탄젠트 표를 만들 때 일일이 직각삼각형을 상상할 필요 없이

$$\frac{\sin(각도)}{\cos(각도)}$$

로 계산해도 된다.

"$\tan 0°$가 왜 0인지, $\tan 90°$ 자리가 왜 비었는지 이제 알겠지?"

네 명의 눈동자가 반짝반짝하더니 곧 모두 고개를 끄덕끄덕했다.

sin(각) = cos(90°−각)

"어제 우리는 0도, 30도, 45도, 60도에 대한 삼각비만 봤잖아요. 72도도 봤던가? 아무튼 지금까지 본 것은 모두

$$\sin(각도) = \cos(90° - 각도)$$

지만 그렇다고 해서 모든 각도에 대하여 항상 그렇다고 할 수 있어요?”

이솝의 질문에 브라흐마는 흥미진진하다는 듯이 은우, 지호, 모나를 쳐다봤다. 마침내 모나가 중얼댔다.

“자… sin은 $\dfrac{\text{높이}}{\text{빗변}}$, cos은 $\dfrac{\text{밑변}}{\text{빗변}}$ 이야. 각 CAB의 sin 값은 $\dfrac{BC}{AC}$ 고 cos 값은 $\dfrac{AB}{AC}$ 인데, 그러니까….”

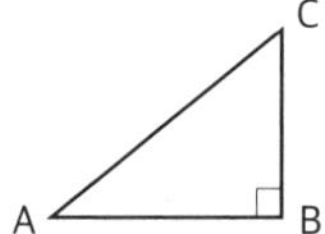

모나는 너무 헷갈린다며 두 손을 들었다.

“헷갈리네…. 똑똑한 은우에게 양보할게.”

모나의 말에 은우가 마침표를 찍었다.

“$\dfrac{BC}{AC}$ 는 각 CAB의 sin 값이고 $\dfrac{AB}{AC}$ 는 각 CAB의 cos 값이야. 그리고 $\dfrac{BC}{AC}$ 는 각 ACB의 cos 값이고 $\dfrac{AB}{AC}$ 는 각 ACB의 sin 값이기도 해. 여기서 $\angle ACB = 90° - \angle CAB$야. 끝!”

지호가 한 번만 더 말해 달라고 졸랐다. 은우는 빙긋하고는 먼저 직각삼각형을 하나 그렸다.

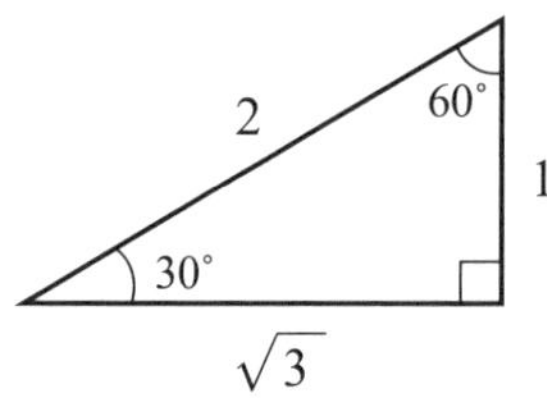

“수 하나가 아닌 두 수의 비율을 나타내는 거라 헷갈렸는데 이렇게 생

각하니 편하더라."

그러면서 그림을 3개 그린 후 각각이 sin, cos, tan를 나타낸다고 했다. 영어 필기체를 쓸 때처럼 하면 된다면서.

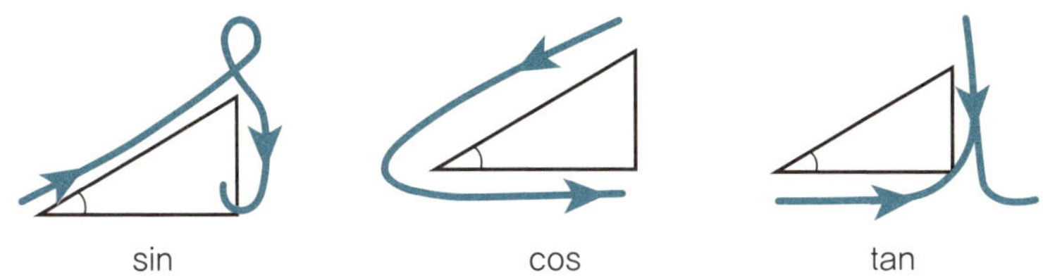

cos만 감싸는 곳에 각이 있고 sin, tan는 출발하는 곳에 각이 있다는 것만 조심하면 된다고 덧붙였다. 은우의 설명은 계속됐다.

"그렇다면 sin30°는 이렇게 $\frac{1}{2}$ 이야."

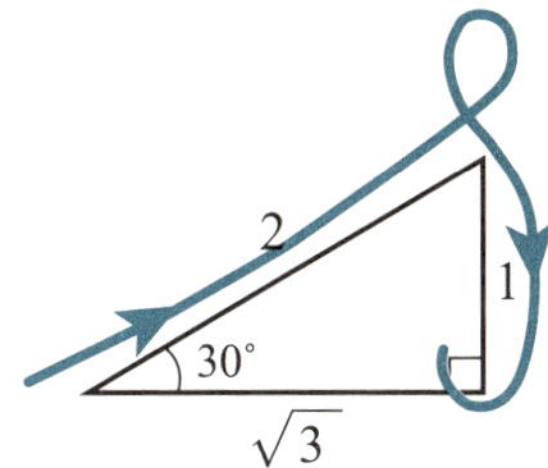

"그런데 $\frac{높이}{빗변}$, 즉 $\frac{1}{2}$ 을 이렇게도 볼 수 있잖아?"

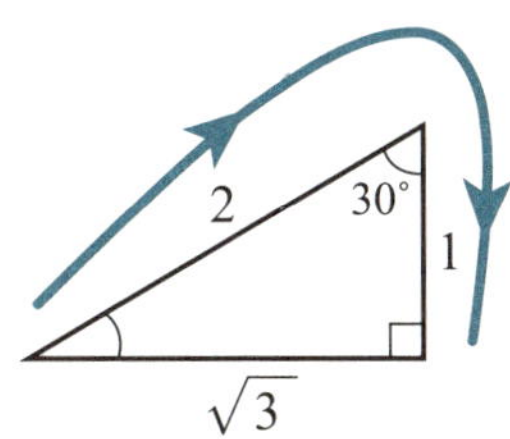

"그러면 이건 cos60°와 같아. 60도는 $(90-30)$도와 같고 말이야. 72도와 $(90-72)$도도 볼까?"

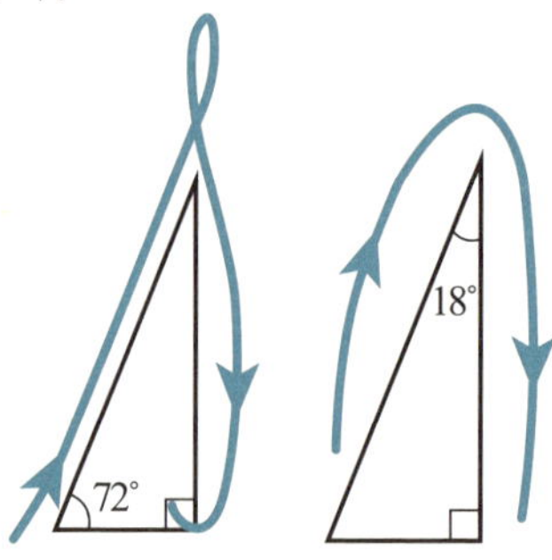

"둘 다 같은 비율을 나타내는데 하나는 sin72°고 하나는 cos18°야. 각도가 x면

$$sin(x) = cos(90 - x)$$

고 거꾸로

$$sin(90 - x) = cos(x)$$

일 수밖에 없어."

은우의 설명 덕분에 모나도 사인과 코사인의 관계를 확실히 알게 된 것 같았다. 그때 브라흐마가 나섰다.

"너희, 이 정도일 줄은 몰랐는데? 은우가 설명한 방법은 처음 알았어. 나는 다르게 생각했거든."

브라흐마는 자신이 터득한 방법을 말해 줬다. 사실 브라흐마는 사인, 코사인, 탄젠트 표를 만들 때 직각삼각형에서 시작했지만, 계산하면 할수록 더 좋은 방법이 생각났다. 바로 이 그림이 열쇠였다.

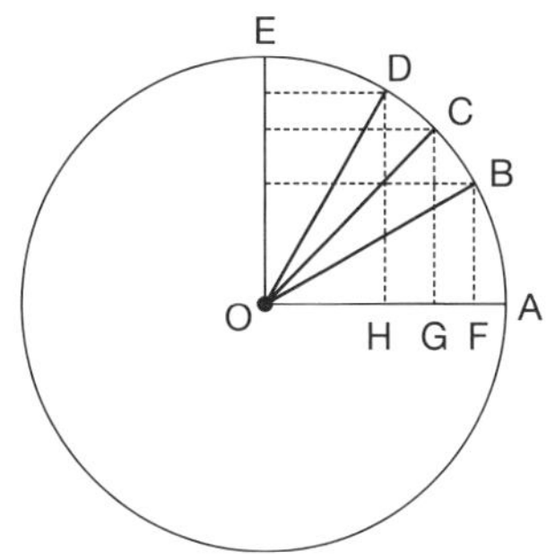

먼저 '반지름의 길이가 1인 원'을 그린다.

$$\text{각 BOA} = 30°, \quad \text{각 COA} = 45°, \quad \text{각 DOA} = 60°$$

라고 하자. 반지름의 길이가 1이니까 OA, OB, OC, OD, OE 모두 1이므로 사인과 코사인을 구할 때 분모가 모두 1이다. 따라서 다음을 얻는다.

$$\sin 30° = \text{BF}, \qquad \cos 30° = \text{OF},$$

$$\sin 45° = \text{CG}, \qquad \cos 45° = \text{OG},$$

$$\sin 60° = \text{DH}, \qquad \cos 60° = \text{OH}$$

반지름의 길이가 1인 원에서 생각하니까 분수 계산을 하지 않아도 되어 훨씬 편하다! 그다음 삼각형 OFB와 삼각형 DHO가 서로 합동임을 이용하면 다음을 만족한다.

$$\sin \mathbf{30°} = \text{BF} = \text{OH} = \cos 60° = \cos(90° - \mathbf{30°})$$

$$\sin \mathbf{45°} = \text{CG} = \text{OG} = \cos 45° = \cos(90° - \mathbf{45°})$$

$$\sin \mathbf{60°} = \text{DH} = \text{OF} = \cos 30° = \cos(90° - \mathbf{60°})$$

특수한 각도에서만 그런 게 아니다. 어떤 각도에 대해서도

$$\sin(x) = \cos(90°-x°)\text{다.}$$

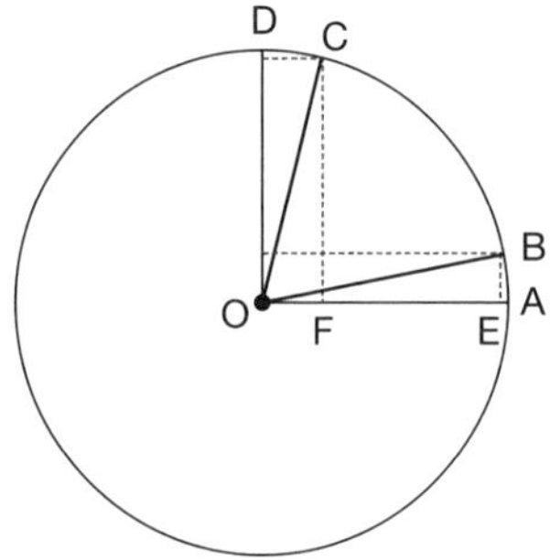

$\angle$**BOA** $=$ $\angle$**COD**라고 하자. 그것을 x로 놓으면 $\angle$**COA**는 $90-x$다. 따라서 다음과 같다.

$$\sin(x) = \mathrm{BE} = \mathrm{OF} = \cos(90-x)$$

자신감을 회복한 모나가 브라흐마에게 큰 소리로 말했다.

"대단해요, 브라흐마. 사인 표만 만들면 코사인 표는 뒤집어서 쓰기만 하면 된다는 말이고, 탄젠트 표는 sin에서 cos을 나누기만 하면 되니까 결국 사인 표가 가장 중요하다, 그래서 오랫동안 사인 표를 만드느라 계산하고 확인했군요!"

브라흐마는 쑥스러워하며 웃었다.

"맞아. 처음에는 직각삼각형으로 낑낑대며 구했지. 그러다 반지름의 길이가 1인 원을 생각해내고 그걸로 사인 표를 다시 만들어 봤어. 탄젠트도 반지름의 길이가 1인 원에서 다시 생각해 봤지."

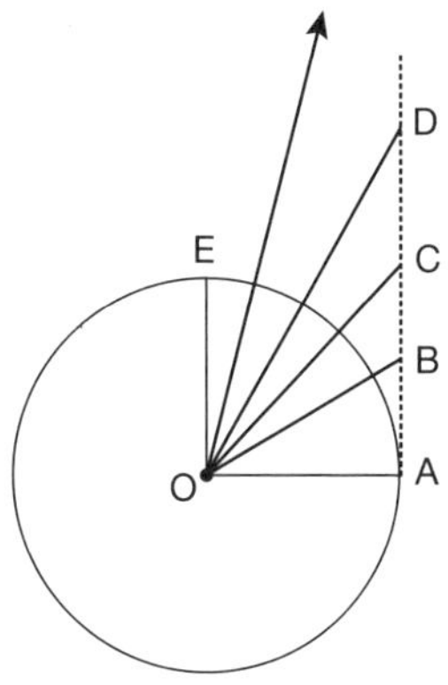

브라흐마는 원 그림을 그리며 설명을 이어 갔다.

"각 BOA = 30°, 각 COA = 45°, 각 DOA = 60°라고 하자. A에서 점 원에 **접.선**.을 그었어. 원 위의 한 점 A에서 OA와 직각인 직선이지. 반지름의 길이가 1이니까 OA가 1이고 따라서 tan 값은 밑변의 길이만으로 간단히 알 수 있어.

$$\tan(30°) = AB, \quad \tan(45°) = AC, \quad \tan(60°) = AD$$

이렇게 말이야."

tan72°는 엄청나게 큰 값이고 tan90°에 대응하는 수는 너무 커서 있을 수 없다는 것도 그림으로 쉽게 알 수 있었다. 높이와 밑변의 비를 '접선'이라는 말인 tangent라고 부르는 이유도 알게 됐다.

불쑥 빛이 나타났다. 스페이스 머신과 함께 히파티아 님이 모습을 드러냈다. 축복을 기원하는 브라흐마만 남고 모두 스페이스 머신으로 향했다. 그때 이솝이 뒤돌아 브라흐마를 향해 말했다.

"궁금한 게 하나 있어요. 여쭤 봐도 될까요?"

이솝은 히파티아 님과 친구들에게 양해를 구했다. 모두 고개를 끄덕였다.

"브라흐마 님은 뭔가를 좀 더 찾는 중이라고 답하셨지만, 이미 표도 만드셨어요. 더 좋은 표를 만드시는 건 시간이 해결해 주겠죠. 이미 다 찾은 것 아닌가요?"

브라흐마는 합장하며 허리를 꼿꼿이 세운 채 답했다.

"1.5도부터 1.5도씩 증가하는 사인 표를 만들었다고 했지? 내 꿈은 1도에 대응하는 $\sin 1°$의 값을 찾는 거야. 그것만 찾으면 0.5도 단위로 각이 커지는 표를 만드는 것은 시간 문제지. 아주 오래 걸릴 테지만. 그로부터 90개의 각도, 더 나아가 180개의 각도에 대한 사인 표를 만들고 싶어. 그 일을 해낸다면 여한이 없을 거야."

입체의 기하학

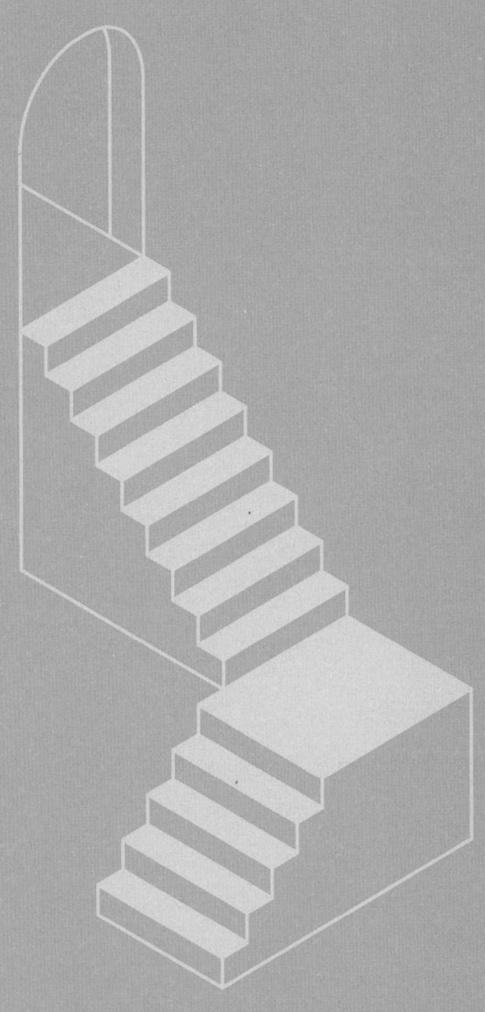

삼각비의 활용, 정다면체, 회전체, 각기둥과 각뿔,
기둥과 뿔의 부피, 구의 부피

∞ **입체의 기하학 안내자**

피에로 델라 프란체스카(1420년경~1492년)

초기 르네상스 시대의 화가. 원근법의 선구자. 입체 도형을 연구하여 회화 및 수학책을 썼다. 아르키메데스 저술의 라틴어 번역서에 삽화를 그리기도 했다.

레오나르도 다 빈치(1452년~1519년)

전성기 르네상스의 화가, 발명가. 역사상 가장 위대한 화가 중 한 명. 루카 파치올리 수도사에게서 수학 공부를 배우고 그의 저술에 도형 삽화를 그렸다. 《회화론》을 쓰면서 기하 공부가 중요하다고 강조했다.

오늘은 드디어 마지막 기하 여행을 떠나는 날이다. 기하 탐험대는 각자 자기 자리에 앉았다. 아이들 앞에 종이가 몇 장씩 놓여 있었다. 히파티아 님이 무엇이냐고 묻자 이솝이 수줍어하며 일어섰다.

"브라흐마 님을 만난 후 저희는 삼각비의 기하를 더 공부했습니다. 브라흐마 님은 정성을 다해 사인 표를 만들고 계셨지요. 그 후 천 년 동안 많은 사람들이 표를 더 좋게 만들었다는 것을 알았습니다. 저희는 그걸 구해서 여러 문제를 풀어 봤습니다."

긴장이 풀렸는지 이솝이 살짝 웃었다.

"지난 기하 여행이 끝나고 헤어지기 전에 각자 문제 하나씩 풀어 오자고 약속했습니다. 우리가 푼 문제를 다시 쓰고 옮겨 그리니까 스스로 정말 자랑스러웠어요. 히파티아 님께 선물로 드리고 싶어서 이렇게 가져왔습니다."

히파티아 님은 어서 선물이 보고 싶다고 하며 출발 시간을 미뤘다. 모나가 먼저 일어났다.

삼각비의 활용

'브라흐마 님께서 삼각비의 기하라는 새로운 기하를 왜 생각하시게 됐나?' 모나는 그 질문에서 발표를 시작했다. 해안의 B 지점에서 배가 떠 있는 C 지점까지의 거리 BC를 재는 문제를 생각해 보자.

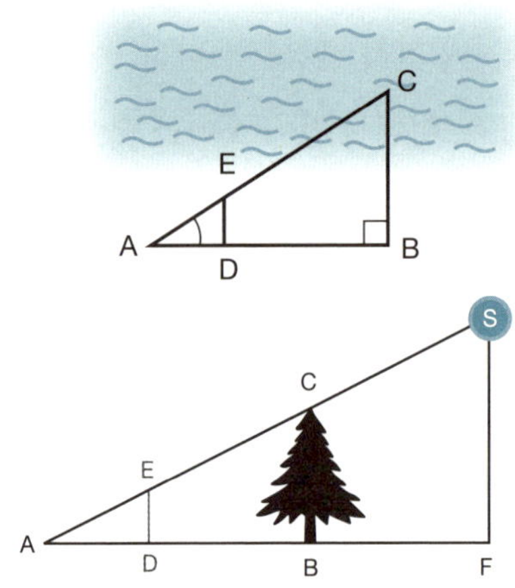

거리 BC를 구하는 문제는 나무 높이를 구하는 문제도 되고 지구에서 태양까지의 수직 거리 FS를 찾는 문제도 된다. 닮음의 기하나 직각삼각형의 기하로도 거리 BC를 찾을 수 있지만 삼각비의 기하로 푸는 것이 훨씬 편하다. AB와 각 CAB의 크기만 정확히 알면 BC를 알 수 있기 때문이다.

$$BC = AB \times \frac{BC}{AB}$$

이때 $\frac{BC}{AB}$ 는 $\tan(\angle CAB)$이므로 다음을 만족한다.

$$BC = AB \times \tan(\angle CAB)$$

AB가 100000이고 각 CAB의 크기가 30도라 하자. $\tan 30°$는 0.57735 정도다. 따라서

$$BC = 100000 \times 0.57735$$

이므로 BC는 57735 정도다. 같은 방식으로 이런 피라미드에서 AB를 알고 각 CAB의 크기를 안다면 높이 BC를 알 수 있다.

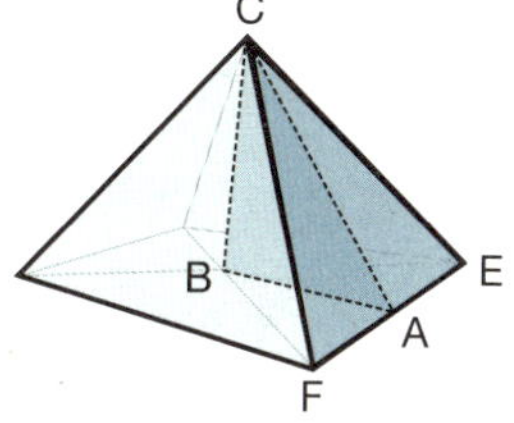

피타고라스 정리로도 구할 수는 있지만 계산이 복잡한 반면, 삼각비의 표를 보면 간단히 해결된다.

"제가 정리한 건 여기까지예요. 그런데 지난 사흘 동안 알게 된 게 더 있어요. 높이 BC를 알았다고 해 봐요. 그러면 각 CAB의 크기를 안다는 거잖아요. AB는 이미 알고 있고요. 그건 빗변의 길이 AC도 알 수 있다는 말이기도 해요. 피타고라스 정리 없이 알 수 있다는 게 매력이죠."

모나의 나머지 발표 내용을 요약하면 이렇다.

$$AC = BC \times \frac{AC}{BC}$$

인데 이건

$$AC = BC \times \frac{1}{\sin(\angle CAB)}$$

이니까 알고 있는 수를 대입하면

$$AC = 57735 \times \frac{1}{\sin 30°}$$

이다. 계산하면 115470이다.

C가 산꼭대기라고 상상하자. 거기서 사고가 났다면 A 지점에서 헬리콥터가 떠서 꼭대기인 C 지점까지 가야 한다. 헬리콥터가 얼마나 가야 할까? 산 높이 BC와 각 CAB의 크기만 알면 AC를 알 수 있다. 비행 속력을 고려하면 A에서 C까지 비행 시간, 병원으로 귀환하는 시간까지 알 수 있다. 삼각비의 기하가 목숨을 살리는 일에도 기여할 수 있다!

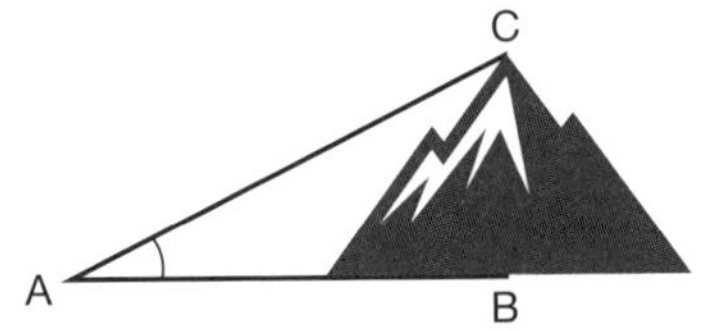

모나의 발표가 끝났다. 이제 은우 차례였다. 은우는 삼각형의 넓이 이야기를 꺼냈다. 은우의 첫 번째 종이에는 큼직한 삼각형 하나만 그려져 있었다.

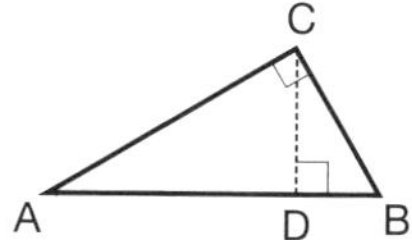

이 삼각형의 넓이는 여러 방식으로 구할 수 있다.

첫째, BC와 AC를 알 때 밑변을 BC로, 높이를 AC로 보면 간단하다. 둘을 곱하고 반으로 나누면 된다.

둘째, 직각삼각형이니까 AC와 각 CAB의 크기만 알아도 된다. 먼저 사인 표로 높이 CD를 알아낸다. **AC**×sin(∠**CAB**) = **CD**니까 말이다. **AB**×cos(∠**CAB**) = **AC**이므로 코사인 표로 AB를 알 수 있다. 또한 각 CBA의 크기로부터 사인 표와 코사인 표를 보고 BC와 BD를 알 수 있다. 즉, 사인과 코사인 덕분에 세 변의 길이를 모두 알 수 있다. 이제 AC 와 BC로 넓이를 구해도 되고, AB와 CD로 넓이를 구해도 된다.

원 안에 있는 정다각형의 넓이를 구할 때도 사인 표가 도움이 된다. 정삼각형을 예로 보자.

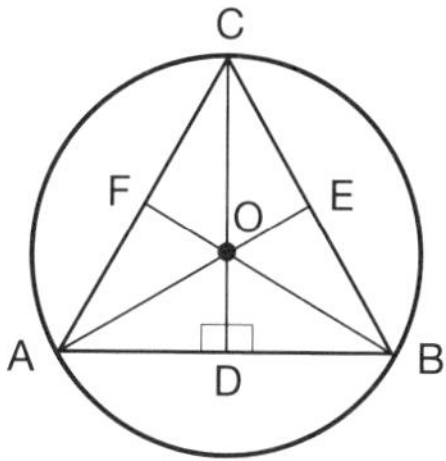

반지름 OA를 안다고 하자. 삼각형 ABC는 정삼각형이므로 각 OAD

의 크기는 30도이고 각 AOD의 크기는 60도이다. 따라서 사인 표를 통해 OD, AD를 모두 알 수 있다. 즉, 삼각형 OAD의 넓이를 알 수 있고, 이 넓이를 6배 하면 정삼각형의 넓이가 된다. 원에 내접하는 정삼각형의 넓이를 원의 반지름의 길이와 사인 표만으로 알아냈다. 정육각형과 정십이각형도 마찬가지다.

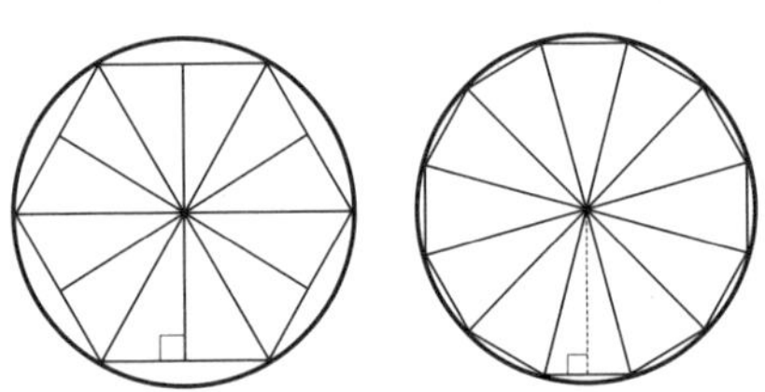

정이십사각형, 정사십팔각형, 정구십육각형이 될수록 점점 원의 넓이와 거의 차이가 없을 것이다. 그래서 원의 넓이를 거의 정확하게, '원하는 만큼' 정확하게 구할 수 있다.[13]

"사인 표는 직각삼각형의 넓이를 구할 때만 도움이 될까요? 사흘 동안 저희가 토론하다가 알아낸 걸 말할게요."

은우는 삼각형을 하나 그렸다.

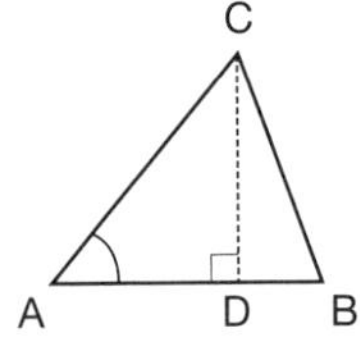

13　여기에 덧붙이고 싶다. "신비의 수 π의 값도 원하는 만큼 정확하게 알 수 있다."

"유클리드 님과 기하 여행을 할 때 두 변의 길이와 끼인각의 크기가 같은 두 삼각형은 합동이라고 했죠. SAS 합동이요. 그래서 직각삼각형이 아니더라도 두 변의 길이과 끼인각의 크기를 알면 넓이를 구할 수 있을 거라고 믿었어요. 알고 보니 너무 간단해서 놀랐어요. 사인 표만 있으면 돼요."

AC와 AB, 끼인각 CAB의 크기를 안다고 해 보자.

$$\textbf{CD} = \textbf{AC} \times \sin(\angle\textbf{CAB})$$

고 삼각형의 넓이는

$$\textbf{AB} \times \textbf{CD} \div 2$$

이므로 CD 자리에 $\textbf{AC} \times \sin(\angle\textbf{CAB})$만 넣으면 된다!

$$\textbf{AB} \times \textbf{AC} \times \sin(\angle\textbf{CAB}) \div 2$$

"뭔가 더 알아낼 수 있다는 믿음도 생겼습니다. 삼각비의 기하, 정말 막강해요."

은우의 발표도 마무리됐다. 이제 지호의 발표를 요약해 보겠다. 큰 원(S)은 태양, 밑에 있는 원(E)은 지구, 남은 하나는 달(M)이다. 반달 모양이므로 태양과 지구와 달이 직각삼각형 형태로 서 있는 것이다.

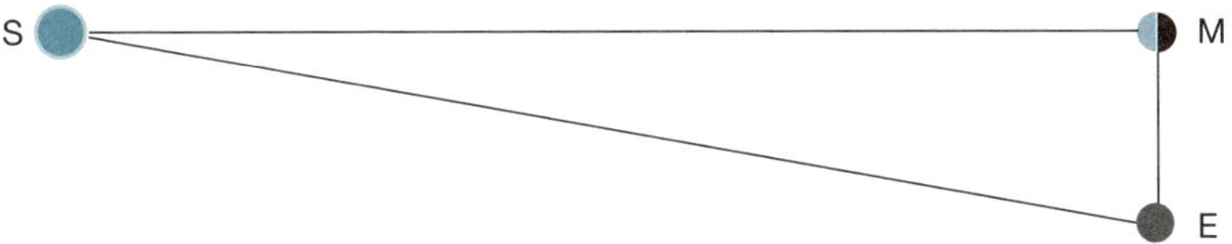

이 말은 태양과 지구의 거리를 안 상태에서 반달이 떠 있으면 달, 지

구, 태양이 이루는 각도를 재어 지구에서 달까지, 달에서 태양까지의 거리를 모두 알 수 있다는 말이다. SE를 100000이라 하고 각 MES의 크기가 89도라고 하자. 그러면

$$\cos 89° = \frac{ME}{SE}$$

이다. 이로부터 달과 지구의 거리 ME가 나온다. 달과 태양의 거리는 sin 값으로 알 수 있다. SE가 100000이라면 MS는 99985 정도다.

태양과 지구의 거리도 삼각비의 기하로 알 수 있다. 이렇게 놓자. A가 지구 위의 한 지점이고, B도 지구 위인데 그림자가 하나도 안 생기는 지점이라고 하자. 햇빛이 직각으로 내리꽂힌다는 말이다(하지의 정오에 적당한 자리에 서면 이렇게 된다. 지구는 둥글어서 AB가 완전한 직선은 아니지만 지구가 아주 크니까 직선에 가깝다고 본다).

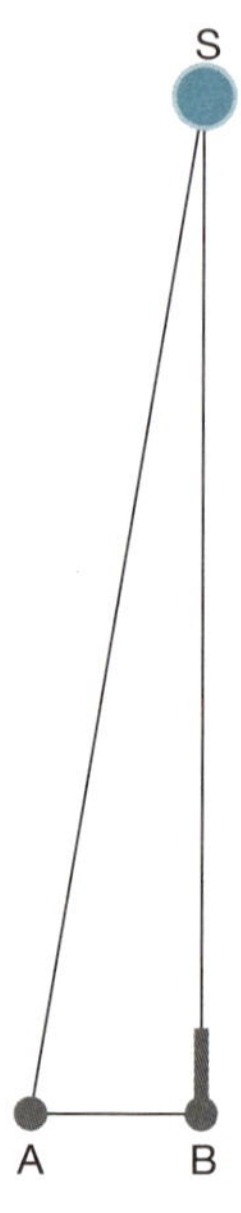

그렇다면 AB와 BS는 직각을 이룬다. AB가 1백만이라고 하고, A에서 태양을 89도의 각도로 바라본다고 하자. 그러면 AB로 BS를 알 수 있다. 이 경우 탄젠트 표를 쓰는 것이 편리하다. 소수점 점 아래 열 자리 정도의 정확한 탄젠트 표가 있으면 거의 실제와 같은 지구와 태양의 거리를 알 수 있다.

"삼각비의 기하로 우주에 대해 정말 많이 알 수 있습니다. 지금부터 그 이야기를 해 보겠습니다!"

지호가 계속하려고 했지만 히파티아 님이 손짓을 했다.

"정말 놀랍네요. 하지만 더 들을 수 없어 안타깝습니다. 약속 시간이 이미 지났거든요. 여러분이 '알았다'에서 멈추지 않고 '아는 것에서 모르는' 세상으로 과감하게 가려고 했다는 그 사실이 감동스럽습니다. 여러분의 영혼이 깨어 있다는 뜻입니다."

이솝 발표는 듣지도 못했지만 시간이 없었다. 지호의 발표 종이와 이솝의 발표 종이에 이런 그림들이 살짝 보였다. 짐작건대 이런 내용이었을 것이다.

첫 번째 그림은 유휘와 기하 여행을 할 때 봤던 그림이다.

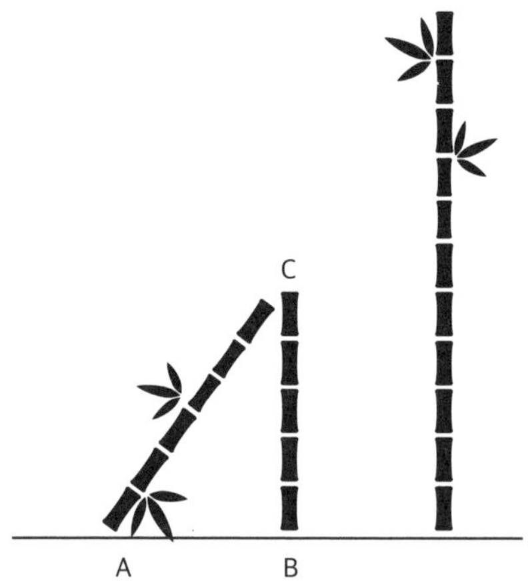

각 CAB의 크기가 50도, AB가 10이라 하자. 원래 대나무의 길이는 BC+AC다. 그런데 BC는 AB×tan(∠CAB)고 AC는 AB÷cos(∠CAB)다. 즉, AB×tan(∠CAB)+AB÷cos(∠CAB)가 찾던 대나무의 길이다. 물론 tan(∠CAB)는 sin(∠CAB)÷cos(∠CAB)니까 수식을 다르게 나타내도 되고 결국 사인 표만 봐도 알 수 있다.

두 번째 그림은 좀 복잡했다. 알리가 헤어지기 전에 보여 줬던 그림이었다.

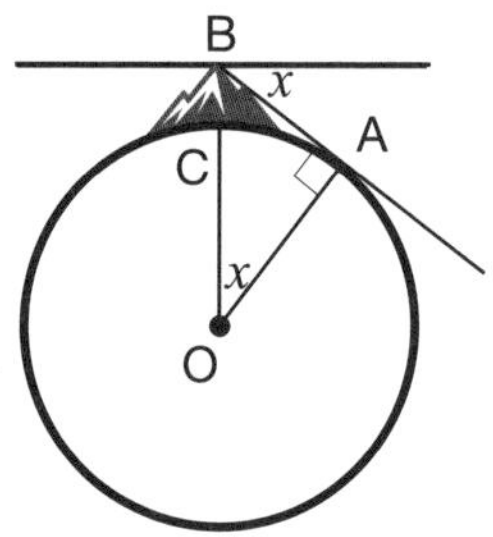

알리는 산에서 각도기로 바다를 보며 '지구의 크기를 잰다'고 했다. 산의 높이 CB가 1000이고 각도기로 수평선을 내려다본 각도가 x도라면 각 ABO의 크기는 $90-x$고 따라서 각 BOA의 크기는 x다. 알리는 닮은 직각삼각형을 만들어 찾는다고 했지만 삼각비의 기하를 쓰면 더 간단하다.

$$\frac{OA}{(OC+CB)} = \cos(x)$$

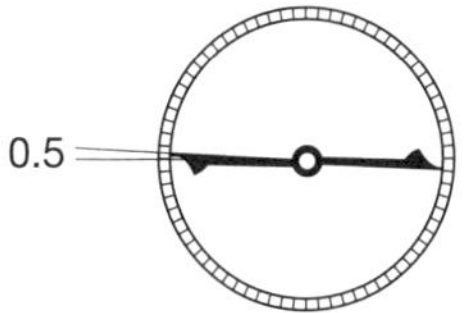

원의 반지름이니까 OC=OA고 $\cos(x)$는 표를 통해 알 수 있으므로 이로부터 OA를 구할 수 있다. 산꼭대기에서 알리가 엄청나게 큰 각도기로 바다를 내려다볼 때 각도는 0.5도 정도였다. 그 각도에 대응하는 cos 값을 찾아봤더니 0.999962 정도였다. 결국

$$\frac{OC}{(OC+1000)} = 0.999962$$

고 정리하면 다음과 같다.

$$OC \times (1-0.999962) = 1000 \times 0.999962$$

이로부터 OC를 알 수 있다. 여기서 OC는 지구의 반지름이니 이제 지구의 둘레를 구할 수 있다. 이것만 알면 지구의 표면적과 부피를 알

수 있으므로 지구가 얼마나 큰지 알 수 있다. 표면적, 부피…. 왜 반지름으로 구의 부피를 알 수 있을까? 이번 기하 여행이 입체의 기하학이라고 하는데, 이 여행에서 답을 얻을 수 있을까?

정다면체

스페이스 머신 밖으로 나와 보니 정원이 딸린 2층짜리 건물이 있었다. 방의 여기저기에 그림과 조각이 있어서 꼭 화가의 방 같았다.

잠시 후 수염을 늘어뜨린 노인이 나타났다. 할아버지의 이름은 레오나르도 다 빈치라고 했다. 지호가 "와, 유명한 화가 다 빈치와 이름이 같네요?"라고 묻자 그는 빙그레 웃으며 답했다.

"제가 여러분이 아는 그 다 빈치인 것 같은데요? 저는 화가입니다만 이래 봬도 꽤 오랫동안 기하 공부를 했답니다."

사정은 이랬다. 지금은 1510년인데 이 시대에는 화가들도 기하 공부를 했다. 원근법이라 하는 새로운 그림 방법이 나왔는데, 그 원리를 알려면 수학을 공부해야 했기 때문이다. 게다가 다 빈치는 발명을 좋아했고 호기심이 많아 기하 공부를 빠뜨리지 않았다. 친구이자 스승인 파치올리에게 많이 배웠으며 유클리드의 책도 읽었다.

"여러분이 기하 공부를 한다면 반드시 유클리드 님의 책을 읽기 바랍니다. 이천 년이나 되었지만 다이아몬드 같은 책입니다."

유클리드 이야기가 나오자 이솝은 하늘을 보고 기도를 했다. 다 빈치는 얼마 전에 파치올리가 쓴 〈신성한 비례〉라는 수학 책에 그림을 그렸다며 책을 가져와 펼쳤다. 거기에는 멋진 도형들이 있었다.

  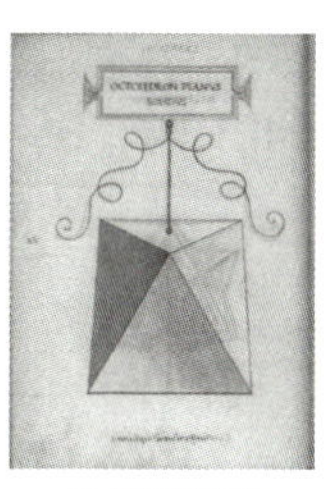 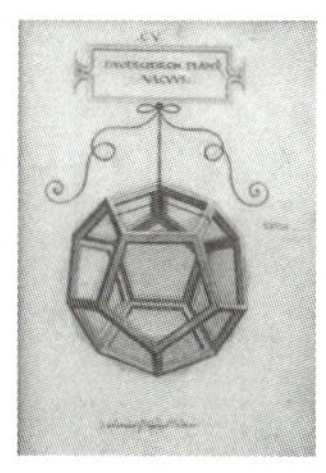 

① 정사면체　② 정육면체　③ 정팔면체　④ 정십이면체　⑤ 정이십면체

"**정다면체**는 이렇게 정사면체, 정육면체, 정팔면체, 정이십면체, 정십이면체 이렇게 다섯 개뿐입니다. 정다각형은 끝없이 많은데 정다면체는 다섯뿐이라니 묘하죠? 정사면체, 정팔면체, 정이십면체는 정삼각형으로 이루어져 있고, 정육면체는 정사각형으로 이루어져 있어요? 그런데 정십이면체는 정오각형으로 이루어져 있네요. 정오각형은 유클리드님이 아주 중요하게 여겼던 도형입니다."

정다면체가 품은 비밀

나무로 된 정다면체를 돌리며 다 빈치가 말했다.

"정다면체는 똑같은 정다각형으로 된 볼록 입체입니다. 꼭짓점마다 모이는 모서리의 개수도 같죠. 나는 이 도형들을 수도 없이 그리며 원근법을 연습했어요. 어느 날 이상한 점을 발견했습니다. 어디 뒀더라? 아,

저기 있네요. 이리 와 보세요."

다 빈치는 벽에 붙은 종이를 가리켰다. 이렇게 써 있었다.[14]

면	4	8	6	20	12
꼭짓점	4	6	8	12	20
모서리	6	12	12	30	30

정사면체, 정육면체, 정팔면체, 정십이면체, 정이십면체라고 하면 좋을걸 왜 이런 순서로 썼을까? 이 숫자들 안에 뭔가가 숨어 있는 것 같았다. 침묵을 깬 건 지호였다.

"모두 짝수야."

모나가 입술을 삐죽하더니 "이거랑 이거랑 같고, 이거랑 이거랑 같아."라고 했다. 모나가 손가락으로 가리킨 것을 표시하면 이렇다.

면	4	8	6	20	12
꼭짓점	4	6	8	12	20
모서리	6	12	12	30	30

[14] 다 빈치가 원근법을 가르치려고 쓴 공책에 이런 구절이 있었다.

"원근법에 관한 모든 문제는 명백히 5개의 수학 용어로 이루어져 있다. 그것은 점, 선, 각, 면, 그리고 입체다. 그중 점은 특별하다. 점은 길이, 너비, 깊이를 갖지 않는다."

모두 맞다고 소리치며 끄덕였다. 모나가 한마디 덧붙였다.

"정팔면체의 면의 개수와 정육면체의 꼭짓점의 개수가 같고…."

은우가 끼어들었다.

"처음 두 개를 더하고 세 번째를 빼면 모두… 2야!"

면	4	8	6	20	12
꼭짓점	4	6	8	12	20
모서리	6	12	12	30	30

은우의 말을 설명하면 이렇다. 예를 들어 정사면체의 경우

$$면\ 4개 + 꼭짓점\ 4개 - 모서리\ 6개 = 2$$

다. 정사면체뿐만 아니라 모두 그렇다!

모두 환호하며 은우를 우러러봤다. 다 빈치가 거들었다.

"대단하네요. 나도 알아내는 데 오래 걸렸던 사실을 바로 알아내다니! 정다면체에는 비밀이 하나 더 있습니다. 바로 이것입니다."

그러더니 아래에 (3, 3), (3, 4), (4, 3), (3, 5), (5, 3)이라고 썼다.

면	4	8	6	20	12
꼭짓점	4	6	8	12	20
모서리	6	12	12	30	30
	(3, 3)	(3, 4)	(4, 3)	(3, 5)	(5, 3)

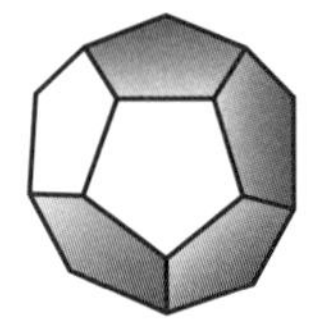

(3, 3)은 삼각형이 3개라는 말이다. 그다음은 삼각형이 4개, 사각형이 3개, 삼각형이 5개, 오각형이 3개임을 뜻한다. 예를 들어 정십이면체를 보면 한 꼭짓점에 오각형이 3개 이어져 있다. 이 안에 무슨 비밀이 있을까? 기하 탐험대가 온갖 추측을 쏟아냈지만 답이라고 할 만한 것은 나오지 않았다.

시간이 얼마나 지났을까…. 은우의 얼굴에 '말도 안 돼!'라고 써 있었다. 은우가 알아낸 것은 이것이다.

괄호 앞에 있는 수와 면의 수를 곱한다. 정십이면체의 경우 5×12니까 60이다.

괄호 뒤에 있는 수와 꼭짓점의 개수를 곱한다. 정십이면체의 경우 3×20이니까 60이다.

"어? 같네?"

지호도 놀랐다. 정이십면체도 해 보자.

괄호 앞에 있는 수는 3이고 면의 개수는 20이다. 곱하면 60이다.

괄호 뒤에 있는 수는 5고 면의 개수는 12다. 곱하면 60이다.

"와! 다 된다." 모나도 이해했다. 은우가 한마디 덧붙였다.

"곱한 결과는 모두 모서리의 2배야!"

정십이면체, 정이십면체의 경우 모서리의 개수는 30인데 두 배를 하면 60이다. 다른 것도 마찬가지다.

아이들은 저마다 "어떻게 이런 일이?", "도저히 못 믿겠어."라고 중얼거렸다.

각기둥

그때 옆방에서 기척이 났다. 다 빈치는 책장을 넘기고 있었다. 책상 위에 있는 작은 조각들을 들어 휙 던지자 작은 돌들이 때구루루 굴렀다. 가까이서 보니 주사위였다. 정육면체 주사위만 있는 게 아니라 정사면체부터 정십이면체까지 모든 정다면체 모양이 있었다.

"주사위에 있는 각 수는 모두 공평한 가능성으로 나옵니다. 정십이면체 주사위에는 1부터 12까지 적혀 있죠."

알쏭달쏭한 말을 하더니 조그만 가죽 주머니 4개를 들어 모나, 지호, 은우, 이솝에게 하나씩 나눠 줬다. 주머니 안에는 정다면체로 된 주사위가 다섯 개씩 들어 있었다.

다 빈치가 만든 주사위라니! 각자 주머니를 소중하게 챙겼다. 다빈치는 책상에 있는 책을 들어 느리게 책장을 넘겼다.

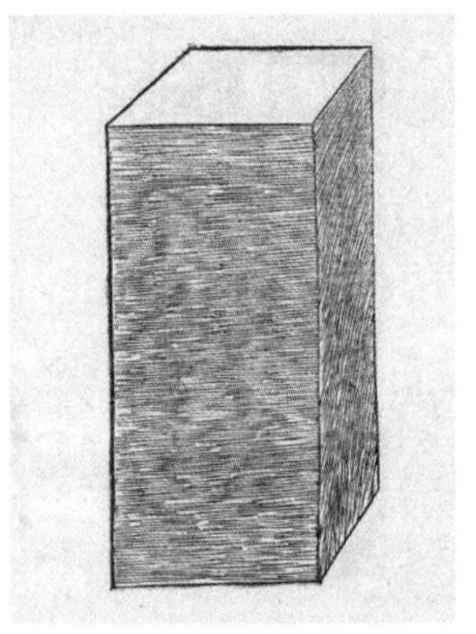

길쭉한 상자 모양이 있는 부분을 펼쳤다. 밑면이 정사각형이고 옆면이 밑면과 직각을 이루며 서서 기둥을 이뤘다면서 직각 정사각기둥이라고 불렀다. 건물을 세우듯이 골격만 보면, 아래에 정사각형을 만들고 네 꼭짓점에서 직각으로 똑같은 길이의 네 직선을 세운 후 기둥의 네 끝점을 잇는다. 그러면 아래에 있는 정사각형과 동일한 정사각형이 위에도 있게 된다. 즉, 윗면과 아랫면이 똑같고 평행하다.

이솝이 질문했다.

"면이 평행하다는 게 뭐예요?"

"유클리드 님이 말씀하셨습니다. 각각의 면을 평면으로 계속 연장해도 영원히 만나지 않은 두 면은 평행하다라고요. 즉, 똑같은 정사각형인 윗면과 아랫면을 평면으로 아무리 연장해도 두 면이 절대 만나지 않는다는 뜻입니다."

'영원히 만나지 않는다는 것을 어떻게 알 수 있을까?' 모나는 첫 번째 기하 여행에서 니콜이 평행선에 대해 했던 질문이 생각났다. 은우도 같은 생각을 하는 것 같았다.

다 빈치는 나무로 만든 직각 정사각기둥 모형을 가져왔다. 다 빈치가 "이것도 면의 개수와 꼭짓점의 개수를 더하면 모서리의 개수보다 2개 더 많지요?"라고 말하자 지호가 바로 답했다.

"당연하죠. 이건 정육면체를 길게 늘이기만 한 거잖아요."

다 빈치는 빙긋 웃었다. 밑면이 직사각형, 평행사변형인 그림도 보여 주며 그 모든 것을 아울러 '사각기둥'이라 한다고 했다. 밑면이 정삼각형, 정오각형인 입체 그림도 보여 줬다.

"그럼 이건 직각 정삼각기둥, 직각 정오각기둥이겠네요?"

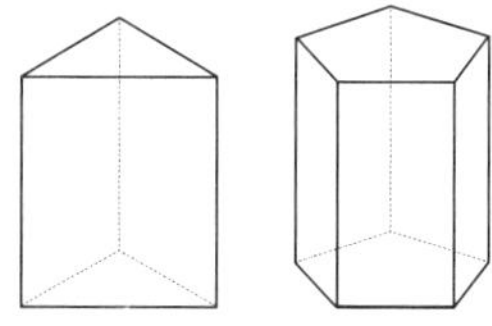

"그럼 지금까지 나온 입체도형은 직각 다각기둥이라고 해요?"

"이것들도 그래. 정오각기둥은 면의 개수가 2+5니까 7, 꼭짓점의 개수가 5+5니까 10, 더하면 17이야. 근데 모서리는 5+5+5이니까 15. 이번에도 2개만큼 차이 나!"

여기저기서 이런저런 말이 나왔다. 가만히 듣기만 하던 다 빈치가 말했다.

"하나 보태고 싶습니다. 옆면이 모두 직사각형이라는 사실입니다."

"그럼 직각이 아닌 각기둥도 있어요?"

모나가 묻자 다 빈치가 아이들을 창가로 데려갔다.

"세상에 사각기둥은 정말 많습니다. 책상, 의자, 책…. 자, 밖을 보십시오. 도시의 건물들, 직각기둥으로 서 있지요? 여러분이 사는 500년 후 세상은 어떨지 궁금합니다. 대부분 직각기둥 모양일 겁니다. 땅에서 무거운 것을 들어 올리려면 직각이 안정적이니까요."

다들 고개를 끄덕였다.

"우리의 상상 속에서는 직각만 있지 않겠지요?"

다 빈치는 두 손바닥을 '평행하게' 놓고 각 손바닥에 똑같은 삼각형이 있다고 상상해 보라고 했다. 모나가 갸웃거리자 널빤지 두 개를 가져와 똑같은 삼각형을 윗면과 아랫면에 그린 후 평행하게 놓았다.

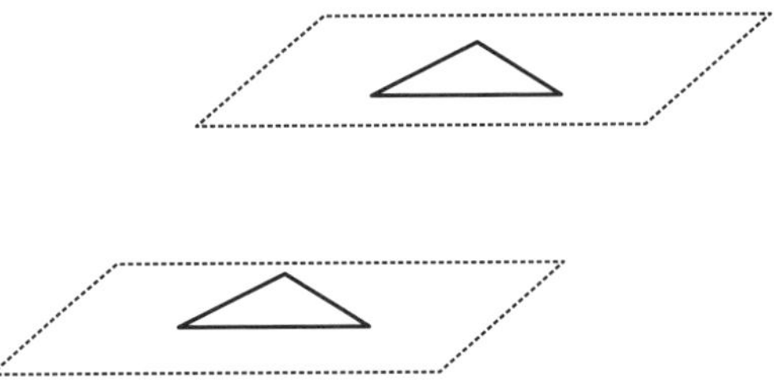

그러더니 두 삼각형의 대응하는 꼭짓점을 이어 면을 만드는 상상을 해 보라고 했다. 그 순간 다섯 사람의 마음속에 똑같은 그림이 떠올랐다.

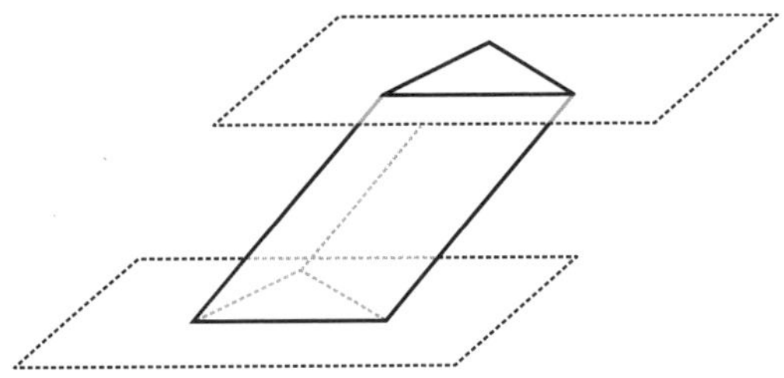

이제는 밑면과 옆면이 직사각형이 아닌 평행사변형이다. 이런 입체도형은 삼각기둥이라고 부른다. 밑면이 사각형으로 바뀌면 사각기둥이고 오각형이면 오각기둥일 것이다. 이 모든 것을 **각기둥**이라 하며, 각기둥의 윗면과 아랫면은 합동이자 평행하며 옆면은 평행사변형이라 말할 수 있다.

다 빈치의 말이 멈추자 은우가 물었다.

"근데 이런 것들이 왜 중요하죠?"

다 빈치는 놀란 듯 은우를 쳐다봤다.

"아니요, 입체도형이 중요하지 않다는 말이 아니에요. 다빈치 님은 화가잖아요. 입체도형에 왜 그렇게 관심이 많은지 궁금해서 여쭤 본 거예요."

다 빈치는 질문을 이해한다는 듯 눈을 감고 끄덕이다 답했다.

첫째, 건물이 다 제각각이지만 직각 사각기둥이라는 공통 성질이 있듯이 세상의 수많은 사물은 각기둥이 약간씩 변형된 형태다. 화가란 사물 속에 숨은 그 형태를 볼 줄 알아야 정확하게 그릴 수 있다. 둘째, 우리 시대의 화가들은 원근법을 창시하고 있다. 따라서 수학 도형의 성질을 잘 알아야 한다. 셋째, 나는 발명을 좋아한다. 도형은 사물의 가장 단순한 형태다. 도형을 잘 알면 발명할 때 매우 도움이 된다. 넷째….

다 빈치는 여기까지 말한 후 숨을 천천히 내쉬며 마무리했다.

"나는 다만 궁금할 따름입니다. 그것이 마지막 이유죠. 정다면체에 신비한 질서가 있다는 것을 깨닫고 세상을 다르게 보기 시작했습니다. 기하에는 신성한 법칙이 숨어 있습니다. 파치올리 님의 책에 그림을 그린 것도 그 때문입니다."

각뿔, 원기둥, 원뿔, 구

"이건 뭐예요?"

지호가 펼친 그림은 이것이다.

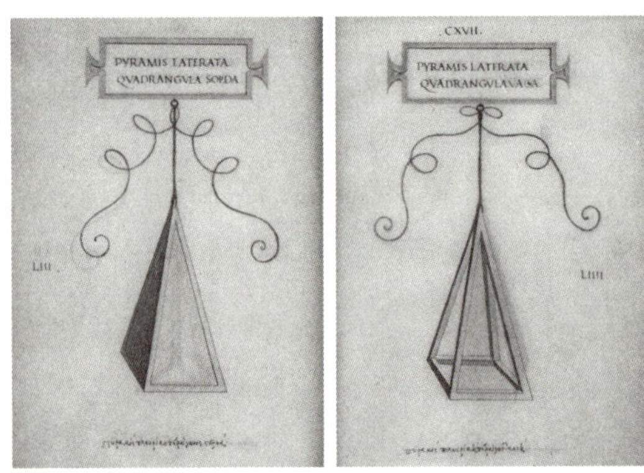

"밑면이 정사각형이니까 정사각뿔이라 부르겠습니다."

밑면의 형태에 '뿔'을 붙이면 되는 것이라 쉬웠다. 원리는 간단했다. 밑면에 다각형이 있고 위에 꼭짓점이 하나 있어서 모든 옆면이 그리로 모이는 것이다.

"**각 뿔**의 옆면은 모두 삼각형이네요?"

"옆면의 개수는 밑면인 다각형의 변의 개수와 같겠어요."

“와, 이것도 꼭짓점과 면의 개수의 합이 모서리의 개수보다 2개 더 많아요!”

“교회의 첨탑이나 피라미드도 이 모양이었어요.”

여기저기서 탄성이 쏟아졌다. 다 빈치는 또 다른 그림을 펼쳤다.

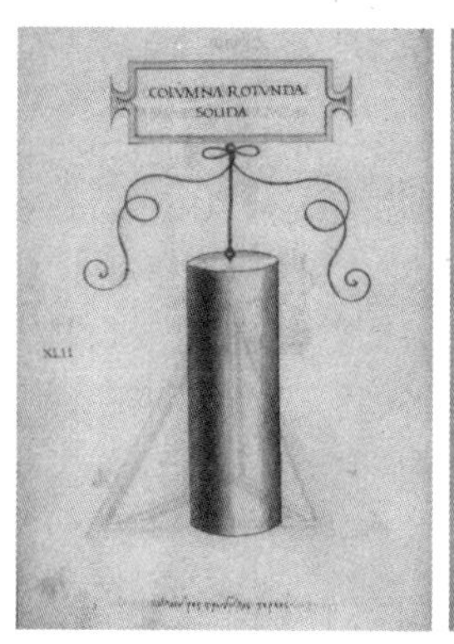

“그럼 이건 원기둥과 원뿔이겠네요.”

“이건 모서리, 면, 꼭짓점의 개수를 말할 수 없어.”

컵, 연필, 건물의 기둥, 전봇대, 손전등, 깔때기, 고깔모자…. 돌아가며 원기둥, 원뿔 모양인 것을 계속 말하는데 다 빈치가 전봇대, 손전등이 뭐냐며 끼어들었다. 아이들이 설명해 줬지만 다 빈치는 이해하지 못하는 것 같았다.

“사람 몸에도 원기둥이 많습니다. 그래서 우리 화가들은 원기둥을 자주 그리죠. 특히 이런 모양은 잘 그리기 정말 어렵습니다.”

그러면서 보여 준 그림은 도넛 모양이었다. 원기둥이 휘어서 연결된 것이라고 했다.

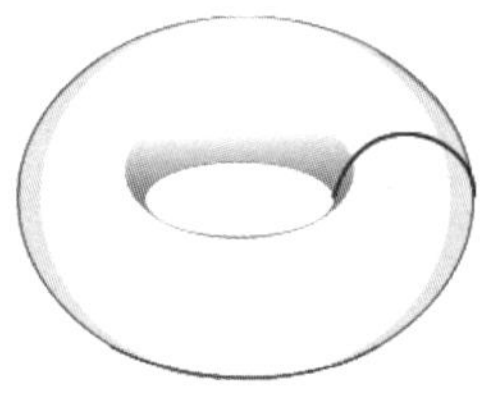

다 빈치는 쌓인 그림들을 뒤지더니 그림을 몇 점 꺼냈다.

"이 모자들 보세요. 방금 전에 본 기하 도형과 비슷하지요?"

다 빈치는 입체도형을 더 가져왔다. 구 2개였다. 큰 것은 얼굴만 했고 작은 것은 주먹만 했다. 그리고 책에서 구 그림이 있는 부분을 펼쳤다.

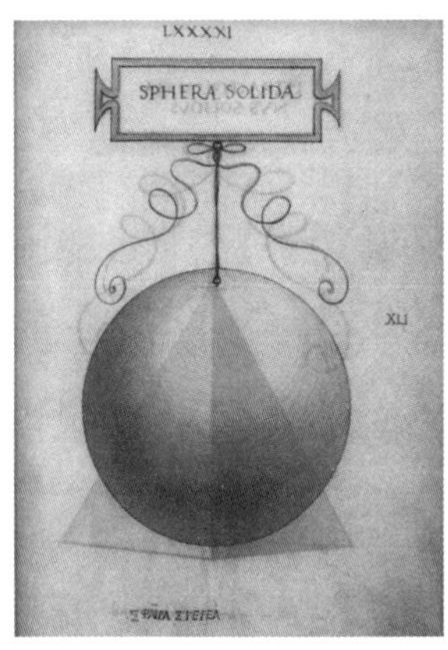

다 빈치는 입체 도형들을 주르륵 세웠다. 옆에 정사각기둥을, 원뿔 옆에 정사각뿔을 나란히 놓고 그 옆에 받침대를 세운 후 구를 놓았다. 넓은 방에 들어온 햇빛이 입체도형들을 비췄다. 대리석 입체도형에 빛이 반사되어 눈부셨다. 모두 말 없이 가만히 보고만 있었다.

지호가 정적을 깼다.

"근데요…. 저 원기둥과 사각기둥은 높이가 같아 보여요. 굵기도 비슷해 보이고. 저 둘 중 어떤 게 더 커요?"

다 빈치는 무척 당황스러워했다. 그런 모습은 처음이었다.

"크기를 결정하는 것으로 여러 가지가 있지요. 하나는 원이고 하나는 정사각형인데, 옆면도 있고… 아, 구는 옆면이 없군요. 그러니까 부피와 표면적…."

그러다가 기하 탐험대를 향해 휙 돌면서 말했다.

"입체도형의 크기, 즉 부피와 넓이를 묻는 것이죠? 그것에 대해서는 잘 모릅니다. 부피와 넓이에 대하여 잘 알려면 아르키메데스 님의 글을 읽어야 하죠."

다 빈치는 뒷짐을 지고 방안을 왔다 갔다 하더니 대단한 결심이라도 한 듯 말했다.

"오늘은 이미 늦었으니 내일 다시 하도록 하죠!"

회전체

다음날 아침, 넓고 높은 그 방으로 가니 다 빈치 말고 한 사람이 더 있었다. 그는 다 빈치 맞은편에 앉아 회색 고양이를 안고 있었다. 히파티아 님의 초청을 받아 입체의 표면적, 부피 이야기를 전하러 온 사람, 피에로 델라 프란체스카였다. 수학책을 쓸 정도로 수학 공부를 많이 했고 무엇보다 다 빈치가 존경하는 위대한 화가였다고 한다. 1510년이면 델라 프란체스카는 이미 20년 전에 하늘나라로 갔지만 우리 앞에 나타난 사람은 청년의 모습이었다.

델라 프란체스카는 옆에 끼고 있던 책을 꺼내 책장을 넘기며 이렇게 말했다.

"이 책은 제가 아르키메데스 님이 원, 구, 원기둥과 회전체에 대해 쓴 글을 옮겨 쓰고 그림을 그려 만든 것입니다. 덕분에 정말 많은 것을 깨달았습니다."

모나가 회전체는 무엇이냐고 질문했다. 델라 프란체스카는 나무 막대를 세우더니 '축'이라 부르며 거기에 직사각형을 걸고 회전시켰다. 빠르게 돌리며 어떤 입체도형이 보이냐고 물었다.

"원기둥이에요. 직사각형을 돌리면요!"

모나에 이어 지호도 소리쳤다.

"원뿔이에요. 직각삼각형을 돌리면요."

"맞아요! 반원을 돌리면 어떨까요?" 델라 프란체스카가 묻자 바로 은우가 답했다.

"구가 되겠네요."

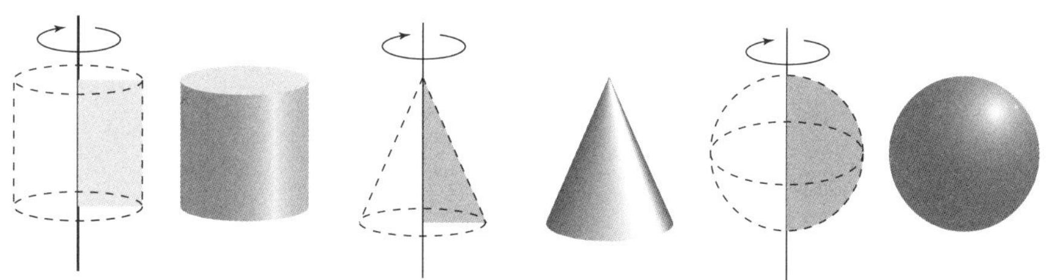

"사과 모양이 나오려면 축에 무엇을 걸어야 할까, 그려 볼래요?"

질문 이후로 신나는 그림 시간이 되었다. 무엇을 걸면 무엇이 나오는지 묻는 질문이 이어졌다. 거꾸로도 했다. "레몬이 나오려면?", "찐빵이 나오려면?"처럼 무엇이 나오려면 무엇을 걸어야 하는지 묻고 답했다. 그림이 복잡해질수록 세상이 온통 회전체로 보일 지경이었다.

"저기요…, 존경하는 델라 프란체스카 님."

하얀 수염의 다 빈치가 새파랗게 젊은 델라 프란체스카에게 조심스럽게 말을 건넸다.

"기하 탐험대가 곧 떠나야 해서 시간이 많지 않습니다. 델라 파란체스카 님, 선생님의 높은 식견으로 부피와 표면적에 대해 말씀해 주시기를 부탁드립니다."

각기둥, 각뿔의 부피

델라 프라체스카뿐만 아니라 기하 탐험대도 깜짝 놀랐다. 벽에 걸린 해시계를 보니 시간이 얼마 남지 않았다. 다른 건 몰라도 부피는 알고 싶었다. 그리운 친구 아르키메데스가 무엇을 했는지 궁금했기 때문이었다. 델라 프란체스카의 명강의가 시작됐다. 지금부터 그 내용을 요약하겠다.

먼저 잊지 말아야 할 것이 있다. 우리는 평면에서 평면도형의 넓이를 다룰 때 가장 기본이 되는 삼각형으로 이야기를 풀어 갔다. 삼각형의 넓이를 알기 위해 똑같은 삼각형을 하나 더 붙여서 평행사변형으로 만든 후 다음 사실을 살펴봤다.

밑변의 길이가 같은 두 평행사변형이 평행한 두 직선에 윗변과 아랫변을 맞대고 있으면 그 평행사변형들은 넓이가 같다.

입체에서 입체도형을 보는 것은 평면에서 평행사변형으로 평면도형을 볼 때보다 꽤 복잡하다. 다만 이렇게 말할 수 있다. 평면에서 평행사변형은 입체에서 평행육면체와 대응하는데, 평행육면체란 여섯 면으로 된 입체로서 마주 보는 면이 평행한 입체다. 그럴 때 다음 사실이 성립한다.

밑면의 넓이가 같은 두 평행육면체가 평행한 두 평면에 윗면과 아랫면을 맞대고 있으면 그 평행육면체들은 부피가 같다.

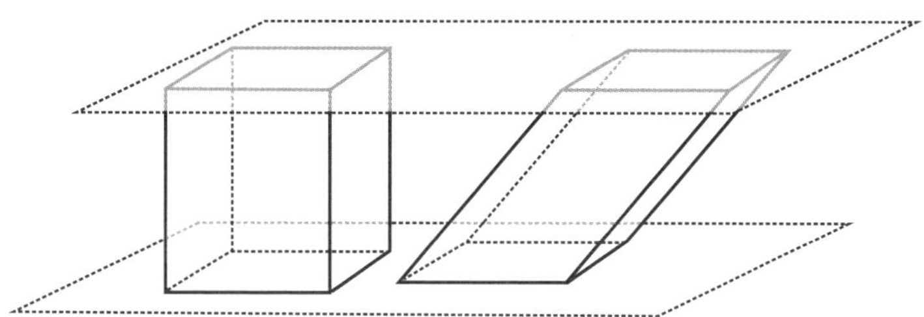

즉, 밑면의 넓이가 같고 높이가 같은 평행육면체와 직사각기둥의 부피는 서로 같다. 여기서 '높이'란 두 평행면 사이에 가장 짧은 거리, 즉 두 평행면을 직각으로 잇는 선분의 길이다. 평면에서는 이렇게 구했다.

직사각형의 넓이 = 밑변의 길이 × 높이

입체에서도 비슷하다.

직사각기둥의 부피 = 밑면의 넓이 × 높이

직사각기둥뿐만이 아니다. 삼각기둥의 부피도 밑면인 '삼각형의 넓이 × 높이'라고 추측할 수 있다.

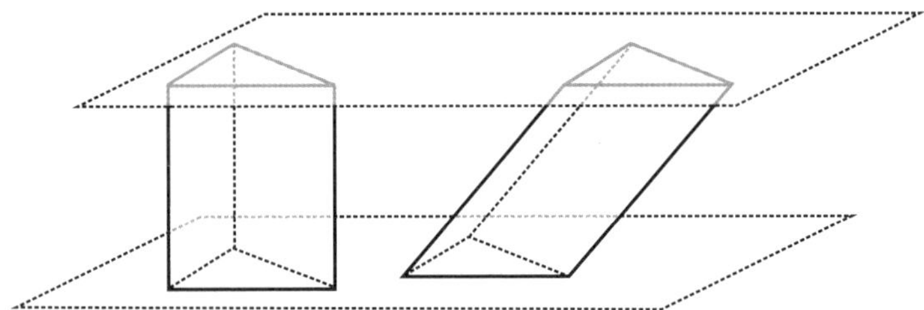

각뿔의 부피는 어떨까? 기본도형인 삼각뿔부터 보자. 기본 원칙은 비슷하다. 즉 밑면의 넓이가 같은 삼각형의 높이가 같으면 두 삼각뿔은 부피가 같다.

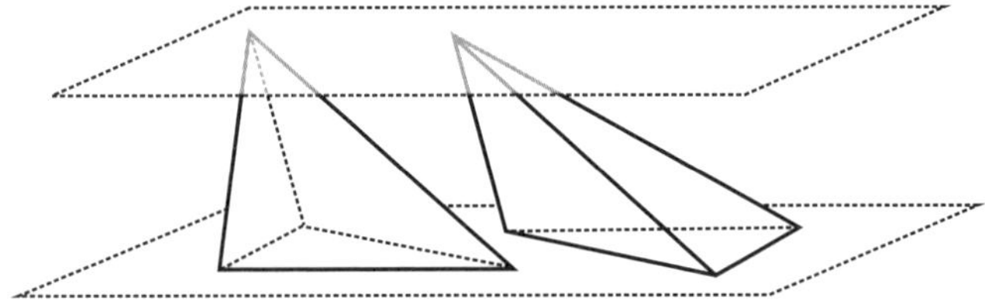

그렇다고 삼각뿔의 부피가 밑면의 넓이 × 높이일 리가 없다. 그건 삼각에서의 부피니까 말이다. 밑변과 높이가 같을 때 삼각뿔의 부피는 삼각기둥의 부피보다 '훨씬' 작다. 거기까지 말한 델라 프란체스카는 정육면체 모양의 치즈를 들고 제자리로 돌아왔다.

"정육면체는 사각기둥의 매우 특수한 경우입니다. 여기 똑같은 정육면체가 2개 있습니다. 지금부터 이것을 자를 겁니다."

델라 프란체스카는 두 직각 정사각기둥 중 하나를 (1)부터 (4)의 순서대로 자르고 벌려서 책상에 늘어 놓았다.

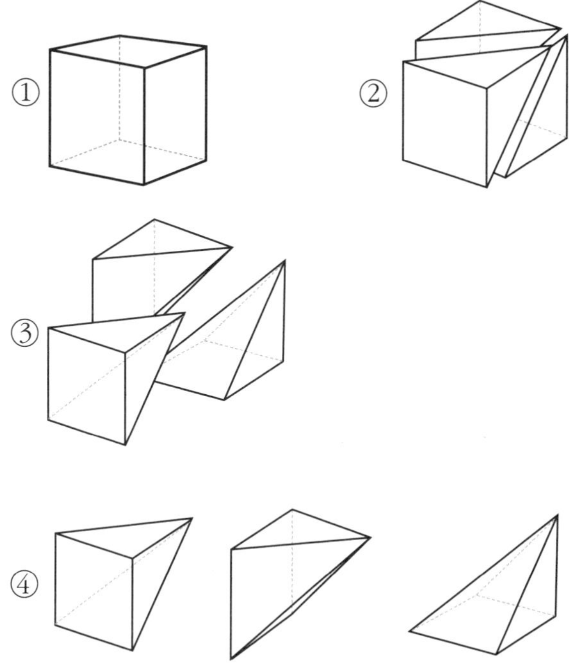

정사각기둥은 완전히 같은 삼각뿔 3개로 쪼개졌다.

책상 위에 정사각기둥 하나와 정사각뿔 셋이 나란히 놓였다. 모나가 치즈 도형을 만지작거리며 입을 뗐다.

"그런데요. 왜 이렇게 해요? 오각기둥은 어려울 것 같은데."

모나의 질문에 분위기가 차갑게 내려앉고 지호도 보탰다.

"이건 정사각기둥인데, 밑면이 그냥 사각형인 사각기둥은 어떻게 해? 기둥이 직각으로 서 있지 않을 수도 있고."

은우도 찬바람을 몰고 왔다.

"그건 괜찮아. 각기둥의 부피는 '밑면의 넓이 × 높이'니까. 문제는 따로 있어. 오각형, 육각형, 칠각형, 팔각형…, 밑면은 무수히 많은데 그 밑면을 가진 기둥을 일일이 치즈 자르듯 볼 수는 없잖아. 결국 우리는 아무것도 모르는 거야."

분위기가 꽁꽁 얼어붙었다. 이솝이 말했다.

"네, 다각형의 넓이를 알고 싶을 때 삼각형으로 쪼개서 봤잖…"

이솝 말이 끝나기도 전에 지호가 "까악!" 까마귀 소리를 냈다. 그순간 나도 눈치챘다. 바로 그거다! 각기둥은 삼각기둥으로 쪼개서 보면 된다.

평면에서 다각형의 넓이를 삼각형으로 쪼개서 구했듯이 입체에서도 그렇게 하면 될 것 같은데 문제는 "어떻게 쪼개느냐?"다. 아이들은 당당하게 책상으로 가서 누구는 치즈를, 누구는 사과를, 누구는 배를 자르며 탐구에 들어갔다.

"삼각기둥 = 같은 부피를 가진 삼각뿔 3개, 이것만 보이면 되지요? 치즈 덩어리를 쪼갤 때도 정사각기둥 하나가 같은 부피를 가진 삼각뿔 3개로 쪼개진 것처럼요."

"그럼 사각기둥 말고도 오각기둥도 육각기둥도, 아니 어떤 각기둥도 모두 부피가 동일한 각뿔 3개로 쪼개진다는 뜻이죠?"

"윗면과 아랫면이 평행면에 닿아 있기만 하면 되니까 기울어져 있든 똑바로 서 있든 그건 중요하지 않아. 생각하기 편하게 직각 삼각기둥으로 해 보자."

여기저기서 탄성이 터져 나왔다. 자르는 방향이 조금씩 다르긴 했지만 아이들이 찾은 답은 같았다.

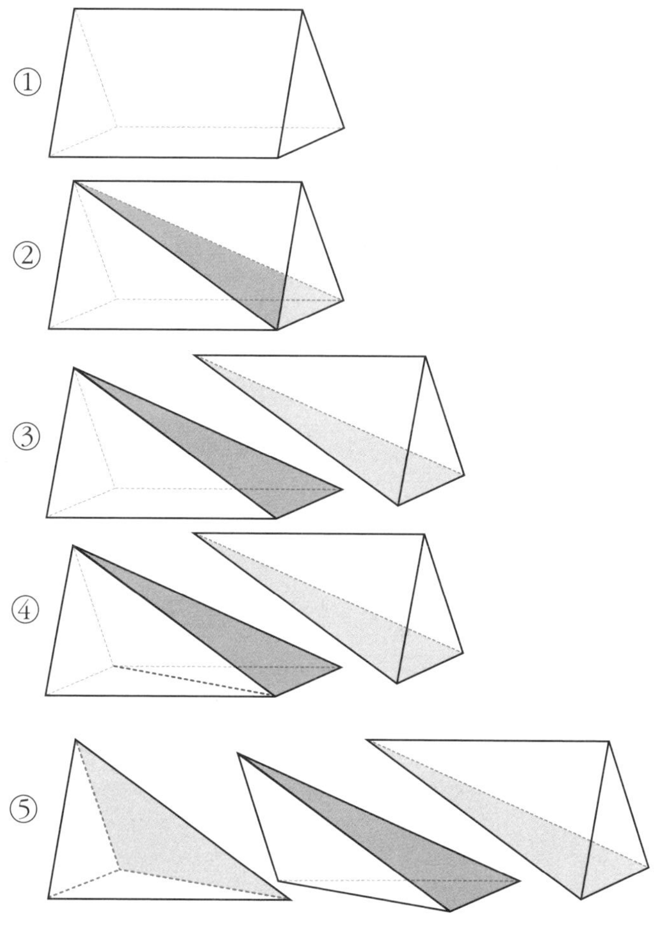

'부피가 왜 같을까?'

그 질문은 각자의 가슴속에 선물로 간직했다. 가슴속에 품은 질문이 마치 따듯하고 말랑한 예쁜 구슬 같았다.

각기둥, 각뿔의 부피에서 찾은 보석은 이것이다.

각기둥의 부피는 각뿔의 부피의 3배다.

거꾸로 하면 이렇다.

각뿔의 부피는 각기둥의 부피의 $\frac{1}{3}$ 이다.

꽤 어려운 이야기인데 아이들 스스로 찾아냈다. 델라 프란체스카의 명강의 덕도 있었지만 말이다.

"각뿔이 각기둥의 $\frac{1}{3}$ 이라는 사실은 매우 중요합니다. 평면 세계에서는 보지 못한 성질이지요. 어찌 보면 이 또한 위대한 우주의 질서가 살짝 모습을 드러낸 것이 아닌지 모르겠습니다."

델라 프란체스카의 말이 시작되자 모두 흥분을 가라 앉히고 경청했다.

"삼각형은 평행사변형의 $\frac{1}{2}$ 입니다. 2차원 평면에서 넓이일 때는요. 각뿔은 각기둥의 $\frac{1}{3}$ 입니다. 3차원 입체에서 부피일 때는요."

2차원에서 $\frac{1}{2}$, 3차원에서 $\frac{1}{3}$ …. 어쩌면 당연한 결과가 나와서 오히려 신기했다. 평행사변형과 삼각형은 아주 단순하다. 밑변의 '길이'가 같고 평행사변형의 윗변이 '점' 하나로 모인 것이 삼각형이다. 각기둥은 밑면이 어떤 다각형이든 '넓이'가 같고 윗'면'인 다각형이 한 점으로 모인다. 또 옆면인 평행사변형도 전부 삼각형으로 바뀐다. 이렇게 복잡한 과정을 '2차원에서 $\frac{1}{2}$, 3차원에서 $\frac{1}{3}$'로 함축하다니!

원기둥, 원뿔, 구

이제 스페이스 머신이 가까이에 있다는 것이 느껴졌다. 델라 프란체스카는 시간이 다 됐지만 아르키메데스 님의 위대한 발견을 보여 주고 싶다고 말했다. **원기둥**, **원뿔**의 부피에 대해 말하는 것으로 시작했다. 델라 프란체스카가 한 문장을 하면 모두 합창하며 반복했다.

각기둥은 각뿔의 3배요,

각뿔은 각기둥의 $\dfrac{1}{3}$ 입니다.

원기둥은 원뿔의 3배요,

원뿔은 원기둥의 $\dfrac{1}{3}$ 입니다.

원기둥은 밑면인 원의 넓이 곱하기 높이요,

여기서 잠깐 쉰 후 매우 중요한 말인듯이 한껏 가락을 높였다.

반구는 원뿔의 2배요,

원뿔은 반구의 $\dfrac{1}{2}$ 입니다.

반구는 원기둥의 $\dfrac{2}{3}$ 요,

원기둥은 반구의 $\dfrac{3}{2}$ 입니다.

델라 프란체스카는 노래를 멈추고 설명을 했다.

첫째, 원기둥의 부피 = 밑면인 원의 넓이 × 높이인 이유

원의 넓이를 찾을 때 원에 내접하는 '정삼각형, 정육각형, 정십이각형…'으로 점점 맞대도록 했듯이 원기둥의 부피를 찾을 때도 원기둥에 점점 근접하도록 '정삼각기둥, 정육각기둥, 정십이각기둥…'으로 붙이면 될 것이다. 원일 때는

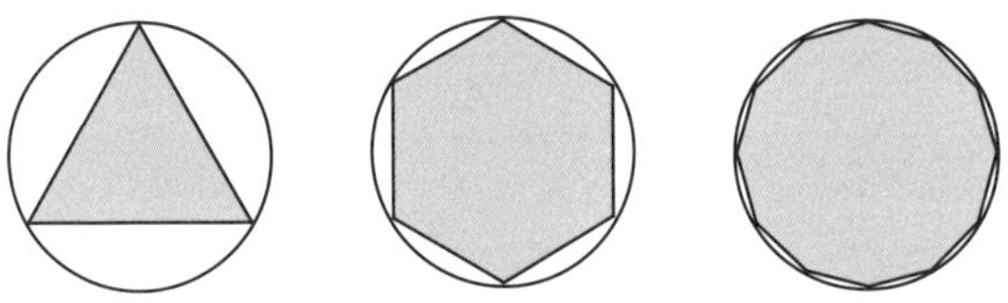

였듯이 원기둥일 때는

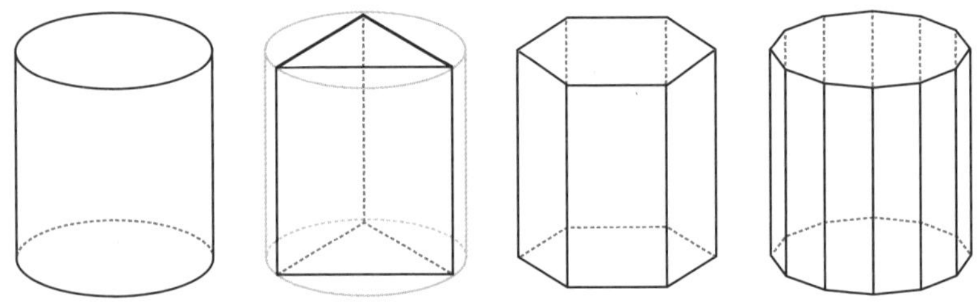

이렇게 하면 된다. 그래서 다각기둥의 부피를 구하는 것과 원기둥의 부피를 구하는 것은 같은 원리라고 볼 수 있다. 잊지 않아야 할 것은 원의 넓이를 모르면 원기둥의 부피를 모른다는 사실이다. 즉, 원의 넓이가 그 모든 것의 뿌리다.

둘째, 원기둥 부피가 원뿔 부피의 3배인 이유

정다각기둥과 정다각뿔의 부피의 비는 항상 3 대 1이다. 원기둥과 원뿔도 그렇다고 볼 수 있다.

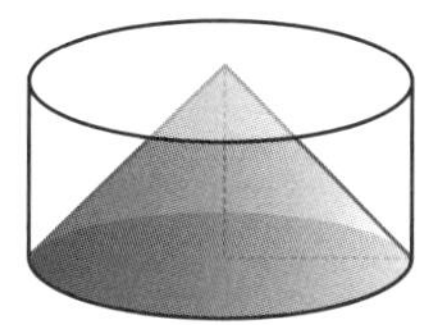

수식으로 나타내면 간결하다. 밑면인 원의 반지름의 길이를 r이라 하고 원기둥의 높이를 h라 하면 원기둥의 부피는

$$\pi \times r^2 \times h$$

이고 원뿔의 부피는 그것의 $\dfrac{1}{3}$이니까

$$\dfrac{1}{3} \times \pi \times r^2 \times h$$

이다. 따라서 이런 입체도형의 부피도 구할 수 있다.

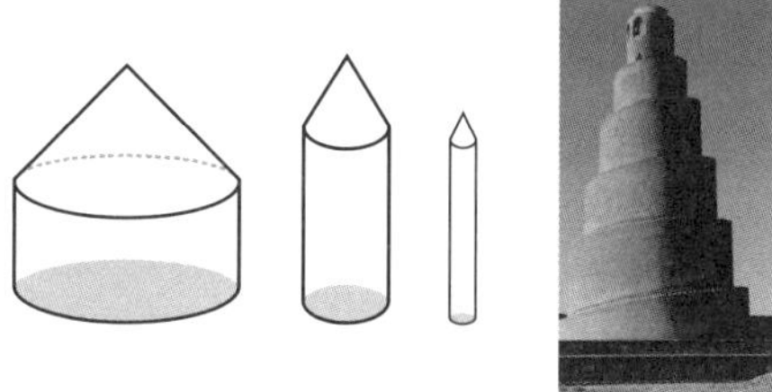

이것이 초원의 천막이든 건축물이든 부피를 아니까 물건을 만들기 필요한 재료가 얼마나 되는지, 그 안에 얼마나 들어갈 수 있는지 결정할 수 있다.

셋째, 반구의 부피는 원기둥 부피의 $\dfrac{2}{3}$다.

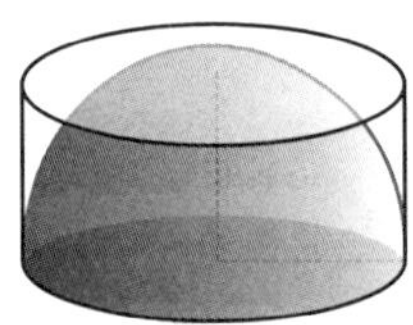

이것이 바로 아르키메데스의 위대한 발견이다.

밑면의 반지름의 길이와 원기둥의 높이가 같은 경우 반구 부피는 정확히 원기둥 부피의 $\frac{2}{3}$ 다.

반구를 구로, 원기둥의 높이를 2배로 하면 이렇게 된다.

구의 부피는 원기둥의 부피의 $\frac{2}{3}$ 다. 그런데

원기둥의 부피 = 밑면의 넓이 × 높이

반지름의 길이를 r로 쓰면 밑면의 넓이는 $\pi \times r^2$, 높이는 $2r$이므로

$$\text{원기둥의 부피} = 2\pi \times r^3$$

이다. 구의 부피는 원기둥 부피의 $\frac{2}{3}$ 이므로

$$\text{구의 부피} = \frac{2}{3} \times 2\pi \times r^3, \ \text{즉} \ \frac{4}{3}\pi \times r^3$$

인 것이다. π 값을 최대한 정확히 알고 '반지름의 길이만 알면' 구의 부피를 구할 수 있다. 지구의 부피를 알고 싶으면 지구의 반지름의 길이만 알면 된다!

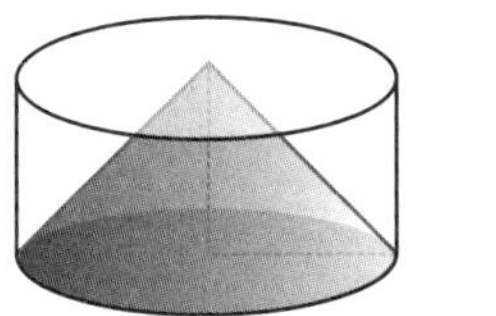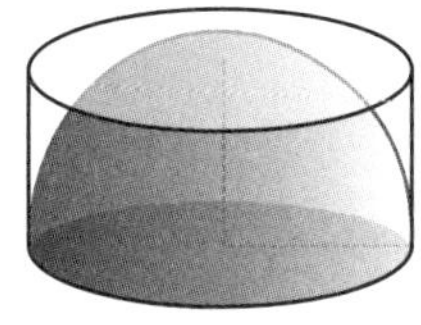

원뿔은 원기둥의 $\frac{1}{3}$ 이고, 반구는 원기둥의 $\frac{2}{3}$ 배다. 따라서 반구는 원뿔의 2배고, 원기둥은 원뿔의 3배다. 즉, 밑면의 반지름의 길이와 높이가 같은 원기둥의 경우, 원기둥과 원기둥이 감싸는 원뿔 및 반구는 이런 질서를 이룬다.

원뿔　:　반구　:　원기둥

1　:　2　:　3

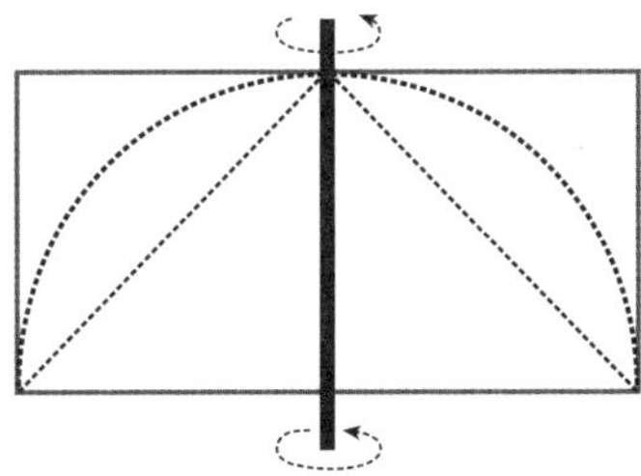

회전체로 생각하면 정사각형이 회전했을 때 나오는 것이 원기둥이다.

밑변이나 높이를 축으로 직각삼각형을 회전시키면 원뿔이 나온다. 평면에서 평행사변형과 삼각형의 넓이의 비는 2:1이고, 입체에서 각기둥과 각뿔의 부피의 비는 3:1이었다. 반면, 원의 넓이는 정사각형이나 직각삼각형에 비해 아주 복잡하다. 그런데 회전 후 부피의 비가 3 : 2 : 1로 유지되다니!

아르키메데스는 이 사실을 발견한 후 우주의 크기도 쟀다. 우주가 구 모양이라면 그런 우주를 모래알로 채우기 위해서는 모래알이 얼마나 필요할까? 상상하고 계산하면서 말이다.

나는 이것이 얼마나 위대한 발견인지 느끼려면 우주의 끝까지 가 봐야 한다고 생각한다. 남은 것은 우리의 상상력이다. 모든 공, 모든 행성은 거의 구다. 어쩌면 우주도 구다. 아르키메데스의 이 발견 덕분에 세상의 모든 구형에 대해서 가장 중요한 것을 알게 됐다. 무한한 상상력으로 자유롭고도 정확하게 상상할 수 있다.

복잡해 보이는 건물도 단순한 입체 도형의 결합으로 볼 수 있다.

델라 프란체스카의 말은 울림이 컸다. 명강의의 마지막 한마디는 이 것이었다.

"세상을 도형으로 보는 눈이 여러분 마음속에 있다는 것을 이미 알 았습니다. 모나, 은우, 지호, 이솝 님. 부디 그 마음을 곱게 돌보기를 기 도합니다."

스페이스 머신과 히파티아 님이 계신 마당으로 내려갔다. 다 빈치와 델라 프란체스카가 배웅했다. 델라 프란체스카는 히파티아 님께 시간 가는 줄 모르고 토론하느라 표면적 이야기는 꺼내지도 못했다고 했다. 히파티아 님은 온화하게 답했다.

"우리 소년소녀단의 빛나는 얼굴을 보니 미안해하지 않으셔도 됩니 다. 다시 만날 날이 오겠지요. 기하는 영원하니까요. 다 빈치 님, 델라 프란체스카 님. 소중한 자리를 함께해 주셔서 감사합니다. 신의 가호가 있기를."

제9장

안녕

최종 심사의 날이 왔다. 네 아이와 히파티아 님이 정해진 자리에 반원으로 둘러앉았고 반대쪽 반원에는 정다면체 다섯 개가 떠올랐다.

먼저 히파티아 님이 경과를 보고한다. 이어서 기하 탐험대가 한 사람씩 발표한다. 그다음 여행의 안내자가 차례대로 나와 각각의 기하 여행을 통과했는지 발표한다. 1차 시험에 이어 2차 시험까지 통과하면 일주일의 준비 과정을 거쳐 우주 여행을 시작한다.

1차 시험이 시작됐다. 정다면체 안에 니콜, 유클리드, 몽주, 아르키메데스, 유휘, 알 하이삼, 브라흐마, 다 빈치 곧이어 델라 프란체스카가 등장했다. 하나같이 은우, 지호, 이솝, 모나를 '우주의 아이들'이자 '기하의 아이들'이라고 추켜세웠다. 그렇게 1차 시험이 무사히 끝났다.

쉬는 시간이 지나고 2차 시험이 시작되었다. 은우가 말문을 열면서 열띤 토론이 시작됐다. 각자의 답이 담긴 두루마리와 답안지 4개가 정다면체 안으로 들어갔다.

며칠 후 히파티아 님에게 사정을 한 끝에 겨우 최종 시험 문제에 대해 들었다. 아는 사실을 확인하는 차원을 너머 질문을 스스로 만들어내고 그 질문에 자기의 답을 쓰는 것이었다. 시험 문제는 표면적에 대한 것이었다. 다각형의 경우 전개도를 만들어 표면적을 구할 수 있다는 설명이 진행되다가 갑자기 말이 끊기면서 그다음에 어떤 질문을 생각할 수 있는지, 그 질문을 해결하기 위해 어떤 기하학적 상상을 하는지 쓰라는 내용이었다고 한다.

종이 울렸다. 히파티아 님은 두루마리 하나를 받아 천천히 펼치고는 떨리는 목소리로 읽었다.

"모나, 지호, 은우, 이솝 님. 제1회 기하 탐험대로 우주 여행을 떠나게 된 것을 진심으로 축하합니다."

지호가 자리에서 뛰어나갔다. 다른 아이들도 자리에서 나와 서로 부둥켜안고 팔짝팔짝 뛰었다. 히파티아 님과 기하 여행의 안내자들도 모두 축하를 나누었다.

나는 지금 빛점이 되어 사라진 스페이스 머신을 보며 손을 흔들고 있다.

꼭 한번 만나고 싶었던 기하의 별들, 기하 여행의 안내자 님들, 안녕.

안녕, 히파티아 님.

안녕, 모나. 안녕, 은우. 안녕, 지호. 안녕, 이솝.

안녕, 여러분.

이것은 끝이 아니다. 우주 여행의 영원한 시작이다.

10대를 위한 기하 수학의 세계

초판 1쇄 발행	2025년 10월 30일
지은이	박병하
펴낸곳	(주)행성비
펴낸이	임태주
편집총괄	이윤희
디자인	아르케 디자인
마케팅	배새나
출판등록번호	제2010-000208호
주소	경기도 김포시 김포한강10로133번길 107, 710호
대표전화	031-8071-5913
팩스	0505-115-5917
이메일	hangseongb@naver.com
홈페이지	www.planetb.co.kr

ISBN 979-11-6471-303-5 (43410)

행성B는 독자 여러분의 참신한 기획 아이디어와 독창적인 원고를 기다리고 있습니다.
hangseongb@naver.com으로 보내주시면 소중하게 검토하겠습니다.